# TNFD
# 企業戦略

## ネイチャーポジティブとリスク・機会

デロイト トーマツ グループ 編

The Taskforce on Nature-related Financial Disclosures

中央経済社

# はじめに

このたび，TNFD最終提言の公開に伴い，本書を出版する機会を得たことを大変喜ばしく思う。1998年の京都議定書批准に始まった地球温暖化への問題提起は，当時から広く「地球の生態系を維持する（サステナブルな状態にする）」活動の最初のアクションとして捉えられ，その取り掛かり対象として，測定し，標準化し，目標設定し，削減の行動や協調が取りやすい温室効果ガス排出量削減の取組みから始まったと認識している。すなわち，TCFDに標榜される温室効果ガス排出量削減へ企業の取組みは，TNFDに対する取組みへの昇華によってはじめてその本懐を成すことができる。この意味では温室効果ガス削減と比べてより複雑である性質上，測定／開示手段も多様化し，また，測定やデータ処理テクノロジーの進化によってTNFDの内容も随時変化し，進化していくことが予想される。本書がこの大きな，かつ長い取組みとなる持続可能性（サステナビリティ）への道に企業が踏み出す第一歩に寄り添う最初の道標として，広く読者の皆様／企業の皆様に価値を提供し，活用いただけるのであれば大変幸甚である。

デロイト トーマツ グループはこのTNFDタスクフォースに参画し，その基準策定に深く関与している。以下に私と共に緒言を提供するFlorence Arkeもその１人である。これに加え，日本においても有限責任監査法人トーマツ，デロイト トーマツ リスクアドバイザリー合同会社，デロイト トーマツ コンサルティング合同会社の専門家がそれぞれの専門性を踏まえて総力を結集して執筆したものであり，必ず読書の実務に役立つものと確信している（なお本書の内容は執筆者の私見に基づいており，デロイト トーマツ グループの公式見解ではない）。

併せて本書上稿の意義に共感いただき，出版の尽力いただいた中央経済社の奥田真史様に心からの深謝を表してはじめにの言葉として添えたい。

2024年３月

**赤峰　陽太郎**

デロイト トーマツ グループ サステナビリティ＆クライメート

イニシアティブ　共同リーダー（Geo leader）

自然界は，地球上のすべての生物の基盤を提供し，現在及び将来の人間社会と経済活動と密接な関係がある。自然は，その無数の形で，水や食料などの資源を私たちに提供し，私たちのコミュニティを自然災害から守り，気候の調節に中心的な役割を果たしている貴重な存在だ。しかし，現在は，自然の大きな衰退とともに，自然の回復力を損ない，私たちの存在を危うくする危険性がある状況に残念ながら陥っている。

そもそも，あらゆるビジネスは，自然と何らかのつながりを持っている。ある研究では，我々の経済が淡水の供給や受粉のような自然が提供する生態系サービスに大きく依存していることを示している。一方で，森林破壊や公害など，企業の活動が自然に与える影響もあり，自然と企業活動の相互関係を社会全体で認識する必要がある。かけがえのない自然界を維持することは，単に道徳的義務の問題ではなく，実態的に取り組むべき課題である。さらには，自らの業務のみならずバリューチェーン全体で自然を考慮する必要がある。

自然環境への負の影響を低減するためには，企業が実践的な方法で自然関連リスクを評価・開示し，最終的に管理するような市場主導のイニシアティブが機能することが望ましい。このため，自然関連のリスク管理と開示に関する複雑な課題を解決するため，市場主導の重要なイニシアティブであるTNFD（自然関連の財務開示に関するタスクフォース）が設立され，23年９月に最終提言を公表するに至った。

TNFDは，TCFD（気候関連財務情報開示タスクフォース）と同様に，リスク管理と開示に使用される重要なツールである。TNFDの導入により，企業は自然に関連する課題（依存関係，影響，リスク，機会）を評価・開示することで，事業活動における自然の価値を理解し，自然との関係を回復・保全するための戦略を立てることができる。これは，企業が投資家やその他の利害関係者の期待に応え，自らのレジリエンスを構築することに役立つ。さらには，自然のポジティブな未来の構築を共同で推進することに貢献するとともに，自然への取組みにより創出されるビジネスチャンスを活かしていくことも可能だ。

しかし，ほとんどの企業は，その経済的重要性にもかかわらず，残念ながら自然を体系的に考慮していない。このため，自然をビジネスに統合するのは，未知の領域に船出するようなものとなっている。新しい知識と新しい挑戦の両方が必要であり，その点でTNFDの提言は大いに役立つ。

具体的には，まず，調査と計画立案から取組みを開始する必要がある。業界固有の業務動向と事業の所在を理解し，業務活動が自然と相互作用する場所を特定することができる。自然は基本的に生態系の種類や生物の多様性によって変化するため，自然への圧力を理解するためには地理的特性が不可欠だ。業務活動と事業資産の地理的位置によって，自然に関連した影響と依存の関係が決まる。

次に，分析するための経営資源が必要だ。これには，自社のみならずサードパーティの資源も含めて考える必要がある。具体的には，データ，計量方法，及び計量ツールが含まれる。TNFDは，データのギャップや新しい分析ツールが必要な領域の洗い出し，分析に必要なリソースの特定などの課題を明示したうえで，その解決方法も示している。しかし，適切な自然関連データを見つけることは，多様なテーマやデータが存在すためかなり難しい作業だ。そこで，TNFDは，データカタログとともにいくつかのデータセットを提案し，指標と目標に関するガイダンスを提供している。

さらに，ビジネスへの影響と依存関係を特定したら，自然に関連するリスクと機会を評価し，それらの重要性を判断することになる。戦略，ガバナンス，リスク評価に必要な検討事項を統合することで，自然関連テーマへの取組みの方向性を決めることができる。

このように，時間とリソースをかけて自然関連テーマの分析を確認し，導入の進捗状況を監視することで，将来の課題が洗い出せることになる。より強靭で持続可能な業務態勢を構築することで，コストを削減したり，新たな収益源を創出したり，企業価値を高めることも可能だ。TNFDでは14の開示項目を推奨しており，これにより体系的に報告することができるほか，開示項目の均一化で市場での信頼を築き，市場ガバナンス向上につながっていくと期待できる。

本書は，TNFDの最終提言に基づき，どのようにTNFDに取り組むのかを詳細に解説しており，未知な領域であるTNFDをナビゲートするために必要なガイダンスと洞察を見つけることができるものと確信している。経営幹部から報告責任者に至るまで，ビジネスの脆弱性や自然の課題に直面する機会を理解するために必要な知識を提供することを確約する。

**Florence Arke, Taskforce alternate, Jr. Manager Risk Reporting,**
**Deloitte Netherlands**（日本語監訳　赤峰陽太郎）

# 目　次

## 第4章　企業のとるべき対応

## 第5章 他フレームワークとの関係



## 第6章 ケーススタディ

## 第7章　自然に関するツール・データ



## 第8章　今後の展望

## ＜略語一覧＞

AR$^3$T : Avoid-Reduce-Restore-Regenerate-Transform
CBD : Convention on Biological Diversity
COP : Conference of the Parties
COSO : The Committee of Sponsoring Organizations
CSRD : Corporate Sustainability Reporting Directive
ESRS : European Sustainability Reporting Standards
ERM : Enterprise Risk Management
GBF : Kunming-Montreal Global Biodiversity Framework
GRI : Global Reporting Initiative
ISAE3000 (Revised) : ASSURANCE ENGAGEMENTS OTHER THAN AUDITS OR REVIEWS OF HISTORICAL FINANCIAL INFORMATION
ISAE3410 : ASSURANCE ENGAGEMENTS ON GREENHOUSE GAS STATEMENTS
IAASB : International Auditing and Assurance Standards board
IFRS : International Financial Reporting Standards
ISSB : International Sustainability Standards Board
IUCN : International Union for Conservation of Nature and Natural Resources
LEAP : Locate-Evaluate-Assess-Prepare
PBR : Price Book-value Ratio
SBTN : Science Based Targets Network
SBTs for Nature : Science Based Targets for Nature
SSBJ : Sustainability Standards Board of Japan
TCFD : Taskforce on Climate-related Financial Disclosures
TNFD : Taskforce on Nature-related Financial Disclosures

# 第 1 章

# TNFDの背景と目的

## 第1章のポイント

第1章では，自然関連財務情報開示タスクフォース（Taskforce on Nature-related Financial Disclosures：TNFD）の背景と目的について説明する。特に，気候変動における財務情報開示タスクフォース（Taskforce on Climate-related Financial Disclosures：TCFD）を含めたサステナブルファイナンスからの流れと，生物多様性条約第15回締約国会議で採択された昆明・モントリオール生物多様性枠組の大きな2つの流れの結節点である，このTNFDを体系的に整理するとともに，企業における位置づけについて概説する。

# 1　TNFDの概要と経緯

TNFDとは自然関連財務情報開示タスクフォース（Taskforce on Nature-related Financial Disclosures）のことであり，2020年7月に国連開発計画（UNDP），世界自然保護基金（WWF），国連環境開発金融イニシアティブ（UNEP FI），英国環境NGOのグローバル・キャノピーの4団体によって設立された。

資産額20兆米ドルを超える金融機関，企業，市場サービスプロバイダーを代表する40名のタスクフォースメンバーで構成されている本タスクフォースでは，企業活動に対する自然資本及び生物多様性に関するリスクや機会を適切に評価

**図表1－1　TNFDの概要**

| 設立時期 | 2020年7月23日（※「非公式作業部会（IWG）」の発足は2020年9月25日） |
|---|---|
| 設立主体 | 国連環境計画金融イニシアチブ（UNEP FI），<br>国連開発計画（UNDP），世界自然保護基金（WWF），<br>グローバル・キャノピー（英環境NGO）<br>UNDP　WWF　UN environment programme finance initiative　Global Canopy |
| タスクフォースコアメンバー所属機関 | 【金融機関】 AP 7, AXA, Bank of America, BlackRock, BNP Paribas, FirstRand, Grupo Financiero Banorte, HSBC, Macquarie Group, MS&AD Insurance Group, Mirova, Norges Bank Investment Management, Norinchukin Bank, Rabobank, Swiss Re, UBS<br>【民間企業】 AB InBev, Acciona, Anglo American, Bayer AG, Bunge Ltd, Dow INC, Ecopetrol, GSK, Grieg Seafood, Holcim, LVMH, Natura & Co, Nestlé, Reckitt, Suzano, Swire Properties Ltd, Tata Steel<br>【民間企業（市場サービス提供者）】 Deloitte, EY, KPMG, Moody' s Corporation, PwC, S&P Global, Singapore Exchange |
| フレームワークの想定利用者 | ■フレームワークのβ版にて，以下のプレイヤーが対象者として掲載されている<br>投資家・金融機関，アナリスト，民間企業，規制当局，証券取引所，会計事務所，ESGデータプロバイダー・信用格付け機関 |
| 推奨開示項目について | ■ISSB等の既存の標準化団体等と密に連携しながら，GBFをはじめとした各種政策・目標に適応するように開発<br>■シナリオ分析の実施や，4つの骨子（ガバナンス，戦略，リスク管理，指標・目標）の財務的情報の開示などを，TCFDと整合をとる形で策定。TCFDをベースに，自然資本の特徴を踏まえた推奨開示項目を提示している |
| TCFDとの違い | ■ダブルマテリアリティの視点：「自然が組織の当面の財務実績にどのような影響を与えるか（“outside in”）だけでなく，組織が（肯定的／否定的に）どのように自然に影響するか（“inside out”）も開示することを推奨」<br>■地域性の考慮：「不健全な生態系，重要な生態系，水ストレスのある地域との組織の相互作用について説明する」ことを推奨しており，バリューチェーン上のホットスポットや依存／影響する生態系など，地域性の把握が必要 |

（出典）　TNFD web site等

し，開示するための枠組みを構築している。フレームワークの策定に当たって，アウトリーチと様々なアクターの関与を拡大するために，TNFD日本協議会をはじめとした国・地域レベルのコンサルテーショングループが設置されている。

このタスクフォースは，企業が自社と自然との関係性を適切に理解するのに役立つ市場主導の国際的な取組みである。

TNFDは，グローバルな金融の流れをネイチャーポジティブな事業・成果にシフトさせるよう，ネイチャーポジティブの実現に必要な情報を金融機関，企業，サービスプロバイダーが手にできるように策定されたものだ。

ネイチャーポジティブとは，「2030年までに生物多様性の損失を止めて反転させる」という概念であり，2022年12月に開かれた生物多様性条約（生物の多様性に関する条約：Convention on Biological Diversity（CBD））第15回締約国会議（COP15）で採択された昆明・モントリオール生物多様性枠組（Kunming-Montreal Global Biodiversity Framework）（以下，「GBF」とする）において明文化されている世界目標である。

生物多様性条約の締約国は，194か国（2023年４月時点）であり世界の大多数が締結していることから，ネイチャーポジティブを推進することは，国際社会において企業が生き残る１つの指針になりえる。

TNFDの枠組みの開発は市場主導で進められてきた一方で，政府間でもTNFDの開発を後押しする合意形成がなされている。2021年６月のG7財務大

**図表１－２　ネイチャーポジティブ実現のイメージ**

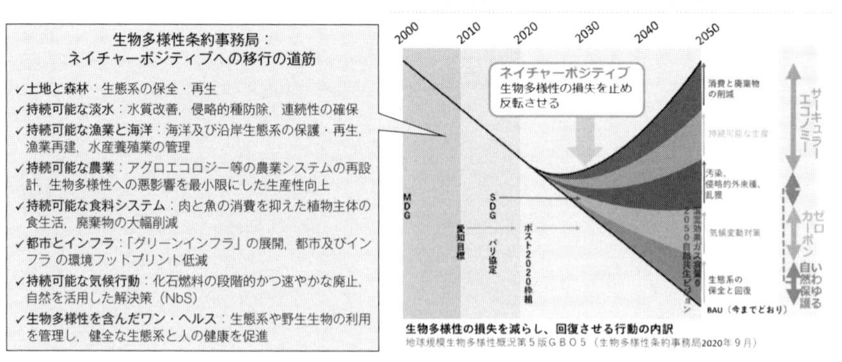


（出典）　環境省「ネイチャーポジティブ経済の実現に向けて」（2023年３月），生物多様性事務局「地球規模生物多様性概況第５版」（2020年）

臣・中央銀行総裁会議で，気候関連財務情報開示タスクフォース（Taskforce on Climate-related Financial Disclosures）（以下，「TCFD」とする）の支持のもと，TNFDを歓迎するコメントが発表された。翌々年2023年5月のG7財務大臣・中央銀行総裁会議では，TNFDの最終版の枠組みに期待するとともに，TNFDとISSB（International Sustainability Standards Board）が協力を継続することを推奨するコメントが発表された。また同年のG7気候・エネルギー・環境大臣会合においては，全ての部門において生物多様性保全を主流化させるため，「G7ネイチャーポジティブ経済アライアンス（G7ANPE）」が設立されたように，近年ビジネスにおける生物多様性保全の流れが加速している。

このような形で，官民が一体となったTNFD推進の流れと，成文化への期待観が醸成され，2023年9月にTNFD最終提言（フレームワーク v1.0）が公表された。

## 2　TNFDの背景・目的

### 1　TNFD設立の背景

そもそも，なぜTNFDが設立されたのか。その背景としては，自然環境の悪化が及ぼす，経済活動に負の影響が危惧されており，それが気候変動に引き続き経済界で関心が高まったことがある。

世界経済フォーラムの「The Future of Nature and Business」(2020年）では，世界のGDPの半分以上（約44兆ドル）は自然の損失によって潜在的に脅かされているとされている。また，一方で，ネイチャーポジティブ経済への投資と移行によって，2030年までに約3億9,500万人の雇用創出と年間約10.1兆ドル（約1,150兆円）規模の市場機会が見込めるとしている。なお，日本の市場機会はデロイト トーマツでは約47兆～約104兆円と試算している。

また，同報告書では自然関連の新たな脅威の出現についても指摘しており，これにはワンヘルスアプローチと呼ばれる考え方が背景にある。ワンヘルスアプローチとは，ヒトと動物，それを取り巻く環境（生態系）は，相互につながっていると包括的に捉え，人と動物の健康と環境の保全を担う関係者が緊密な協力関係を構築し，分野横断的な課題の解決のために活動していく考え方である。

ここに，昨今のG20で議論となっている海洋プラスチックの問題や，新型コロナウイルス等の脅威が重なり，“生物多様性の保全が持続可能性に非常にインパクトを持つのでは”という確からしさが高まったからである。

> 自然環境の悪化が及ぼす，経済活動に負の影響が危惧され，経済界で関心が高まっている
> ✓世界GDPの約半分の経済活動が生態系サービスに依存している。
> ✓海洋プラスチック問題や新型コロナウイルスなど，自然関連の新たな脅威の出現も要因の１つ。

前述したように，TNFDは金融の流れをネイチャーポジティブな事業・成果にシフトし，世界の経済活動を活性化していくことを目的としている。そうであれば，企業がTNFDフレームワークに従い企業活動を推進しエンゲージメントすると同時に，金融機関が“適切”に企業のTNFDの取組み，ネイチャーポジティブの取組みを評価し投融資に繋げることも重要である。この相互のアクティビティがサステナブルファイナンス，ESG投資であり後ほど説明する。

**図表１－３　ネイチャーポジティブ市場規模**

世界経済フォーラム　2020年７月発行
“New Nature Economy Report II：The Future Of Nature And Business”

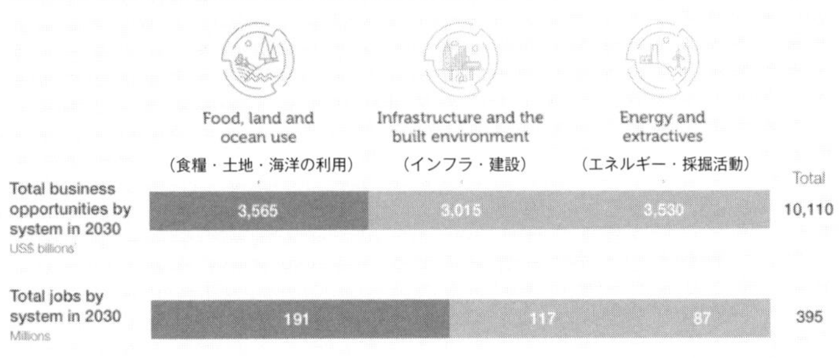


（出典）World Economic Forum「The Future of Nature and Business」（2020年）

TNFDは，自然関連のリスクのみならず機会の把握と獲得も念頭に置いたフレームワークである。TNFDフレームワークを通じてネイチャーポジティブの市場を獲得することで，ビジネスの拡大のみならず，TNFDを通じたエンゲージメントによりアクティブ運用の投資家の獲得に繋がる。これはまさに環境と経済の好循環である。

TNFDは，言い換えるなら企業が生物多様性という外部経済を内部化し経営活動に取り込むフレームワークであるが，取組みを進めるうえでの課題は多数存在する。その一例を以下に示す。

① 複雑で多角的であること
② 適切なデータの入手が難しいこと
③ 科学的な専門用語をビジネス上の決定に置き換える難しさがあること

このような課題を解決するために，TNFD事務局では様々な仕組みを推進している。その１つが，TNFD開示枠組の開発作業を支援するための，自然や金融等に関する専門性を有する企業や団体を巻き込んだ「TNFDフォーラム」である。TNFDフォーラムの支援企業は年々増加しており，2024年８月末時点で1,600以上の企業がTNFDフォーラムに参加している。日本企業も，2024年８月末時点で金融機関で43機関，非金融機関で151機関が参加し，政府機関も多数参加している。

このように，TNFDは，TNFDタスクフォースコアメンバーでいったんは最終提言をとりまとめるものの，そこから市場との接点を増やし，支援者を募り継続的なアップデートを想定している。2023年９月時点では，TNFD最終提言書と各種追加ガイダンスが構築されている。一方で，セクター別ガイダンスやシナリオ分析ガイダンス等は順次公表またはアップデートされていく予定であり，引き続き開発動向の注視が必要である。

また，上述した課題のうち，「②　適切なデータの入手が難しいこと」に対しては，TNFDではData Catalyst Participantsを募集しデータの収集，その分析手法，ツールの検討を進めている。詳細は，「第７章　自然に関するツール・データ」を確認して欲しい。

図表１－４　TNFD最終提言と補足ガイダンス

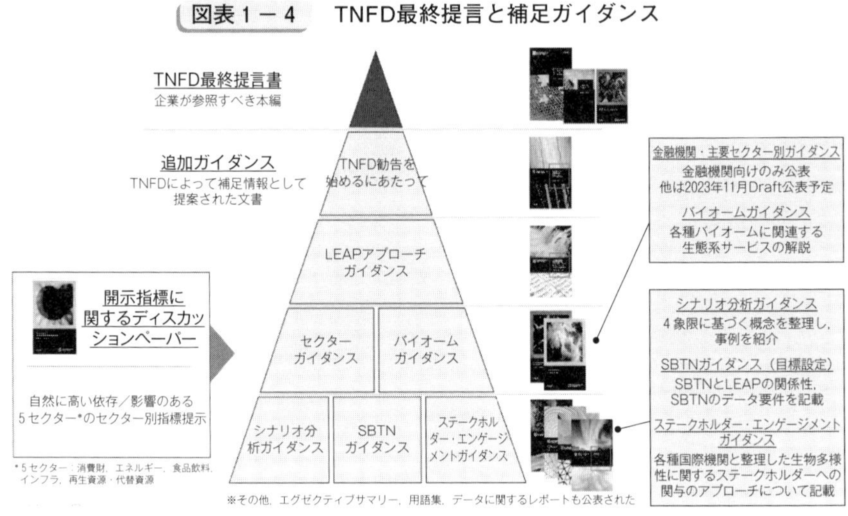

（出典）TNFD web site等

## 2　サステナブルファイナンスの流れ

持続可能な投資（サステナブルファイナンス）は，かつてから社会的責任投資（SRI（Socially Responsible Investment））として，100年ほど前からある投資の考え方である。従来からの株式投資の尺度である企業の収益力，成長性等の判断に加え，各企業の人的資源への配慮，環境への配慮，利害関係者への配慮などの取組みを評価し，投資選定を行う投資行動のことであり，より具体的に言えば，武器，ギャンブル，たばこ，アルコールなどの，社会的規範・倫理規範にそぐわないものに対して投資対象から外すことを意味する。

この考え方が環境問題の高まりによって，近年推進されてきており俗に言うESG投資という呼称で推進されている。ここでいうEはenvironment，すなわち環境問題全般を指しており，気候変動問題のみならず，生物多様性に起因する各種課題も含まれている。それが2015年のパリ協定により更にフォーカスされ，持続可能な経済・社会に向けた目標の達成のためには，約12兆ドルという追加投資が必要というIEA（International Energy Agency，国際エネルギー機関）の予測により，EUやG20において気候関連のファイナンスの議論が活発化した。外部不経済である気候変動問題の解決には，公的資金が必要である一方，その公的資金を補うためにも民間資本をサステナブルな投資に向ける必要がある。そのためには，金融システムにおける安定性や透明性の確保や，長期的視点の育成が重要である。これが欧州におけるサステナブルファイナンスの基本理念であり，そこから欧州発のサステナブルファイナンスの流れ，TCFD，TNFDの流れが始まっている。

欧州におけるサステナブルファイナンスの流れにおいては，財務情報と対となる非財務情報の可視化と開示という点が１つのポイントとなっている。欧州では，2014年に非財務情報開示指令（NFRD）が採択され，年次報告書における非財務情報の開示が義務付けられた。そこでは，以下の情報開示を求めており，投資家がその開示を踏まえた投資を推進する仕組みを通じて，持続可能な経済・社会の達成を目指している。

- 環境保護
- 社会および従業員
- 人権
- 腐敗防止および賄賂の問題
- 取締役会の多様性
- ビジネスモデル
- 上記の情報に関する問題に関して適用される方針についての説明
- 企業経営に関連する事項におけるリスク
- 特定の事業に関連する非財務のKPI（主要業績指標）

この考え方は，NFRDの後継となる企業サステナビリティ報告指令（Corporate Sustainability Reporting Directive：CSRD）（以下，「CSRD」とする）等にも受け継がれ，欧州でビジネスを行う企業においては，非財務情報の開示，環境に関する開示（生物多様性に関する情報も含む）が求められている。

一方で，環境という中で気候変動に関しては，2015年４月，G20財務相・中央銀行総裁会議において，G20首脳会議の下に設けられた金融安定理事会（Financial Stability Board：FSB）に対して「気候変動に伴う課題を金融機関がどのように考慮すればよいか」を検討するように要請がなされた。気候変動の情報開示に関するフレームワークがない現状を鑑み，同理事会での指摘を踏まえてTCFDが設立された（2017年６月に最終報告書を公表）。このTCFDの概念が，今や国際会計基準（International Financial Reporting Standards：IFRS）（以下，「IFRS」とする）財団が設立した国際サステナビリティ基準審議会（International Sustainability Standards Board：ISSB）（以下，「ISSB」とする）に引き継がれ，環境，社会，ガバナンス（ESG）分野における企業の報告に関する国際基準，IFRSサステナビリティ開示基準として，2023年6月に公表されている。また，このISSBを踏まえて2022年7月に公益財団法人財務会計基準機構（FASF）の下に設立されたサステナビリティ基準委員会（Sustainability Standards Board of Japan：SSBJ）（以下，「SSBJ」とする）が，日本における開示基準を検討している。ISSBにおいては，生物多様性・エコシステムの項目も今後取り入れる予定であり，ゆくゆくは上述したSSBJの取組みの中で日本においても日本においても生物多様性の開示基準の法整備がなされると考えられる。

図表1－5　気候変動関連開示と生物多様性関連開示の関係性

（出典）　各機関 web site等

そのような開示ルールの整備が進む中で，両輪となる投資家が企業の自然資本・生物多様性に関する取組み，ネイチャーポジティブに関する取組みを適切に評価することが必要不可欠である。

## 3　PBR1.0問題と非財務価値・生物多様性への対応

一般的な有価証券報告書に記載がある財務情報を基にした投資行動では，日本企業のPBRが1.0を下回る，いわゆる低PBR問題が近年取りざたされている。経済産業省「第１回SX銘柄評価委員会」（2023年２月16日）資料によると日本のTOPIX500では，PBR1倍割れは40％以上と，欧米企業に比べ高い水準である。

PBRは，「Price Book-value Ratio」の略で，株価が１株当たり純資産（BPS：Book-value Per Share）の何倍まで買われているかを見る投資尺度である。つまり，ステークホルダーから見た企業価値が，現在の株価に対して割安かどうかを見る指標となる。この株価をいかに上昇させていくか，そのカギの１つが企業の持続可能性を図る「非財務価値」つまり非財務情報であるESG関連情報である。

企業活動は，大なり小なり生態系に依存している。生物種だけではなく，水資源や土壌等の自然資本も健全な生態系がもたらす恵みであり，これらなしではモノは作れず，人的資本は維持できず，サービスは推進できない。

よって，非財務情報のうち，自然資本や生物多様性に対する対応，つまりTNFDフレームワークに沿った対応を推進することは，企業の持続可能性を図るうえで非常に重要である。そのためには，企業経営の中で，生物多様性への取組みを経営のアジェンダとしてとらえ，企業として持続可能な形で自然資本・資源をとらえていくことが必要である。

その結果として，TNFDフレームワークを通じて投資家とのエンゲージメントで取組みが評価され，PBRが上昇することが期待できる。ひいては，中長期のリスクを回避し，サプライチェーンの強靭化やコスト競争力の確保に繋がり，日本企業の競争力の強化・機会の獲得に繋がる。

生物多様性への対応は，広大な森林資源や自然資本を保有し慣れ親しんできた日本にとっては，１つの競争力の源泉であり，この日本人・日本企業が培ったアドバンテージを企業の競争力の強化に生かせる。そのヒントとしてTNFDが存在する。

## 3　今後の動き

TNFD最終提言書が出たのち，今後TNFDはどうなっていくのであろうか。

TNFDへのコミットを高めるための仕掛けとして，TNFD Adoptersというグループが立ち上げられ賛同企業を募っている。将来的にTNFDに沿った開示を行うことを約束しTNFD Adoptersに登録した組織は，TNFDによる確認を経て，2024年１月に開催されるダボス会議（世界経済フォーラム年次総会）にて組織名がリストに掲載・公表された。開示の期限は以下２つから選択可能である。

> ➢2024年度から財務諸表と共にTNFD開示を公表
> ➢2025年度から財務諸表と共にTNFD開示を公表

財務諸表の一部として開示することが要件であるものの，事業全体ではなく一部についてのみ開示することや，TCFDと統合して開示することは容認される（トライアル実施段階，財務諸表への報告未了の段階ではリスト掲載対象外となる）。TNFD事務局による調査によれば，2024年６月末時点で423の組織（2024年度開示が255，2025年度開示が168）がAdoptersに登録しており，日本の組織の登録数は全世界で最多の113となっている。TNFD Adoptersの仕組みはTNFD開示を加速させるきっかけになっている。

なお，TNFDは，段階的な開発を示唆しており，2023年９月の最終提言書から複数年かけて市場への拡大と，開示の一貫性，金融システムとの統合を図っていく。その結果ネイチャーポジティブに貢献するビジネスが多数生まれ，ネイチャーポジティブの達成に貢献することとなる。

図表１－６　TNFDの今後の開発，普及プロセス

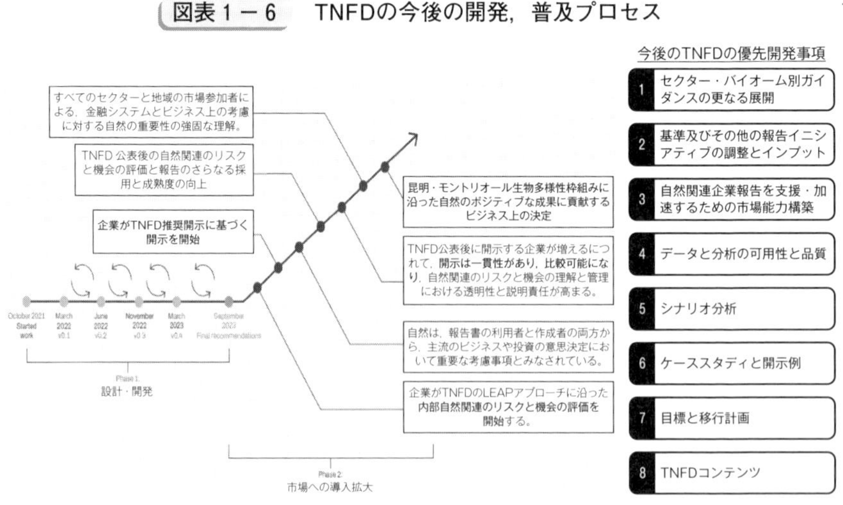


（出典）　TNFD web site等

図表１－７ TNFDフレームワークv1.0までの推移

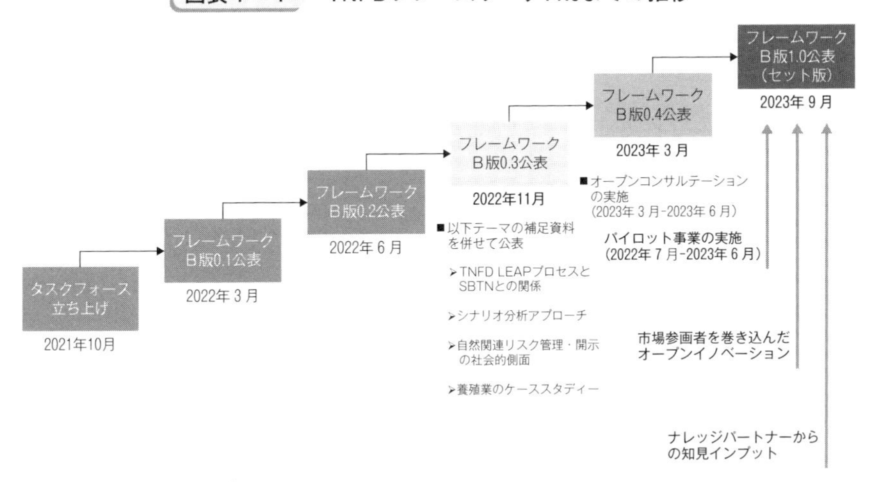


（出典） TNFD web site等

TNFDが最終提言書を発行することと前後して，国内でも多数の施策が推進されてきた。2023年３月にはGBFの達成を目指す生物多様性国家戦略が策定され，2023年４月には民間企業の取組みの方向性を示す「生物多様性民間参画ガイドライン（第３版）」が公表された。また2023年度中には，ネイチャーポ

図表１－８ TNFDを取り巻く政策

（出典） 各機関 web site等

ジティブ経済移行戦略が策定され，これにより日本企業の目指すべき方向性が示唆された。

一方で海外に目を向けると，前述したCOP15と前後して，EUでは2020年に生物多様性戦略2030が発効されたことに加え，2023年にはCSRDや森林破壊防止のためのデュー・デリジェンス義務化に関する規則（EUDR-Regulation on Deforestation-free Products）が発効されている。

また，自然や生物多様性の損失は気候変動と密接に関連しており，両方に対応しなければ，どちらも解決することはできない。今後は，気候変動と生物多様性の一体的推進が国際的にも政策的にも進められていくと考えられる。TNFDはこのような課題に対して他のフレームワーク（例えばTCFD）と連携して解決策を提供しようとするものである。

あらゆるセクターの企業はTNFDに関与していくことで，問題を理解し，科学的根拠に基づいた決定を下し，レジリエンスを構築し，ネイチャーポジティブな将来への動きから生みだされる機会を最大限活用することができるようになる。企業が「あらゆる決定において自然を考慮する」ようになることがTNFDの目的であり，その結果企業価値が向上し，環境と経済の好循環に向かい日本企業の活力増強に繋がると考える。

# 第 2 章

# TNFD最終提言の概要

### 第2章のポイント

第2章では，2023年9月に公表されたTNFDの開示推奨事項の概要について説明する。幅広い事項にまたがる概念的基礎と一般要件の下に4つの柱（ガバナンス，戦略，リスクと影響の管理，指標と目標）と個別具体の項目がある。本書では各開示項目の詳細について可能な限り詳細かつ網羅的に説明する。

# 1　TNFD開示推奨事項の概要

## 1　TNFD開示の構成

TNFD最終提言の開示勧告の構成は以下のとおりである。大上段に概念的基礎と一般要件が位置づけられており，これに開示推奨事項の４つの柱と14の具体的な項目がぶら下がる形となっている（**図表２－１**）。

**図表２－１**　TNFD開示の構成

| | |
|---|---|
| **概念的基礎**：推奨事項の設計を形作る主要な概念とアプローチ | |
| **一般要件**：推奨事項の４つの柱を横断する６つの一般要件 | |
| **推奨事項**：TCFDと同じ４つの柱の形式で広く採用可能な提言 | |
| **推奨開示事項**：<br>14の推奨開示事項からなる<br>TCFDの11の推奨事項と整合し，さらに３つの推奨事項を追加して拡張 | **全セクター向けガイダンス**：<br>すべての組織に対して推奨される開示を実施するためのガイダンス |
| | **特定のセクターおよびバイオームに関する追加ガイダンス**：<br>特定のセクター（金融セクターと自然への依存と影響が大きいセクター）およびバイオームに関するガイダンス |

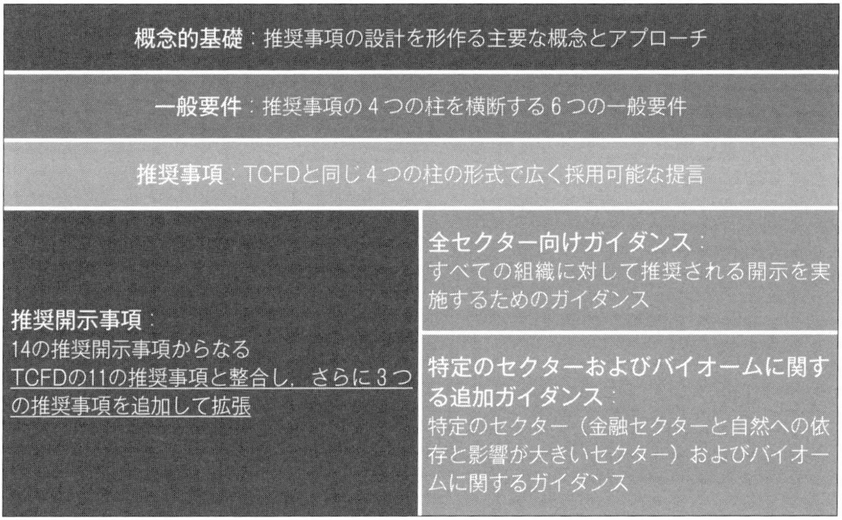

（出典）　TNFD「Recommendations of the Taskforce on Nature-related Financial Disclosures」（2023年９月）

**図表２－２　開示推奨項目**

| 要求項目 | ガバナンス | 戦略 | リスクと影響の管理 | 指標と目標 |
|---|---|---|---|---|
| 概要 | 自然関連の依存と影響，リスク・機会に係る組織のガバナンスを開示する | 自然関連のリスクと機会が，組織の事業・戦略・財務計画に与える重要な影響を開示する | 組織が自然関連の依存と影響，リスク・機会をどのようなプロセスで特定・評価・優先順位づけとモニタリングしているかを開示する | 自然関連の依存と影響，リスク・機会を評価・管理する際に使用する指標と目標を開示する |
| 推奨される開示内容 | A．自然関連の依存と影響，リスク・機会についての取締役会による監視体制の説明をする | A．組織が特定した，短期・中期・長期の自然関連の依存と影響，リスク・機会を説明する | A．(i)直接操業における自然関連の依存度・影響，リスク・機会を特定・優先順位づけするための組織のプロセスを説明する | A．組織が，自らの戦略とリスク管理プロセスに則し，自然関連のリスクと機会を評価・管理する際に用いる指標を開示する |
| | B．自然関連の依存と影響，リスク・機会を評価・管理するうえでの経営者の役割を説明する | B．自然関連の依存と影響，リスク・機会が組織の事業・戦略・バリューチェーン・財務計画に及ぼす影響および検討されている移行計画や分析を説明する | A．(ii)バリューチェーンの上流・下流における自然関連の依存と影響，リスク・機会を特定・優先順位づけするための組織のプロセスを説明する | B．組織が自然への依存と影響を評価・管理する際に用いる指標を開示する |
| | C．自然関連の依存と影響，リスク・機会に対する組織の評価と対応において，先住民，地域社会，影響を受けるその他の利害関係者に関する組織の人権方針と活動および取締役会と経営陣による監督について説明する | C．様々な自然関連シナリオを考慮しながら，組織の戦略のレジリエンスについて説明する | B．自然関連の依存・影響，リスク・機会を管理するための組織のプロセスを説明する | C．組織が自然関連の依存と影響，リスク・機会を管理するために用いる目標および目標に対する実績について説明する |
| | | D．組織の直接操業に関する資産，事業活動，また可能であれば優先地域に該当するバリューチェーンの上流・下流を開示する | C．自然関連の依存・影響，リスク・機会を識別・評価・管理するプロセスが組織の総合的リスク管理においてどのように統合され，そのプロセスにおいて考慮されているか説明する | |

（出典）TNFD「Recommendations of the Taskforce on Nature-related Financial Disclosures」（2023年９月）

## ２　概念的基礎

TNFD開示の中核に密接に関連する４つの原則を整理している（**図表２－３**）。

**図表2－3　概念的基礎の概要**

| 原則 | 概要 |
| --- | --- |
| ISSB基準とそのベースライン，およびGBFの世界目標とゴールに沿って，時間をかけて開示の幅と深さを高めることを確保する | 昆明・モントリオール生物多様性枠組の目標15に沿って，開示の質を拡大し改善するよう努めるとともに，組織の業務，サプライチェーン・バリューチェーン，ポートフォリオに沿ったリスク，依存，影響を定期的に監視，評価，開示することを求める |
| マテリアリティを開示の基礎とする | 自然に関連する依存，影響，リスク，機会に関する重要な情報を開示すべき |
| マテリアリティに対する異なるアプローチを容認する | 開示勧告は開示主体の様々なマテリアリティの選好や要件に対応するように設計されているが，一般的な目的の財務報告の利用者にとって重要な情報を特定するために，ISSBのアプローチを適用することを推奨する（ISSBのアプローチに加え，インパクトマテリアリティアプローチ(※)を適用し開示することも可能）<br>開示主体は開示管轄区域において規制当局が提供するマテリアリティに関するガイダンスを使用すべきである<br>（※）メジャーなインパクトマテリアリティのアプローチとして，TNFD最終提言内ではGRIとESRSのアプローチが例示されている |
| 自然関連の問題を包括的に特定および評価する | マテリアリティの特定アプローチにかかわらず，依存，影響，リスク，機会の4タイプの自然関連の問題の特定と評価を実施することを強く推奨し，またこれら4タイプの問題を明確化しながらその関連性を説明することを求める |

（出典）TNFD「Recommendations of the Taskforce on Nature-related Financial Disclosures」(2023年9月)

## 3　一般要件

4つの柱に共通して適用される要件として，**図表2－4**の6つの一般要件を定めている。

**図表2－4　一般要件の概要**

| 要件 | 概要 |
| --- | --- |
| ①　マテリアリティの適用 | 採用したマテリアリティアプローチを明確に記載すべきである |
| ②　開示の範囲 | 自然関連の評価および開示の範囲（バリューチェーンの直接操業，上流，下流）およびその範囲を決定する際にとられたプロセスを説明すべきである |
| ③　自然問題の所在 | 直接操業だけでなく，上流・下流のバリューチェーンを通じて，組織の自然との接点の地理的位置を考慮するべきである<br>（注）地理情報は可能な限り情報を細分化すべきであり，重要な情報が不明瞭になるような情報の集約はすべきでない |
| ④　その他サステナビリティ関連開示との統合 | 可能な限り他のサステナビリティ関連開示と統合されるべきであり，特に気候と自然に関する情報の統合は重要である（両者の目標の整合性，相乗効果，貢献，トレードオフ等の観点） |
| ⑤　考慮された時間軸（関連する短期，中期，および長期の時間軸と考えられるものを記述すべき） | 資産やインフラの耐用年数，リスクや機会の時間軸（短期，中期，長期）を説明すべきである |
| ⑥　先住民族，地域社会，影響を受ける利害関係者が，組織の自然関連問題の特定と評価に関与すること | バリューチェーンにおける自然関連の依存関係，影響，リスクおよび機会に関する重要な事項について，先住民，地域社会，影響を受けるステークホルダーへのエンゲージメントに関するプロセスを説明すべきである |

（出典）TNFD「Recommendations of the Taskforce on Nature-related Financial Disclosures」(2023年9月)

## 4 コアグローバル開示指標

TNFDが開示を推奨する指標を「コアグローバル開示指標（Core global disclosure metrics）」と呼ぶ。14のコア開示指標が示されており，指標と目標B（自然への依存と影響）と指標と目標A（自然関連のリスクと機会）の2種類がある。

コアグローバル開示指標は，以下に基づいて選定されている。

- 一般的または分野横断的な基準に一般的に組み込まれている
- IPBESの特定する自然変化の主な要因をカバーする
- GBFやその他グローバルな政策目標と整合している
- 投資家，貸し手，保険会社等のユーザーの意思決定に有用である

**図表2－5　依存と影響に関するコアグローバル開示指標**

| 番号 | 指標 | 概要 |
|---|---|---|
| － | GHG排出量 | スコープ1，2，3のGHG排出量（ISSB-IFRS-S2参照）<br>※コア指標ではないが指標一覧に含まれている |
| C 1.0 | 土地利用フットプリント | 組織が管理する総面積（$km^2$），総改変面積（$km^2$），総復元・再生面積（$km^2$） |
| C 1.1 | 陸・淡水・海洋利用の変化 | ●土地／淡水／海洋生態系の利用変化の範囲（$km^2$）：生態系と事業活動の種類，陸上／淡水／海洋生態系の保全または再生の範囲（$km^2$）<br>●持続可能に管理されている陸・淡水・海洋生態系の範囲（$km^2$），生態系の種類，事業活動の種類 |
| C 2.0 | 種類別に土壌に放出された総汚染物質 | 汚染物質の種類（トン）に関する分野別ガイダンスを参照して，種類別に土壌に放出された総汚染物質 |
| C 2.1 | 排水量と排水中の主要汚染物質濃度 | 汚染物質の種類に関する分野別ガイダンスを参考に，種類別に排出された排水中の主要な汚染物質の排出量（合計，淡水，その他）（立方メートルまたは同等）と濃度 |
| C 2.2 | 有害廃棄物の総発生量 | 分野別の廃棄物の種類に関するガイダンスを参照した，種類別の有害廃棄物の総発生量（トン） |
| C 2.3 | プラスチック汚染 | 使用または販売されたプラスチック（ポリマー，耐久消費財，包装材）の総重量（トン）を原料含有量に分解して測定したプラスチックフットプリント |
| C 2.3 | 非GHG大気汚染物質総量 | 種類別の非GHG大気汚染物質の総量：<br>1．粒子状物質（PM 2.5および／またはPM 10）（トン）<br>2．窒素酸化物（$NO_2$，NOおよび$NO_3$）（トン）<br>3．揮発性有機化合物（VOCまたはNMVOC）（トン）<br>4．硫黄酸化物（$SO_2$，SO，$SO_3$，SOX）<br>5．アンモニア（$NH_3$）（トン） |
| C 3.0 | 水ストレス地域からの取水と消費 | 水ストレス地域からの総取水量および総消費量（立方メートルまたは同等量） |

| | | |
|---|---|---|
| C 3.1 | 陸・海・淡水由来のリスクの高い天然物の量 | 商品の種類に関する分野別ガイダンスを参考に，陸・海・淡水から調達される高リスクの天然商品の量を種類別に分けたもの（絶対値（トン），全体に占める割合（前年比）） |
| C 4.0 | 特定外来生物等の意図しない導入への対応<br>※プレースホルダー指標（任意，開発中） | 特定外来生物の意図しない導入を防ぐための適切な措置または低リスクに設計された活動の下で実施された高リスク活動の割合<br>※「高リスク活動」と「低リスク設計活動」を定義するために，TNFDは専門家とさらなる検討を継続 |
| C 5.0 | 自然の状態<br>●生態系の状態<br>●種の絶滅リスク<br>※プレースホルダー指標（任意，開発中） | 以下の指標を報告し，LEAPアプローチの附属書2の自然状態の測定に関するTNFDの追加ガイダンスを参照することを奨励する。<br>●種類別生態系の状態と事業活動のレベル<br>●種の絶滅リスク |

（出典）TNFD「Recommendations of the Taskforce on Nature-related Financial Disclosures」(2023年9月)

**図表2－6　リスクと機会に関するコアグローバル開示指標**

| 番号 | 指標 |
|---|---|
| C7.0 | 自然関連の移行リスクに対して脆弱であると評価される資産，負債，収益及び費用の価値（合計及び合計に対する割合）。 |
| C 7.1 | 自然関連の物理的リスクに対して脆弱であると評価される資産，負債，収益及び費用の価値（合計及び合計に対する割合）。 |
| C 7.2 | 負の自然関連の影響によるその年の重要な罰金／罰金／訴訟措置の説明と金額。 |
| C 7.3 | 政府または規制当局のグリーン投資タクソノミー，第3者産業もしくはNGOタクソノミーを参照して，機会の種類別に自然関連の機会に向けて展開された資本支出，資金調達又は投資の価値。 |
| C 7.4 | 自然への明らかなプラスの影響をもたらす製品とサービスからの収入の増加の割合と影響の説明。 |

（出典）TNFD「Recommendations of the Taskforce on Nature-related Financial Disclosures」(2023年9月)

## 2　ガバナンス

投資家や金融機関等は，自然関連の問題を監視・管理するためのガバナンスやコントロールのプロセスに関心がある。とりわけ，自然関連の問題を監督するうえで取締役会が果たす役割と，それらの問題を評価し管理するうえでの経営陣の役割に関心がある。

これらの情報があることで，自然関連の問題が取締役会や経営陣によって適切に監督されているかどうか，また組織がそれを行うために適切なスキルや能力を有しているかどうかを評価することを可能とする。

ガバナンスパートでは「自然関連の依存と影響，リスク・機会に係る組織のガバナンスを開示する」ことが求められる。

ガバナンスA.
自然関連の依存と影響，リスク・機会についての取締役会による監視体制の説明をする

＜開示勧告の概要＞

■自然関連の依存・影響・リスク・機会に関する取締役会の監督を記述する際，組織は以下の議論を含めるべきである

- ●取締役会や取締役会委員会（監査，リスクまたはその他の委員会）が，組織の直接操業，上流，下流のバリューチェーン全体にわたる自然関連の依存・影響・リスク・機会の報告を受けるプロセスおよび頻度
- ●次の場合に，取締役会および／または取締役会委員会が自然関連の依存・影響・リスク・機会を考慮するかどうか，およびその方法
  - ✓戦略，主要な行動計画，リスク管理方針，年間予算および事業計画をレビューし，ガイドする場合
  - ✓組織のパフォーマンス目標を設定し，取組みとパフォーマンスをモニタリングする場合
  - ✓主要な設備投資，買収および売却を監督する場合
- ●自然関連の依存・影響・リスク・機会に対処するための目標と目標に対する進捗状況を取締役会がどのように監視・監督するか
- ●サステナビリティ報告（リスク管理プロセス，内外の監査・保証リソースの利用を含む）のプロセスの取締役会レベルの監視の主な特徴
- ●自然関連の問題に関する業績評価基準が報酬ポリシーに組み込まれているかどうか，およびどのように組み込まれているか

■組織は，以下の指標を報告することを検討すべきである

- ●自然問題に関する能力を有する取締役の数（絶対数および全体に占める割合）

●（該当する場合）委員会の審議を支援するために，外部の専門家を利用すること
●取締役会で自然問題が議論される頻度

ガバナンスB.
自然関連の依存，影響，リスク・機会の評価と管理における経営者の役割について説明する

＜開示勧告の概要＞
■組織は，自然関連の依存・影響・リスク・機会の評価と管理における管理者の役割を説明する際に，以下の情報を含めるべきである
●組織が自然関連の責任を管理職や委員会に割り当てているかどうか，およびどのように割り当てているか
●そのような管理職や委員会が取締役会または取締役会に報告しているかどうか
●それらの責任に自然関連の依存・影響・リスク・機会の評価や管理が含まれているかどうか
●関連する組織構造
●管理者が自然関連の依存・影響・リスク・機会について報告を受け，監視するための管理および手順
■組織は，以下の指標を報告することを検討すべきである
●自然政策，コミットメントおよび目標に対する最高レベルの責任および説明責任
●優先順位の高い場所のパフォーマンスと進捗を管理者に伝達する頻度

ガバナンスC.
自然関連の依存，影響，リスク・機会に対する組織の評価と対応において，先住民，地域社会，影響を受けるその他のステークホルダーに関する組織の人権方針とエンゲージメント活動および取締役会と経営陣による監督について説明する

＜開示勧告の概要＞

■組織は，自然関連の依存・影響・リスク・機会の評価と管理に関連する人権政策および関与活動を説明すべきである。これは，先住民族，地域社会および影響を受けるステークホルダーを優先して，すべての関連するステークホルダーを対象とすべきである。それは，「先住民族の権利に関する国際連合宣言」，「ビジネスと人権に関する指導原則」，および影響を受けるステークホルダーに適用される国際的に認められた人権を参照し，実行すべきである。この説明には，以下を含める必要がある

●以下に関する組織のコミットメントのサマリー

✓国連の「ビジネスと人権に関する指導原則」およびOECDの「多国籍企業行動指針」に示されている責任あるビジネス慣行の国際基準

✓「先住民族の権利に関する国連宣言」，国際労働機関（ILO）による「国際労働基準　第169号条約」，生物多様性条約における先住民族の権利の尊重の観点

✓「健康的な環境に対する権利」に関する国連総会決議76/300

●先住民と地域コミュニティの権利を対象とするものを含むがそれに限定されない人権デューデリジェンスのプロセスが，組織の戦略，政策，行動規範，ガバナンス構造，ベストプラクティスにどのように組み込まれているかについての説明

●組織によって引き起こされた，または組織がその事業活動，サプライチェーンおよびビジネス関係を通じて著しく加担している人権への悪影響（組織のグリーバンスメカニズムを含む）の監視，管理および是正するために用いられているプロセス

●自然関連のアドボカシーとロビー活動に関するガバナンスの概要，および自然関連のイニシアティブ，政策，規制に関する公的機関へのエンゲージメントのアプローチ

●主要な自然関連のアドボカシーとロビー活動の優先事項と立場のサマリー。関連する場合には，組織が実施する主な直接的なアドボカシー及びロビー活動の概要により補完すべきである

●OECDの「多国籍企業行動指針」における各国連絡窓口（NCP）にもたらされる自然関連の依存，インパクトに関する進行中の事例または報告年度に決着のついた事例へのエンゲージメントの説明

- 実施されるエンゲージメントプロセスには，次のものが含まれる
  - ✓自然関連の依存・影響・リスク・機会の評価と管理に従事する先住民，地域コミュニティ，影響を受けるステークホルダーの説明とその特定方法，加えて上記関係者と合意されたことの確認
  - ✓エンゲージメントの目的と，エンゲージメントが自然関連の問題の評価，解決策の特定，監視，評価に関連して行われるかどうかの説明
  - ✓エンゲージメントの継続性（単発的，定期的，継続的），アプローチとプロセスの説明（公式・非公式を問わない）
  - ✓事前の十分な情報に基づき自由な協議と参加によってエンゲージメントが行われているかどうか，および自由意思による，事前の，十分な情報に基づく同意（FPIC）がどのように得られているかの説明
  - ✓特に先住民と地域コミュニティに関して，公平なアクセスと利益配分がどのように達成されたかに関する説明
  - ✓先住民，地域コミュニティ，影響を受けるステークホルダーとのエンゲージメントプロセスの結果の説明（これらが組織のマテリアリティ評価，意思決定及び自然関連問題およびその社会的側面への対応にどのように組み込まれるかまたはその他の方法で対処されるかを含む）
- 先住民，地域コミュニティ，影響を受けるステークホルダーとのエンゲージメントプロセスとその結果について，上級管理職と取締役会に報告されているかどうか，またその方法についての説明

■組織は，以下の指標を報告することを検討すべきである

- 重要な自然関連の問題で特定された場所，ステークホルダーに関する問題と密接に係るセンシティブな場所の割合

## 3　戦　略

投資家やその他ステークホルダーは，組織が自然関連の問題を管理するアプローチや，自然関連の問題が組織のビジネスモデル，戦略，財務計画にどのように影響するかという点に関心がある。このような情報は，組織の将来の業績を想定するのに役立つ。

戦略パートでは「自然関連のリスクと機会が，組織の事業・戦略・財務計画

に与える重要な影響を開示する」ことが求められる。

戦略A.
組織が特定した，短期・中期・長期の自然関連の依存と影響，リスク・機会を説明する

<開示勧告の概要>

【依存と影響】

■組織は，直接操業，上流，下流のバリューチェーンにおいて特定した重要な自然関連の依存，影響を説明すべきである。組織は，重大な影響と依存について以下の情報を開示すべきである

- ●以下を含む，自然への重大な影響の説明
  - ✓戦略Dで特定した結果を踏まえた影響を与える場所と，その影響が直接操業，上流，下流のいずれに関連するか
  - ✓以下を含む影響の経路
    - ➢組織のインパクトドライバー，自然状態に影響を及ぼす外的要因
    - ➢これらのインパクトドライバーと外的要因が，その場所の自然状態の変化にどのようにつながるか
    - ➢生態系サービスを享受することにどのように影響を受けるか
  - ✓指標と目標Bに開示されている関連指標への言及
- ●以下を含む，自然への重要な依存の説明
  - ✓戦略Dで特定した結果を踏まえた依存している場所，およびその依存が直接操業，上流，下流のいずれに関連するか
  - ✓以下を含む依存の経路
    - ➢組織が依存する環境資産と生態系サービス
    - ➢生態系サービスの自然状態と利用可能性に影響を与えているインパクトドライバーと外的要因
  - ✓指標と目標Bに開示されている関連指標への言及
- ●組織の依存と影響の間の相互関係の説明

■開示は，組織の直接操業，上流，下流のバリューチェーンにおける依存と影響を区別すべきである

【リスクと機会】

■組織は，ビジネスモデル，バリューチェーン，戦略，財務に影響を及ぼしうる重大なリスクと機会と，これらが自然への依存と影響からどのように生じるかを説明する必要がある。組織は以下の情報を開示すべきである

- 指標と目標Ａに開示されている関連指標を参照して，各時間軸（短期，中期，長期）にわたって組織が特定した各自然関連リスクと機会の説明
- それらが含まれるTNFDリスク・機会カテゴリ

戦略Ｂ．
自然関連の依存と影響，リスク・機会が組織の事業・戦略・バリューチェーン・財務計画に及ぼす影響および検討されている移行計画や分析を説明する

＜開示勧告の概要＞

■組織は，戦略Ａで特定した自然関連の依存・影響・リスク・機会が，ビジネスモデル，バリューチェーン，戦略および財務状況にどのような影響を与えたかを説明すべきである

【ビジネスモデル，バリューチェーン，戦略】

■組織は，特定されたリスクと機会が自社のビジネスモデルとバリューチェーンに及ぼす影響（現在および将来）と，これらのリスクと機会が自社のビジネスモデルとバリューチェーンのどこに位置しているかを説明すべきである

■組織は，特定した重要な依存・影響・リスク・機会に対応するために実施したプロセス及び行動（現在および将来）について，以下を含めて説明すべきである

- ミティゲーションヒエラルキーと拡大生産者責任の原則に従って，自然への悪影響を回避・低減し，生態系を再生・復元し，ビジネスを変革するために意思決定をどのように行うか
- ビジネスの改革，新技術または研究開発への投資，事業活動の場所に関する決定，他のパートナーやステークホルダーとの協力
- トレーサビリティ，認証，サプライヤー，顧客，その他ステークホルダーとの協力の改善，または拡大生産者責任スキームの適用など，上流の調達および下流の事業体との相互作用に対する変化

- ●ランドスケープアプローチ，流域管理，海洋・沿岸の空間計画など，複数のステークホルダーによる計画プロセスを通じた組織の関与に対する変化
- ●自然関連のリスクを軽減し，自然関連の問題を管理し，GBFの目標に貢献するためのその他施策

【財政状態及び経営成績】

■組織は，自然関連のリスクと機会が財政状態，業績，キャッシュフローに及ぼす影響（現在および将来）について，以下を含めて説明すべきである

- ●自然関連のリスクと機会が報告期間中に組織の財政状態にどのような影響を与えたか
- ●短期・中期・長期にわたる収益，費用，キャッシュフロー，資産・負債の価値及び資金調達源への予想される影響
- ●自然関連のリスクと機会を特定した結果として，組織が重要な投資や資産の処分を見込んでいるかどうか
- ●自然関連のリスクと機会が，財務計画へのインプットとしてどのように役立つか

【目標設定と移行計画】

■自然関連のコミットメントを行い，目標を設定し，依存・影響・リスク・機会に対処するために移行計画を作成した組織は，それらの内容やGBFとの整合性を説明する必要がある

■自然関連の依存・影響・リスク・機会に対する組織の対応を示す指標はTNFD「Recommendations of the Taskforce on Nature-related Financial Disclosures」Annex 2に記載されている（指標は網羅的でない）

> 戦略C.
> 自然関連のリスクと機会に対する組織の戦略のレジリエンスについて，様々なシナリオを考慮して説明する

<開示勧告の概要>

■組織は，戦略Aで特定された自然関連のリスクと機会を考慮して，自然関連の変化，発展，不確実性に対する戦略，ビジネスモデル，バリューチェーンのレジリエンスに関する情報を開示すべきである。組織は，組織の状況に見合ったアプローチを用いて，戦略のレジリエンスを評価するために自然関連

のシナリオ分析を利用すべきである。組織は以下を説明すべきである

- 戦略Dで特定されているような，自然の損失に関する物理的リスク，ビジネスモデル，バリューチェーンにとって重要な場所における転換点や，その短期・中期・長期にわたる影響に関する考え方
- 政府の政策や規制の変化，訴訟リスク，消費者の期待の変化など，さまざまな移行リスクに関する傾向や不確実性，不整合の程度よって，自社の戦略，ビジネスモデル，バリューチェーンが短期・中期・長期にわたって受ける影響に対する考え方
- このような潜在的な傾向と不確実性に対処するために，組織がどのように地域性を考慮したか，戦略がどのように変化する可能性があるかについての説明
- （評価を行った場合は）自然に関連するリスクと機会の水準，変化率の増加が財務業績に及ぼす潜在的な影響（収益と支出）と短期・中期・長期の財政状態（資産と負債）
- 自然関連のリスクと機会の潜在的な影響に関する将来の変化に適応し戦略の修正を行うために，組織が有している，または計画している資源と能力
- （もしあれば）戦略のレジリエンスについての考え方と，シナリオツールおよび方法論（シナリオの説明，考慮された時間軸，得られた重要なインサイトの説明を含む）

> 戦略D.
> 組織の直接操業において，および可能な場合は優先地域に関する基準を満たす上流と下流のバリューチェーンにおいて，資産や活動がある場所を開示する

＜開示勧告の概要＞

■優先順位の高い次のような位置

- 重要な場所：直接操業，上流，下流のバリューチェーンにおいて，重要な依存・影響・リスク・機会を特定した場所
- センシティブな場所：直接操業における資産と活動（可能な場合には上流・下流のバリューチェーン）次のような接点を持つ場所
  - ✓生物多様性の重要な地域

✓生態系の完全性の高い地域
✓生態系の完全性が急速に低下している地域
✓水リスクが高い地域
✓先住民族，地域社会，ステークホルダーへの利益を含む，生態系サービス（供給サービス）にとって重要な地域

■組織は以下を提供すべきである

- 組織の資産と活動拠点となる場所のリストや地図
  ✓直接操業，上流，下流のバリューチェーンにおいて，重要な依存・影響・リスク・機会が特定されている場所（およびこれらの場所がセンシティブな場所であるかどうか）
  ✓直接操業（可能な場合は上流・下流のバリューチェーン）において，上記で定義されたようにセンシティブの高い場所
- 使用しているツール，データソース，指標に関連して，組織がセンシティブな場所をどのように定義したかの説明
- 開示の優先順位を特定するために行われたプロセスの説明
- 拠点を特定するうえでの地理的なレベル，場所が集約されているかどうか（およびどのように集約されているか），一般要件を参照した集約の理論的根拠の説明
- 短期，中期，長期にわたって地域性評価の改善・拡大に向けた組織の意思

## 4　リスクと影響の管理

投資家やその他ステークホルダーは，組織の自然関連の依存・影響・リスク・機会がどのように特定され，評価され，優先順位づけされ，監視されているか，またそれらのプロセスが既存のリスク管理プロセスに統合されているかに関心がある。このような情報は，情報の受け手が組織の全体的なリスク・プロセスとリスク・影響管理活動を評価するのに役立つ。

リスクと影響の管理パートでは「組織が自然関連の依存と影響，リスク・機会をどのようなプロセスで特定・評価・優先順位づけとモニタリングしているかを開示する」ことが求められる。

リスクと影響の管理A（ⅰ）
直接操業における自然関連の依存，影響，リスク・機会を特定し，評価し，優先づけするための組織のプロセスを説明する

<開示勧告の概要>

■組織は，直接操業における自然関連の依存・影響・リスク・機会を特定し，評価し，優先順位をつけるためのプロセスを説明すべきである。説明には以下を含めるべきである

- ●組織が，次のような要因を含め，組織にとって重要な自然関連の依存・影響・リスク・機会をどのように特定するか
  - ✓組織の，マテリアリティ評価に関して使用されるマテリアリティの定義と適用指針
  - ✓地域間の依存・影響・リスク・機会の違いを考慮して，使用される地域特異性のレベル（例：サイト固有，ローカル，サブナショナル）
  - ✓考慮されるタイムスケール
  - ✓生態学的な閾値と転換点の考慮とその方法
  - ✓評価頻度
  - ✓気候変動と自然の損失に関してポリシーの変更や要件が検討されたかどうか，またどのように検討されたか（例：水や土地の利用制限）
- ●自然関連の依存と影響からリスクと機会が生じるプロセスに基づき，リスクと機会の潜在的な規模，範囲，起こりうる可能性を評価するプロセスを含め，組織に及ぼす潜在的な影響の大きさをどのように評価するか
- ●組織がリスクと機会の優先順位を決定する方法（自然関連のリスクと機会の相対的な重要性を決定し，リスクと機会への対応や管理に係る意思決定に資する方法）

■組織は以下を開示すべきである

- ●使用したデータの質とそれが分析へどう影響するか
- ●前回の開示期間以降に行われたデータの質の改善と，今後の改善計画の説明
- ●組織の業務から直接取得されていない重要なデータに使用される方法論と情報源

●使用しているリスク用語の定義，既存のリスク分類フレームワーク（適当かつその後のプロセスの理解に役立つ場合）

リスクと影響の管理A（ii）
バリューチェーンの上流・下流における自然関連の依存と影響，リスク・機会を特定・優先順位づけするための組織のプロセスを説明する

＜開示勧告の概要＞

■組織は，上流・下流のバリューチェーンにおける自然関連の依存・影響・リスク・機会を特定し，評価し，優先順位をつけるためのプロセスを説明すべきである。説明には以下を含めるべきである

●組織がバリューチェーンの範囲と構成要素をどのように定義するか

●考慮するバリューチェーンの範囲

●バリューチェーンにおける評価する要素を組織が決定する方法（例：TNFDの追加ガイダンスに準拠する，取り扱う商品，製品，場所，プロセス，問題への影響度を考慮するなど）

●このプロセスを使用して評価するために選択したバリューチェーンの要素

●組織に影響を及ぼす可能性のある新規の可変的なリスクと機会に対応するために，評価のためにバリューチェーンの要素を特定するアプローチを組織がどのようにレビューするか

●組織がバリューチェーンに関連する依存・影響・リスク・機会をどのように評価するか

●組織のマテリアリティ評価に使用する，マテリアリティの定義と適用指針

●評価のタイムスケール

●生態学的な閾値と転換点が考慮されているかどうか，またどのように考慮されているか

●以下を含む，地域特異性のレベルおよび解析への影響

✓使用されたデータの質と分析への影響の評価

✓過去の開示以降に達成されたデータの質，トレーサビリティ，場所の特定性の向上

✓サプライヤーや顧客から直接入手したデータと推定したデータの別

✓近似値データの使用を含め，データをサプライヤーや顧客から直接取得

できない場合に使用する方法論やデータソース

✓データの品質，トレーサビリティ，場所の特定性を向上させるための戦略，そのような改善に対する障壁とこれを乗り越えるためのアプローチ

●自然関連の依存と影響からリスクと機会が生じるプロセスに基づき，リスクと機会の潜在的な規模，範囲，起こりうる可能性を評価するプロセスを含め，組織に及ぼす潜在的な影響の大きさをどのように評価するか

●組織がリスクと機会の優先順位を決定する方法（自然関連のリスクと機会の相対的な重要性を決定し，リスクと機会への対応や管理に係る意思決定に資する方法）

> リスクと影響の管理B
> 自然関連の依存・影響，リスク・機会を管理するための組織のプロセスを説明する

<開示勧告の概要>

■組織は，自然関連の依存・影響・リスク・機会を管理するためのプロセスを説明すべきである。これには，次の情報を含める必要がある

●組織が使用するインプットとパラメータ（例えば，データソースに関する情報や，オペレーションのスコープなど）

●これらのリスクに照らして組織の全体的なリスクプロファイルを評価するために組織が使用するリスク管理ツール

●組織が自然関連のリスクをどのように監視するか

> リスクと影響の管理C
> 自然関連リスクの特定，評価，管理するプロセスが組織全体のリスク管理においてどのように組み込まれているか説明する

<開示勧告の概要>

■組織は，自然に関連するリスクを特定し，評価し，優先順位をつけ，監視するためのプロセスが，全社的なリスク管理プロセスに統合されているかどうか，またどのように統合されているかを説明すべき

# 5 指標と目標

投資家やその他ステークホルダーは，組織が設定した目標の進捗状況や，組織が自然関連の依存・影響・リスク・機会をどのように測定し，監視しているかなど，自然関連の問題に関する組織のパフォーマンスに関心を持っている。重要な自然関連の依存・影響・リスク・機会を特定し，評価し，管理するために用いられる指標と目標を開示することは，投資家やその他ステークホルダーが，組織の将来のリターン，財務上の義務を履行する能力，自然関連の問題に対する一般的なエクスポージャー，問題の管理や適応の進捗状況を評価するのに役立つ。指標と目標を一貫して開示することは，投資家やその他ステークホルダーがセクターや業界内の組織を比較するのに役立つ。

指標と目標パートでは「自然関連の依存と影響，リスク・機会を評価・管理する際に使用する重要な指標と目標を開示する」ことが求められる。

指標と目標A
組織が，自らの戦略とリスク管理プロセスに則し，自然関連のリスクと機会を評価・管理する際に用いる指標を開示する

＜開示勧告の概要＞

■組織は，戦略Aに記載されている重要な自然関連のリスクと機会を測定し管理するために使用している指標を開示すべきである

■そのため，組織は，開示する自然関連のリスクと機会に最も関連し，最も正確に表す指標を開示すべきである。開示する指標は，以下を含むべきである

- TNFD「Recommendations of the Taskforce on Nature-related Financial Disclosures」Annex 1に記載されている，すべてのリスクと機会に関するコアグローバル指標およびコアセクター指標（組織レベルで報告）
- その他の関連指標（TNFD「Recommendations of the Taskforce on Nature-related Financial Disclosures」Annex 2に記載されているTNFDの追加開示指標と，戦略Aに記載されているリスクと機会の大きさを最も正確に反映するために組織の適切な報告レベル（サイト，製品，サービス，

地域，組織など）に応じて利用する独自の評価指標）

■可能な場合，これらは以下をカバーする必要がある

●戦略Bで報告した効果に関連して，自然関連のリスクと機会が組織に及ぼす影響についての財務情報

●戦略Bとリスクと影響の管理Bに関して，リスクと機会を管理するために組織がどのように行動，方針，戦略を監視するかについてのインサイト

■トレンド分析を可能にするため，前年との比較を含め過去の期間についても指標を開示すべきである。適切な場合には，組織は，事業計画や戦略計画の時間軸に沿って，将来を見通す自然関連の指標を開示すべきである

■組織は，自然関連の指標を計算または推定するために使用する方法論と仮定を，制限される事項も含めて説明すべきである

■組織は，コア指標が報告されていない場合には，その理由を簡潔に説明すべきである。コア指標の開示は，次の場合には省略できる

●組織に関連しない，または重要でないと特定された指標

●関連性があり重要であると特定されているが，方法論やデータへのアクセスに制限があり，測定することができない。この場合，組織は今後の報告期間中にこの問題にどのように対処する予定であるかを説明すべきである

指標と目標B

組織が自然への依存と影響を評価・管理する際に使用する指標を開示する

＜開示勧告の概要＞

■組織は，戦略Aに記載されている重要な自然関連の依存と影響を測定し管理するために使用している指標を開示すべきである

■そのため，組織は，開示する自然関連の依存と影響に最も関連し，最も正確に表す指標を開示すべきである。これには，戦略Aに記載されている各依存と影響について，以下を含める必要がある

●TNFD「Recommendations of the Taskforce on Nature-related Financial Disclosures」Annex 4および関連セクターガイダンスに記載されている依存と影響に関するすべてのコアグローバル指標，コアセクター指標

●その他の関連指標（TNFD「Recommendations of the Taskforce on Nature

-related Financial Disclosures」Annex 2に記載されているTNFDの追加開示指標と，必要に応じて組織独自で利用する評価指標）

■これらの指標は，戦略Aで特定された重要な依存と影響に関連する組織の影響要因をカバーし，影響要因の中身（例：排出される汚染物質の種類），影響要因の大きさ（例：汚染物質の量），影響要因が発生する場所を，戦略Dを参照して示すべきである

■また，組織は，戦略Aに記載されている各依存と影響の場所について，戦略Dを参照して開示の対象とすることを検討することが推奨される

●依存と影響の経路におけるその他の要素（定量的な指標が利用できない場合は定性的な指標）には，以下が含まれる

✓自然状態の変化（例：生態系の状態と広がり，種の個体数と絶滅リスク）

✓生態系サービスの利用可能性の変化

✓戦略Bに開示されているように，これらの依存と影響を管理する行動，方針，戦略

✓組織の直接操業，可能な範囲での上流・下流のバリューチェーン，および重要な場合は製品またはサービスラインごとの影響要因のまとめ（TNFD「Recommendations of the Taskforce on Nature-related Financial Disclosures」Annex 1および関連するセクターガイダンスに記載されているコアグローバル指標とコアセクター指標を使用）。組織がバリューチェーン全体の指標を報告できない場合は，次の開示の段階で報告することが推奨される

※天然資源の利用に焦点を当てた指標では，上流の活動に関する報告が必要になる可能性が高い

■組織は，コア指標が報告されていない場合には，その理由を簡潔に説明すべきである。コア指標の開示は，次の場合には省略できる

●組織に関連しない，または重要であると特定されていない指標

●関連性があり重要であると特定されているが，方法論やデータへのアクセスに制限があり，測定することができない指標。この場合，組織は今後の報告期間中にこの問題にどのように対処する予定であるかを説明すべきである

■指標は以下のとおりに開示されるべきである

●可能であれば，明確かつ透明性のあるベースライン，基準，条件に対する

ものとして
- ●純ベースではなく，負の影響と正の影響について個別に
- ●組織の直接操業，上流，下流のバリューチェーンのどれに関連するかについて
- ●絶対値，変化率，強度／効率比とともに（TNFD「Recommendations of the Taskforce on Nature-related Financial Disclosures」Annex 1および２に含まれるTNFD開示指標は，ほとんどが絶対レベルで記載されている。組織は，比率の選択の理論的根拠を記述して，部門のベストプラクティスの強度／効率比を使用することが推奨される）

■また，組織は以下を開示すべきである
- ●指標が集計されているかどうか，およびどのように集計されているか（一般要件３に従い，指標や場所を集計するための科学的根拠（例：生態学的な相同性や業界のベストプラクティス），使用している方法論，制限または仮定）
- ●重要なデータを取得するための方法論，ツール，データプラットフォームの説明（例：自然関連の指標を計算・推定するために使用する仮定・ツール・データプラットフォーム，データの不足や近似値データの活用，業界の平均値などがある場合の制限）
- ●適切な場合，事業計画や戦略計画の時間軸に沿った将来の自然関連の指標

> 指標と目標Ｃ
> 組織が自然関連の依存，影響，リスク，機会を管理するために用いる目標および目標に対する実績について説明する

＜開示勧告の概要＞

■組織は，自然関連の依存・影響・リスク・機会を管理するために設定した目標を説明し，これらの目標に対するパフォーマンスを開示すべきである

■各目標の開示には，以下を含めるべきである
- ●その目標が対応している戦略やリスク管理の目的（予想される規制要件，市場の制限・制約，目標の理解に関連するその他の情報を含む）
- ●目標を定量化し，パフォーマンスを監視するために使用される指標
- ●指標の目標値

- ●指標の基準年とレベル
- ●目標達成までの期間
- ●指標の短期・中期の中間目標や予測軌道
- ●目標とベースラインを設定するために使用した方法論。これには，組織が目標を設定する際に外部基準を使用したかどうか，およびこれらが科学に基づくアプローチを使用しているかどうかが含まれる
- ●ベースラインまたは基準条件と比較した目標に対するパフォーマンス（毎年更新），および必要に応じて翌年の目標に対する予測パフォーマンス（該当する場合）
- ●組織が目標の予測軌道を超過または下回った場合やそうなると予測される場合は，その理由の説明と，その結果生じた当初の目標の調整や再設定の内容
- ●この目標が，昆明・モントリオール生物多様性枠組，パリ協定，持続可能な開発目標，プラネタリーバウンダリー，その他の世界的な環境関連条約，政策目標，システム全体のイニシアティブの目標と目標に沿っているか，またはそれらをどのように支援しているか

■対象となる目標は次のとおり

- ●インパクトドライバーを変革する目標
- ●生態系サービスの流れを改善または維持するための目標
- ●自然の喪失を止め，回復させ，自然状態を改善または維持する目標
- ●依存と影響に関する事業活動とプロセスの転換の目標
- ●自然関連の依存・影響・リスク・機会に直接・間接的に影響を及ぼす企業レベルの目標（例：ビジネスの循環性またはサプライチェーンのトレーサビリティや認証品のシェアを増加させる直接操業の転換）
- ●自然に関連する依存・影響・リスク・機会に対処するその他の目標

■いずれの場合も，目標は具体的かつ期限付きであり，適切に測定でき，機会の追求を含む組織の戦略やリスク管理計画に関連する指標で定量化されるべきである

■組織は，次の開示を検討する必要がある

- ●短期，中期，長期のリスクと機会に対処する目標の割合
- ●期限付きで定量化可能な目標の割合
- ●目標がカバーする地理的サイト／優先順位の高い場所の割合

# 第 3 章

# LEAPアプローチ

### 第３章のポイント

第３章では，TNFDで自然関連の問題を評価する統合的なアプローチとして提唱されているLEAPアプローチについて触れる。それぞれのフェーズごとに各要素の詳細も見ながら解説する。

# 1　LEAPアプローチの概要

## 1　LEAPアプローチとは

LEAPアプローチとは自然関連の問題を評価するための統合的なアプローチであり，L（Locate：自然との接点の発見），E（Evaluate：依存と影響の診断），A（Assess：重要リスク・機会の評価），P（Prepare：対応・報告への準備）の頭文字をとって名づけられている。本アプローチに沿って分析をしていくことで，TNFDの開示推奨14項目に対応した情報が一定程度整理される（**図表３－１**）。

LEAPアプローチは自然資本連合によって開発された自然資本プロトコルやScience Based Targets Networkによって開発中のSBTs for Natureのフレームワークの上に構築され，また情報開示枠組みについてはISSB，GRI（Global Reporting Initiative），CSRDに基づく欧州サステナビリティ報告基準（Europe-

**図表３－１　LEAPアプローチの概要**

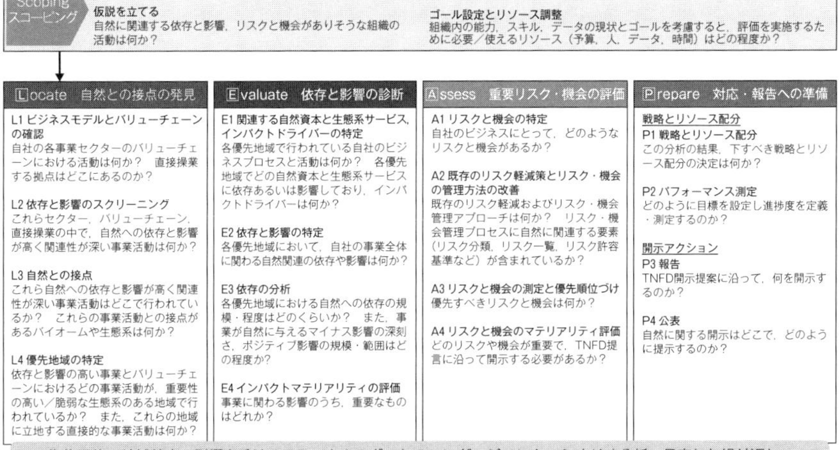


（出典）　TNFD「Guidance on the identification and assessment of nature related issues : The LEAP approach」（2023年９月）

an Sustainability Reporting Standards：ESRS）（以下，「ESRS」とする）が採用しているマテリアリティ評価アプローチとも整合している。国際自然保護連合（IUCN），ストックホルム・レジリエンスセンター，国連統計部，国連環境計画（UNEP-WCMC），世界自然保護基金（WWF）などが提供している科学的データセットや評価ツールを活用するにあたっての道しるべとなる。

LEAPアプローチは240を超える組織がドラフトバージョンのパイロットテストを繰り返し実施することで改良されてきた。具体的なケーススタディも提供されている。

今般，最終提言の公開に沿ってLEAPアプローチガイダンスが公開されたが，TNFDは更なるインサイトの蓄積や長期的なフィードバックを受け，必要に応じてガイダンスをアップデートするとしている。

## 2　LEAPアプローチを進めるうえでの考慮事項

企業がLEAPアプローチに沿った分析を行うにあたり，以下の考慮事項が示されている。

- 評価を開始する前に，潜在的なコスト，時間，利用可能データの制限等を把握し，アプローチ自体をスコーピングすることが推奨される（後段で説明）
- LEAPアプローチを実施する主体が，関連するステークホルダーと協議し，必要に応じて第三者の専門家の助言を活用することを推奨する
- LEAPアプローチは企業のリスク管理プロセスと開示サイクルに沿って，事業ライン全体，事業所全体，金融機関の投資ポートフォリオや資産全体にわたり反復して実行するプロセスとして設計されている
- LEAPアプローチの適用は柔軟であってよい
  →LEAPアプローチはあくまで内部の評価プロセスであり，これを使用すること自体任意である（つまり，TNFDが推奨する開示を行うために必須なものではない）。LからPまで計16のコンポーネントがあるが，厳密に順番を守って進める必要もない

## 3　自然を理解するための中核的な概念

LEAPアプローチを進める際に必要な用語を以下に記す。これらはあくまで主要な用語を抜粋したのみであるが，実際にLEAPアプローチに沿った分析を行う際はTNFDにより別途公表されている用語集（Glossary）を参考にしてい

ただきたい。

**自然**：人間を含めた生物の多様性と生物間や周辺環境との相互作用に象徴される自然の世界
**自然界**：陸，海洋，淡水，大気の4要素からなる（**図表3－2**）
**生物多様性**：陸，海洋，その他の水域の生態系，これらの生態系の集合体から生まれる生物間の多様性。種内の多様性（遺伝子），種の多様性，生態系の多様性の3つがある
**バイオーム**：平均降雨量，平均気温，植生によって定まる地域（例えば，ツンドラ，サンゴ礁，サバンナ等）
**生態系**：植物，動物，微生物群集と非生物環境の動的複合体
**環境資産**：地球上に存在する生物および非生物の構成要素
**生態系資産**：環境資産のうち，生態系に関する構成要素
**生態系サービス**：経済活動やその他の人間活動に利用される生態系がもたらす恵み
**自然資本**：植物，動物，空気，水，土壌，鉱物など，再生可能・不可能な天然資源のストック
**依存**：個人や組織が機能するために依存する環境資産および生態系（例：水の流れ，水質の調整，火災や洪水などの災害防止機能といった生態系サービスや，花粉媒介者のための適切な生息地の提供，炭素隔離）
**影響**：自然の状態（質・量）の変化を指し，プラスとマイナスがある。直接（直接的な因果関係のある事業活動によって引き起こされた自然状態の変化），間接（間接的な因果関係を有する事業活動によって引き起こされた自然状態の変化），累積（ランドスケープ内での様々な主体の活動の相互作用によって生じる自然状態の変化）がある
**自然関連リスク**：ISOに沿って，TNFDは自然関連リスクを，組織や社会の自然への依存と影響から生じる，組織にもたらされる潜在的な脅威（不確実性の影響）と定義している。自然関連リスクは，物理的リスク，移行リスク，システミックリスクに分類される
**自然関連機会**：組織や自然にとってプラスの効果を生み出す，またはマイナスの影響を緩和する活動。ビジネスパフォーマンスに関連するものと持続可能性パフォーマンスに関連するものに分けられる

図表３－２　人間社会を取り巻く自然を構成する４領域

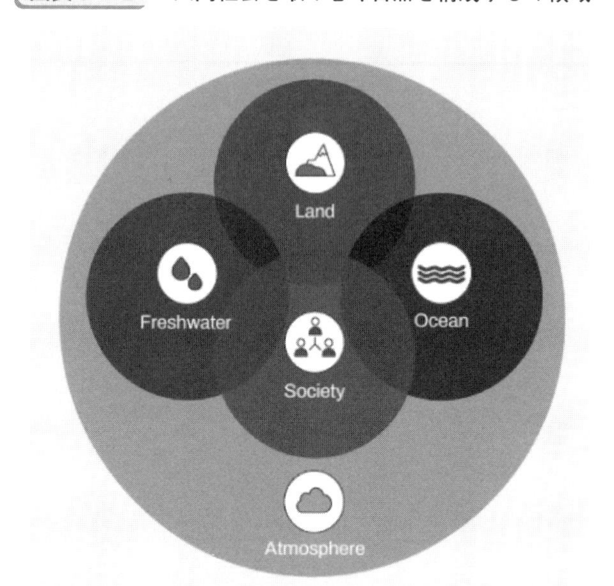


（出典）　TNFD「Guidance on the identification and assessment of nature related issues : The LEAP approach」（2023年９月）

## 4　Scoping

LEAPアプローチに沿った詳細な分析を始める前に，分析を行う範囲や社内のリソースについて事前検討を行う必要がある。Scopingフェーズは，TNFDに沿った情報開示に関するゴールとスケジュールを明確化し，潜在的な自然関連の依存と影響，リスクと機会についての仮説を立てるために，社内外のデータと参照ソースを事前に把握するためのフェーズである。

●仮説を立てる

Scopingフェーズは，調査の基礎としての作業仮説を立て，組織の時間と資源の優先順位をどこに置くかについて焦点を当てるべきとされる。

企業はまず，直接業務と上流および下流のバリューチェーンの主要コンポーネントを理解することから始める必要がある。企業の場合には内部ソースおよびバリューチェーン資産ロケーションの他のデューデリジェンス・プロセスからの資産レベル・データを使用して，組織単位，製品ライン，プロセスまたは活動によって評価することができる。

企業はビジネスモデルとバリューチェーン全体で自然関連の問題が存在する可能性のある場所の特定をすることで優先順位付けを行う。

●ゴール設定とリソース調整

組織内の能力，スキル，データの現状とゴールを考慮すると，評価を実施するために必要／使えるリソース（予算，人，データ，時間）はどの程度か？

① 重要性へのアプローチ

TNFDの一般要件は，報告書作成者に対し，重要性に対するアプローチを明確に記載し，それがすべての開示に一貫して適用されることを要求することを求めている。TNFD推奨開示においてマテリアリティに関する指針を示している。

② 評価の期間

ISSB IFRS S1の一般要求事項とTNFDは一致しており，TNFDは自然関連の依存・影響，リスク，機会に関する時間軸（短期・中期・長期）の定義の説明を求めている。時間軸については昆明・モントリオール生物多様性枠組に基づく時間軸を参照することも可能とされる。シナリオ分析に関するTNFDガイダンスではリスク評価のための時間軸に関する更なる情報を提供する。

評価機関を設定するにあたってはベースラインとなる年限を特定する必要がある。

③ 知識，能力，データおよび財務コストに関する考慮事項

LEAPアプローチ実施にあたっては知識のギャップ，内部能力の限界，データのギャップ，評価に関連するコストによって制約が課される。

制約についてはどのように管理され，どのようなトレードオフが行われるかは，上級管理スポンサーとLEAP評価チームとの間で合意された参照条件文書に明確に明記されるべきとされる。TNFD開示のリスクと影響の管理の開示に役立つ。

LEAPアプローチの分析終了時に企業は当初の仮説が強固であったかどうか，および次の報告サイクルのための次のLEAPアプローチに組み込むべき学習があるかどうかを反映するために，スコーピングの演習を見直すべきとされる。

次節から，LEAPの各ステップの詳細を説明する。

## 2 Locate（自然との接点の発見）

### 1 Locateフェーズの目的と意義

LEAPアプローチの第一段階であるLocateフェーズの目的は，リスク・機会を生じさせる自然関連の依存・影響の発生源となる『場所』を特定することである。自然関連の依存・影響は『場所』によって特有なものであるため，組織の自然関連のリスクと機会の特定，評価，管理にとって『場所』は非常に重要となる。究極的には，すべての企業や金融機関の活動を遡ると，特定の場所において自然との接点を有している。しかしながら，すべての活動について特定の場所まで遡り，データと洞察を収集して開示することは複雑であり，実行可能ではない。そこで，Locateフェーズでは，セクター，バリューチェーン，地理の3つのフィルターを使用して，潜在的な自然関連の問題を抽出し，企業や金融機関と自然との接点がある『場所』の優先順位をつけていく。

### 2 Locateフェーズにおけるステップ

Locateフェーズは以下の4ステップに沿って進めることが推奨されている。

**図表3－3　Locateフェーズの概要**

| ステップ | Guiding question |
|---|---|
| L1：ビジネスモデルとバリューチェーンの確認 | 自社の各事業セクターのバリューチェーンにおける活動は何か？　直接操業する拠点はどこにあるのか？ |
| L2：依存と影響のスクリーニング | これらセクター，バリューチェーン，直接操業の中で，自然への依存と影響が高く関連性が深い事業活動は何か？ |
| L3：自然との接点 | これら自然への依存と影響が高く関連性が深い事業活動はどこで行われているか？　これらの事業活動との接点があるバイオームや生態系は何か？ |
| L4：優先地域の特定 | 依存と影響の高い事業とバリューチェーンにおけるどの事業活動が，重要性の高い／脆弱な生態系のある地域で行われているか？　また，これらの地域に立地する直接的な事業活動は何か？ |

（出典）TNFD「Guidance on the identification and assessment of nature related issues : The LEAP approach」（2023年9月）

## 3　各Locateフェーズにおける実施事項

ここでは，Locateフェーズでの実施事項について，企業のステップを用いて解説する。

### (1)　L1：ビジネスモデルとバリューチェーンの確認

Locateフェーズにおける最初のタスクは，組織のビジネスモデルとバリューチェーンのうち，スコーピングで評価対象として選択された部分について理解を深めることである。具体的には以下４つの要素を把握することが求められる。

●ビジネスモデル

企業と金融機関はそれぞれ下記の観点でビジネスモデルを把握することを推奨している。

企業：ビジネスモデルとバリューチェーンのパートナーはどの分野で事業を展開しているか？

金融機関：どの分野に資本を配分し，製品やサービスを提供しているか？

●セクター分類

TNFDにおけるセクターの分類はSASBセクター分類（SICS）の使用を推奨している。

●バリューチェーン

上流と下流の両方で，使用される商品，製品およびプロセスを対象とし，各バリューチェーンの範囲と構成要素を考慮すべきである。

●地理

直接操業については，（可能な場合）GPS座標またはポリゴンを使用するなどし，可能な限り正確性を担保しつつ，すべての場所の特定を目指すべきである。金融機関やその他サービス業の場合は，事業所やその他の活動場所が対象となる。

### (2)　L2：依存と影響のスクリーニング

L2では，どの部門，直接操業，バリューチェーンに，自然への依存と影響があるか（中程度以上）を検討すべきである。L1で特定した活動と商品についてENCOREやSBTN等が提供するリストと比較することで，自然への依存と影響に関連する可能性が高いものを特定することができる。

●分析をサポートするツール

➢ENCORE

➢SBTN's High Impact Commodity List and Materiality Screening Tool.

➢The CDP Water Impact Index(*)

➢The Integrated Biodiversity Assessment Tool : IBAT(*)

➢Trase(*)

➢The WWF Biodiversity Risk Filter(*)

（*） バリューチェーンの問題の全体像をより深く把握したい場合に有用なツール

ヒートマップは，この分析において企業と金融機関の両方で使用される一般的なアプローチである。ヒートマップに関するガイダンスはTNFD Guidance on the identification and assessment of nature related issues : The LEAP approach Annex 4にて公開されている。

**図表3－4 自然関連の問題に晒されているセクターを特定するうえで有用なヒートマップ**

| | Dependencies | | Impacts | | | | | | |
|---|---|---|---|---|---|---|---|---|---|
| | | | Land use | Water use | Pollution | | | | Low – High |
| SASB Sectors | Soil quality | Water | Land use | Water use | Air pollution | Solid waste pollution | Soil pollution | Water pollution | AUM (% of total) |
| 1 Agricultural products and tobacco | High | High | High | High | Low | Low | High | High | 2% |
| 2 Consumer goods | Low | Low | Low | High | Moderate | Low | Moderate | Moderate | 5% |
| 3 Extractives and minerals processing | Low | Moderate | High | High | High | High | Moderate | High | 14% |
| 4 Financials | Low | Low | Low | Low | Low | Low | Low | Low | 16% |
| 5 Food and beverage (ex. agriculture and tobacco) | Low | Moderate | Low | High | Low | Moderate | Low | Low | 11% |
| 6 Health care | Low | High | Low | High | Low | Moderate | High | High | 6% |
| 7 Infrastructure (ex. utilities and generators) | Low | High | High | Low | Low | High | Low | Low | 2% |
| 8 Renewable resources and alternative energy | Low | High | Low | High | Low | Low | High | High | 3% |
| 9 Resource transformation | Low | Low | Low | High | Moderate | High | High | High | 6% |
| 10 Services | Low | Low | Low | Moderate | Low | Low | Moderate | High | 12% |
| 11 Technology and communications | Low | Low | Low | Low | Low | Low | High | High | 15% |
| 12 Transportation | Low | Low | Moderate | High | Moderate | Moderate | High | High | 5% |
| 13 Utilities and electricity generators | High | High | High | High | High | High | High | High | 3% |

AUM: Assets under management

（出典） TNFD「Guidance on the identification and assessment of nature related issues : The LEAP approach」（2023年９月）

## （３） L3：自然との接点

企業活動と自然との接点として，TNFDでは「場所の特定」と「バイオームと生態系の特定」を求めている。以下，それぞれについて説明する。

●場所の特定

L2でスクリーニングやヒートマップの作成を行った企業は，この段階で未実施の場合には，スクリーニングした企業活動の地理的位置を特定する。

➤金融機関の場合

国別などの比較的高いレベルのヒートマップによって，顧客の事業の地理情報や地域の融資活動を特定できるとしている。

分析精度は，LEAPの後続の解析を実行するために必要な情報収集コストとのバランスをとる必要がある。例えば，ある商品がランドスケープ全体で共通の問題となっている場合は，個々の農場ではなくその商品が生産されているランドスケープを追跡することで十分な場合もある。

また，直接操業および上流・下流のバリューチェーンにおける活動の地理的位置について，時間をかけて理解を深めることも重要である。これらの活動は，企業の場合はオフィス，拠点，製品ライフサイクルを含み，また金融機関の場合はポートフォリオ内の個々のエンティティに提供される融資と保険を含む。TNFDは，主に企業やプロジェクト・ファイナンスに関与する金融機関に対し，組織が活動を行っている場所を中心とした影響範囲（自然関連の影響が及ぶ範囲。企業活動や敷地境界を越える可能性があり，活動や資産の性質，バイオームによって異なる）の理解を推奨している。組織は，Evaluateフェーズを完了した後にこれを再検討する必要がある。

●バイオームと生態系の特定

関連するバイオームおよび生態系の特定は，LEAPのEvaluateフェーズにおいて極めて重要であるが，関連するバイオームおよび生態系を特定するためのアプローチは，企業および金融機関によって異なる。企業の場合は直接操業やバリューチェーン上で重要な活動が行われている場所を特定できるが，金融機関の場合はL2を通じて特定したインパクトが中～高にあたるセクターに関連する地域や，その地域で関心のある活動に関連するバイオームや生態系（例えば，インドネシアの泥炭地）を検討することから始めることになる。

TNFDは，バイオームの分類としてIUCN Global Ecosystem Typologyを採用している。LEAP評価者は，これをビジネスモデルとバリューチェーンに関連する可能性が最も高いバイオーム，環境資産，生態系サービスの参照ガイドとして使用できる。

## 図表3－5　バイオームの分類

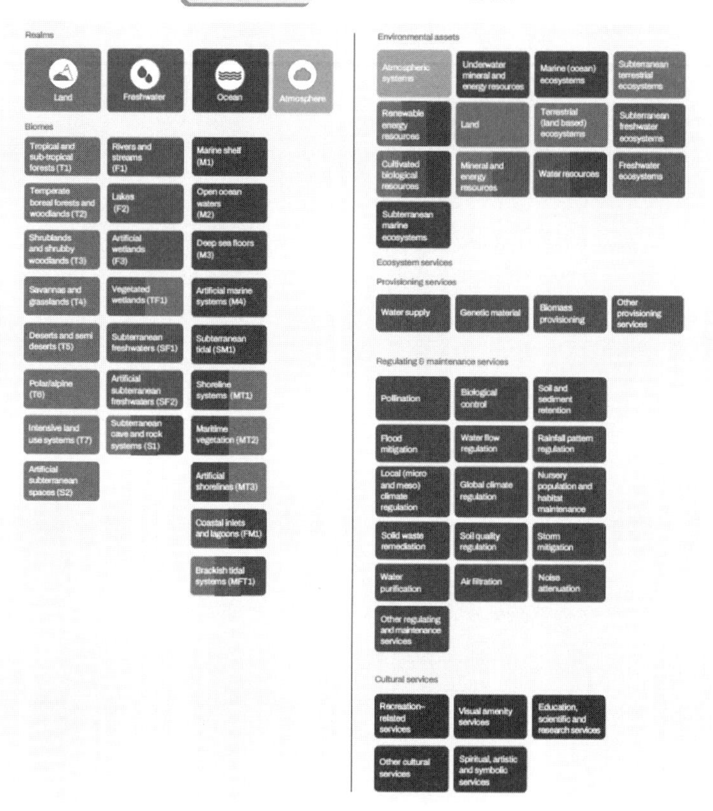


Sources: International Union for Conservation of Nature (2023). IUCN Global Ecosystem Typology[87] and United Nations et al. (2021) System of environmental-economic accounting - Ecosystem accounting; Keith, D. et al. (2020) IUCN Global Ecosystem Typology (GET) 2.0.

（出典）　TNFD「Guidance on the identification and assessment of nature related issues : The LEAP approach」(2023年9月)

なお，組織の活動や資産がどのバイオームや生態系と関連しているかを特定するツールはTNFDツールカタログから入手できる。

### （4）　L4：優先地域の特定

組織は，生態学的にセンシティブな場所である事業所において，重大な依存と影響を有している，または高い自然関連のリスクと機会に直面している可能性がある。企業はL1からL3の評価に基づいて，企業の活動が地理的・生態学的にセンシティブな場所に位置しているかどうかを評価する必要がある。評価にあたっては，以下の活動を含める。

- 直接操業のすべて
- 評価された中程度および高程度の依存・影響を有するバリューチェーンおよびセクター

➢金融機関の場合

金融機関は，直接操業を考慮するだけでなく，生態学的にセンシティブな場所と，顧客や投資先との接点にも目を向けるべきである。顧客や投資先からの直接の情報だけでなく，外部のプロバイダーに分析を依頼することもある。

TNFDでは，生態学的にセンシティブな場所を次のとおり定義している。

➢種を含む生物多様性の重要な場所

→保護地域，保護地域以外で生物多様性保全に資する地域（OECM），絶滅危惧種の生息地，生態系の連結性上重要な場所等

➢生態系の完全性（生態系の構成，構造，機能が自然変動の範囲内にあること）が高い場所

→環境資産のストックがあり，生態系サービスが維持されている場所

➢生態系の完全性が急速に低下している場所

→生態系サービスのレジリエンスが低下している場所

➢物理的な水リスクが高い場所

→水の枯渇，洪水，水質汚濁等のリスクが高い地域（陸上由来の汚染がある海洋地域も含む）

➢先住民族，地域社会，ステークホルダーへの利益を含む，生態系サービスの提供にとって重要な場所

→健全な生態系が地域の営みを支えている地域，先住民族と地域社会が伝統的に利用してきた地域，先住民族と地域社会にとって生物文化的に重要な地域等

TNFD「Guidance on the identification and assessment of nature related issues : The LEAP approach」には，これらの定義の詳細説明とセンシティブな場所を特定するためのデータセットが示されている。これらの場所の特定にあたっては，定型的なアプローチでなく，事業活動の特性，時間による自然状態の変化等を考慮して行うべきとしている。

# 3 Evaluate（依存と影響の診断）

## 1 Evaluateフェーズの目的と意義

Evaluateフェーズの目的は，組織の潜在的に重要な自然への依存と影響についての理解を深めることにある。依存と影響は事業活動が生態系から受ける恵みや生態系に及ぼす作用（第3章1を参照）を意味し，これらは自然関連のリスクと機会の発生要因となる。例えば，企業が製品を生産するにあたって，自然由来の原料等に依存していた場合，当該原料という生態系サービスは，企業のキャッシュインフローを支えており，企業価値を支えるという意味で資本提供者である投資家にとっても重要な要因となっている。しかし，原料の調達ができなくなった場合，それは企業にとってのリスクになり，企業に対する資本提供者である投資家にとってもリスクをもたらすことになる。

また，企業は，自然や生態系サービスの提供にも影響を与えている。当該影響は正の場合もあれば，負の場合もあり，企業が自然にもたらす負の影響は，企業やその他の企業が依存している生態系サービスの利用に対してリスクをもたらし，物理的リスクと移行リスクの双方を生み出す可能性があるとされている。このように，企業の自然に対する依存と影響の分析は，企業が直面するリスクと機会を理解するために重要とされている。

## 2 依存と影響の評価，測定に当たって考慮すべき事項

依存と影響の評価に当たっては，依存と影響の経路（Dependencies PathwayとImpact Pathway）を利用して下記の要素を考慮し，識別および測定を行うとされている。

- インパクトドライバー，外部要因
- 自然の状態（State of nature）の変化
- 生態系サービスの利用可能性の変化

また，依存経路（Dependensies Pathway）と，影響経路（Impact Pathway）およびインパクトドライバーの定義は以下のとおりとなっている。

- 依存経路（Dependencies pathway）：

特定の事業活動が生態系サービスと自然資本の特定の特徴にどの程度依存しているかを表す。

●影響経路（Impact pathway）：

特定の事業活動の結果として，特定のインパクトドライバーが自然資本（環境資産のストック）と生態系サービスのフローにどのような変化をもたらす可能性があり，これらの変化が様々なステークホルダーにどのような影響をもたらすか。

●インパクトドライバー（Impact driver）：

生産物のインプットとして利用される自然リソースの測定可能な量，自然に影響を与える事業活動の測定可能な非生産物のアウトプットである。インパクトドライバーは，①気候変動，②土地，淡水，海水利用の変化，③資源利用・補充，④汚染・汚染除去，⑤外来種，除去の5つのドライバーに分類される。当該ドライバーの1つは，複数のインパクトと関連する可能性もある。例えば気候変動は，複数の生態系に影響を与えるのが1つの例である。

## 3 Evaluateフェーズにおけるステップ

Evaluateフェーズは以下の4ステップに沿って進めることが推奨されている。

**図表3－6 Evaluateフェーズの概要**

| ステップ | Guiding question（企業） | Guiding question（金融機関） |
|---|---|---|
| E1：環境資産，生態系サービスおよびインパクトドライバーの識別 | 分析対象のセクター，ビジネスプロセス，活動は何か？ これらのセクタービジネスプロセス，評価ロケーションに関連する環境資産，生態系サービスおよびインパクトドライバーは何か？ | ポートフォリオの中で，特定されたセクター，地域，機密性の高い場所にある企業・活動は何か？ これらの企業・活動に関連する環境資産生態系サービス，インパクトドライバーは何か？ |
| E2：依存と影響の識別 | 自然との依存関係と影響は何か？ | ポートフォリオにおける企業の依存関係と影響から生じる自然との依存関係と影響は何か？ |
| E3：依存と影響の測定 | ●依存関係の測定<br>自然への依存の規模と範囲はどの程度か？<br>●影響の測定<br>自然に対する負の影響の深刻さはどの程度か？ 自然に与える正の影響の規模と範囲はどの程度か？ | ●依存関係の測定<br>ポートフォリオ企業の依存関係の結果として，自然への依存の規模と範囲はどの程度か？<br>●影響の測定<br>自然に対する負の影響の深刻さはどの程度か？ 自然に対する正の影響の規模と範囲はどの程度か？ |
| E4：インパクトマテリアリティの決定 | 識別されたどの影響が重要か？ | |

（出典） TNFD「Guidance on the identification and assessment of nature related issues : The LEAP approach」（2023年9月）

## 4　各Evaluateフェーズにおける実施事項

ここでは，Evaluateフェーズでの実施事項について，企業のステップを用いて解説する。

### （1） E1：環境資産，生態系サービス，およびインパクトドライバーの識別

分析対象のセクター，ビジネスプロセス，活動は何か，これらのセクタービジネスプロセス，評価ロケーションに関連する環境資産，生態系サービスおよびインパクトドライバーは何かを考えてみる。

これには，Locateフェーズの分析に基づき，製造ライン／工場管理者，サプライヤー，顧客と協力して，以下のものを作成する。

- 事業活動およびプロセスのリスト
- 事業活動およびプロセスに関連するインパクトドライバーのリスト
- 適切な環境資産及び生態系サービスのリスト

なお，企業はL2で識別されたセクター，事業活動，バリューチェーンや，L3とL4で識別された場所の評価において，E1を並行して行うこともできる。セクター，事業活動，バリューチェーンの評価を始める場合，企業はEvaluateフェーズにおいて事業活動と相互関係にある特定の環境資産を識別するにあたり，特定の場所に絞った分析にシフトする必要がある。この場合，SBTN materiality screening tool，ENCOREおよびTNFDバイオームガイダンスを利用

**図表3－7　自然の変化とインパクトのドライバー**

| 自然の変化のドライバー | インパクトドライバー |
|---|---|
| 土地，淡水，海水利用の変化 | ●土地利用の変化<br>●淡水利用の変化<br>●海水利用の変化 |
| 気候変動 | ●GHG排出量 |
| 資源利用，補充 | ●水利用<br>●他の資源利用 |
| 汚染，汚染除去 | ●GHG以外の大気汚染<br>●水質汚染<br>●土壌汚染<br>●廃棄等 |
| 外来種 | ●生物学的変化 |

（出典） TNFD「Guidance on the identification and assessment of nature related issues : The LEAP approach」（2023年9月）

することが有用とされている。

次に，関連するインパクトドライバーを識別するにあたり，場所ごとに事業活動に関連するインパクトドライバーを定性的に特定することが推奨されている。事業活動やプロセスに関連するインパクトドライバーをリスト化する場合，以下のリストを参照することが推奨されるが，これ以外にもNatural capital protocolやTNFDバイオームガイダンスを利用することが考えられる。

最後に，関連する環境資産と生態系サービスの特定については，**図表３－５**で示した環境資産および生態系サービスの一覧を参照する。

### （２） E2：依存と影響の識別

自然との依存関係と影響は何かを検討する際に，E2においては，（１）で述べた概念に基づいて依存関係と影響の主要な要素をまとめることになるが，具体的には以下の５つのステップとなっている。

① インパクトドライバーのリスト（E1で作成）

② 考慮すべき外的要因のリスト

自然の状態は組織の影響だけではなく，他の組織の影響や組織以外の様々な要因によって形成される。外的要因には，河川の経路や地質活動の変化などの自然の力や気候変動，土地利用の変化，水の使用量の増加，汚染などの自社のビジネスが及ばないような人間の活動が含まれる。依存と影響の評価の一環として，自然の状態，依存する環境資産及び生態系サービスに影響を与える可能性のある外的要因を考慮することとなる。

③ 組織とその他企業が依存する生態系サービスのリスト（E1で作成）

④ インパクトドライバーと外部要因が自然の状態（State of nature）にどのように影響し，その結果企業やその他組織のための生態系サービスの供給にどのような影響を及ぼすかを理解する。これらが，企業のバウンダリーを超えているかもしれないということを認識する。

⑤ 依存と影響の優先順位づけ

潜在的に重要な依存と影響の最終的なリストを作成するために，識別した自然と生態系サービスの状態の変化をベースにして，重要性を高，中または低レベル等の優先順位づけを実施する。

なお，E1で特定された他の利害関係者が依存する可能性のある生態系サービスを識別し，自然の状態が生態系サービスの供給の変化にどうつながるか定性的（ナラティブ）に評価する。

| | |
|---|---|
| 依存経路の観点 | 企業が事業活動のために依存している生態系サービスと他の場所の環境資産によって提供されている生態系サービスを見直すべきである。例えば清潔で定期的な淡水の供給は，上流の森林の健全性に依存する可能性がある |
| 影響経路の観点 | 他の利害関係者がどの生態系サービスに依存しているかを特定することも必要であり，これらは企業のバウンダリーを超えたより広い影響範囲で発生する可能性がある |

### （3） E3：依存と影響の測定

依存関係の測定では，自然への依存の規模と範囲はどの程度か，また，影響の測定では，自然に対する負の影響の深刻さはどの程度か，さらに，自然に与える正の影響の規模と範囲はどの程度か，自然との依存関係と影響は何かが課題となる。

これには，E2で識別した依存と影響の定性的な評価結果について，E3を実施することによって，依存関係と自然への影響の規模と範囲を測定することができる。

具体的には，TNFD Guidance on the identification and assessment of nature related issues : The LEAP approach Annex 1が提供している評価指標を使用して，インパクドライバー，自然の状態の変化，生態系サービス供給の変化を定量化することによって行うことができる。これらには，依存関係や影響の時間軸，範囲，発生可能性も含まれている。TNFDが推奨する依存と影響のコアグローバル開示指標については第2章1を参照されたい。

### （4） E4：インパクトマテリアリティの決定

ここでは，識別されたどの影響が重要であるかが課題となるが，その際に，GRIやESRSの基準を使用して，インパクトマテリアリティ評価に沿って自然や社会への影響を開示する必要がある，また開示する企業は，開示を検討すべき重要な影響を決定するためにE4を実施する必要がある。当該インパクトマテリアティ評価を実施しない企業は，E3の分析結果を用いて，そのままAssessフェーズに移行して，特定された依存関係と影響が組織の重要なリスクと機会の評価にどのように影響するかを検討することができる。

なお，インパクトマテリアリティの評価を実施する場合，GRIやESRSにおいては，インパクトの深刻度と発生可能性を検討する必要がある。当該決定にあたってはデューデリジェンスプロセスや，その他のリスク管理プロセスを利用して，一定の閾値を設定し，識別されたインパクトが報告目的にとって重要であるかを決定することとなる。

# 4 Assess（重要リスク・機会の評価）

## 1 Assessフェーズの目的と意義

Assessフェーズの目的は，組織が関係する自然関連リスクと機会のうち何が重要であるかを理解することにある。Evaluateフェーズで把握した依存と影響に起因する組織にとっての自然関連のリスクと機会を特定し，優先順位をつけ，既存のリスク管理プロセスに統合していくことが求められる。TNFDでは重要な自然関連リスクと開示の機会のリストを作成するのに役立つように，自然関連リスクと機会に固有の追加基準とともに，これらのリスクの大きさと可能性を評価することによって，リスクの優先順位づけ方法に関するガイダンスを提供している。

## 2 Assessフェーズにおけるステップ

Assessフェーズは以下の4ステップに沿って進めることが推奨されている。

**図表3－8 Assessフェーズの概要**

| ステップ | Guiding question |
|---|---|
| A1：リスクと機会の特定 | 組織にとってのリスクと機会は何か？ |
| A2：既存のリスク軽減策とリスク・機会の管理方法の改善 | 既存のリスク軽減およびリスク・機会管理アプローチは何か？<br>リスク・機会管理プロセスに自然に関連する要素（リスク分類，リスク一覧，リスク許容基準など）が含まれているか？ |
| A3：リスクと機会の測定と優先順位づけ | 優先すべきリスクと機会は何か？ |
| A4：リスクと機会のマテリアリティ評価 | どのリスクや機会が重要で，TNFD 提言に沿って開示する必要があるか？ |

（出典） TNFD「Guidance on the identification and assessment of nature related issues : The LEAP approach」（2023年9月）

## 3　各Assessフェーズにおける実施事項

ここでは，Assessフェーズでの実施事項について，企業のステップを用いて解説する。

### (1)　A1：リスクと機会の特定

組織にとってのリスクと機会は何かが問題となるが，これは，1で自然関連リスクと機会を概説したが，細かな分類も含めて改めて説明したい。

●自然関連リスク

TNFDでは自然関連リスクを次の3つに分類している。

・物理リスク

生態系のバランスの変化や生態系サービスの損失など，自然の劣化に起因するリスク（例：ポリネーター（受粉媒介者）の多様性が減少して収穫量が減少（慢性的），自然災害や森林流出（急性的））

・移行リスク

自然への負の影響に対処するための行動と経済活動のずれに起因するリスク（例：政策と規制，法的な慣例，技術，投資家の感情，消費者の嗜好の変化によって引き起こされる）

・システミックリスク

1つの損失が他の連鎖を引き起こしシステムが以前の平衡状態に戻れなくなる，システム全体の不具合から生じるリスク（生態系システムと財務システムに関する2種類がある）

また，気候関連リスクと自然関連リスクが密接に関連していることも強調している。例えば，生態系は，温室効果ガスの排出と隔離，気候変動への適応の上で重要な役割を果たしている一方，森林破壊といった自然の喪失の要因は，温室効果ガス排出の主要な原因の1つとなっている。したがって自然関連リスクと気候関連リスクは一緒に考慮する必要がある。

●自然関連機会

TNFDでは，自然関連の機会を，自然にプラスの影響を与えたり，自然にマイナスの影響を緩和したりすることによって，組織や自然にプラスの成果を生み出す活動と定義している。自然関連の機会は，組織が活動する地域，市場，産業によって異なり，生態系の保全と管理，都市部におけるグリーンインフラ・ブルーインフラの導入，農業システムへの生態系原則の組み込みなど，幅広い行動が含まれる。

実際に事業機会を考えるうえでは，TNFDはミティゲーションヒエラルキーやSBTNのAR$^3$Tフレームワーク（後述）に従って，自然への悪影響を回避・最小化する事業活動を優先すべきであると強調する。自然への負の影響を減らすことは，自然にプラスの結果をもたらすこととイコールではなく，自然にプラスの結果をもたらすためには，リスク削減にとどまらず，世界全体の自然の損失や劣化に対処するとともに，保全と修復を通じて自然に投資しなければならない。

**図表3－9　自然関連リスクと機会の一覧**

**自然関連リスク**

**物理的リスク**

急性
（例）沿岸湿地の喪失による，台風や高潮による沿岸インフラへの被害増加

慢性
（例）受粉サービスの低下による農作物収穫量の減少

**移行リスク**

政策・法律
土地利用規制の強化等の規制・政策の導入

市場
消費者や投資家の選好などを通じた需要・供給・資金調達のシフト

テクノロジー
自然資本への影響が少ない製品やサービスへの代替または生態系サービスへの依存の削減

評判
自然資本の喪失に対して組織が有する役割とその結果への，社会・消費者・コミュニティからの認識の変化

訴訟
自然に関する法規制および判例法の進展により，事故等の賠償責任が発生

**システミック・リスク**

生態系システム
生態系が機能しなくなるリスク（例）自然生態系が崩壊し，特定地域や特定セクターに損失をもたらすリスク

財務システム
物理的および／または移行リスクの顕在化・複合化が，金融システム全体の不安定化につながるリスク

**自然関連機会**

資源効率
水やエネルギー，自然資本や生態系サービスへの影響など，天然資源をあまり必要としないより効率的なサービスやプロセスへの移行

市場
省資源製品・サービスやグリーンソリューションの開発（Nature-based Solutions：自然に根ざした社会課題の解決策など）

財務
生物多様性関連および／またはグリーンファンド，債券またはローンへのアクセス

製品・サービス
技術革新を含む自然を保護・管理・再生する製品・サービスの創出や提供に関する価値提案

評判
自然関連リスク管理に積極的な姿勢による良好なステークホルダーとの関係（優先的なパートナーシップの構築など）

（出典）　TNFD「Guidance on the identification and assessment of nature related issues : The LEAP approach」（2023年9月）

### （2）　A2：既存のリスク軽減策とリスク・機会の管理方法の改善

ここでは，既存のリスク軽減およびリスク・機会管理アプローチは何か，また，リスク・機会管理プロセスに自然に関連する要素（リスク分類，リスク一覧，リスク許容基準など）が含まれているかが問題となる。A2では，現在組

織が取り組んでいる具体的なリスク軽減，リスクと機会の管理プロセスと要素，および調整事項を特定することを求めている。組織の上級管理職に対して，実施すべき調整や改善を明らかにすることが目的であり，これらは組織内のLEAP評価を進めるチーム以外のチームや部門の関与が想定される。

TNFDは，自然に関連するリスクと機会を既存のプロセスに統合するうえで，リスクと機会の管理と戦略計画の紐づけと関連する主要なステークホルダーを理解することが重要としている。この点に関して，主要なガバナンス，戦略設定，リスク管理の要素を検討し，戦略計画を支援するリスク管理活動に関連する様々な機能を特定することが有用である。

➢金融機関の場合

・気候関連リスクに関するバーゼル銀行監督委員会（BCBS）に従い，内部報告システムが自然関連リスクを監視し，取締役会や上級管理職による的確な意思決定に資する情報を整理することに努める。

・リスク管理システムやプロセスが自然関連リスクを考慮することを確保する（例：ポートフォリオの損失やボラティリティの上昇，流動性バッファーの調整といった潜在的なリスクを抑制・軽減するための効果的なプロセスを確立する）

・ポートフォリオに関連する企業が採用しているスチュワードシップ方針，エンゲージメント，クライアント・デュー・デリジェンス・プロセスを評価する

既存のリスク・機会フレームワークに統合するうえでのポイントとして，下記５点を挙げている。

①　ロケーション

→リスクと機会の発生場所を考慮して分析されるべき

②　相互接続

→自然関連のリスクと機会の継続的な管理に，全ての関連する機能，部門，専門家が関与する

③　時間軸

→短期，中期，長期の時間軸に沿って分析されるべき

④　つり合い

→企業の他のリスク，自然関連リスクへのエクスポージャーの重要性，企業

　の戦略とのつり合い

⑤　一貫性

→自然関連のリスクを統合する方法論は，企業のリスク管理プロセス内で一貫して使用され，分析と開発，経時的な変化の要因を明確にする必要がある

### (3)　A3：リスクと機会の測定と優先順位づけ

ここでは，優先すべきリスクと機会は何かが問題となるが，以下が優先順位づけで実施する事項となる。

組織は，特定したリスクと機会に優先順位をつける必要がある。そのためには，リスクの大きさと発生可能性（および追加的な基準）の2軸によって決まる重要性を評価する必要がある。TNFDが取り上げるリスクの大きさ，発生可能性，重要性の概念は，標準的なリスク管理プロセスと整合的であり，IFRS S1一般要求基準，ESRS一般要求基準および重要性評価に関する指針と整合的とされている。

●大きさ（Magnitude）(※)：シナリオ分析などのリスク評価方法を通じて測定された，組織に対するリスクの影響に基づく，組織に対するリスクまたは機会の重要性

（※）　TNFDは，自然への影響という用語の方向性との混乱を避けるために，TCFDの影響（Impact）を大きさ（Magnitude）と呼んでいる

●発生可能性（Likelihood）：事案が発生する可能性

●その他の基準：リスクに対する脆弱性，発生速度，自然への影響の深刻度（または規模，範囲），社会への影響

➢金融機関の場合

・ポートフォリオにおける各リスクと機会が可能な範囲で計測・定量化されているかを概観する

・様々な粒度のリスク評価手法を用いる

・自然関連のグリーンボンドから生じる期待収益のような機会が可能な範囲で定量化されているかを概観する

自然関連のリスクの大きさを測定する方法として，TNFDでは以下の3つの方法を例示している。

① ヒートマップ（リスクの所在）
② 資産のタグ付け（リスクの程度）
③ シナリオベースのリスク分析（財務的な影響）

これらの手法例をもとに定性的・定量的・金銭的な評価を実施することを求めている。以下の4ステップに基づく評価の流れが示されているが，上記3つの評価方法は限定されていない。

ステップ1　自然への影響・依存の結果（ビジネスおよび／または社会）を定義
ステップ2　関連する費用・便益の相対的重要性を決定
ステップ3　適切な評価手法の選択
ステップ4　評価を受け入れる

### （4） A4：リスクと機会のマテリアリティ評価

ここでは，どのリスクや機会が重要で，TNFD提言に沿って開示する必要があるかが問題となるが，以下が実施事項として推奨される。

＜金融機関がA4で行うべき事項＞
・自然関連の移行リスクや物理的リスクに対して脆弱であると評価されているポートフォリオの要素（資産・負債・収益・費用）を明らかにする。

自然関連のリスクと機会のうち重要であるものを評価し，自然関連のリスクと機会が組織の財政状態，財務実績およびキャッシュフローに及ぼす影響を理解したうえで開示されるべきとしている。

自然関連のリスクと機会の財務的影響を決定するに，組織は次の事項を評価する必要がある。

① リスクと機会による損害または利益の可能性
② 想定される対応策
③ 対応策の有効性

また，シナリオ分析を行うことで将来的な財務状況の予測を行うことができる。

以下に，TNFD最終提言内で例示されている自然関連リスク・機会とそれらにより生じる財務影響の例を示す。

図表3－10　自然関連リスクと機会と財務影響の例

| リスク／機会 | リスク／機会の例 | 財務影響の例 |
| --- | --- | --- |
| 物理的リスク（急性） | ●自然の劣化（例：植生の消失）により異常気象の影響を悪化<br>●自組織・他組織による大気，土壌，水質汚染による生態系の劣化<br>●農作物に影響を及ぼす病害虫の蔓延　等 | ●自然災害コストの増加<br>●天然原材料の供給途絶による収益の減少（またはコストの増加）<br>●保険料の増加<br>●適応による設備投資の増加<br>●農業生産性の低下とそれに伴う生産工程や生産時期の見直し　等 |
| 移行リスク | ●ネイチャーポジティブを達成するための政策転換・新規政策<br>●自然に影響を与える事業，製品，サービス等に関する法規制<br>●情報開示義務の強化　等 | ●運用・投入コストの増加<br>●情報開示の人件費や事業のモニタリングのコスト増加<br>●許認可の遅延や不許可命令による資本コストや生産損失の増加　等 |
| 資源効率性（機会） | ●少ない天然資源やエネルギーによる効率的なサービス・プロセスへの移行<br>●天然資源の再利用・リサイクルの推進<br>●廃棄物の削減<br>●自然資源の多様化（例：異なる植物種の使用） | ●運用コストとコンプライアンス対応コストの削減<br>●原材料と天然資源の価格変動リスクの低減<br>●天然資源への依存度の低下と資源不足に対するレジリエンスの向上 |
| 製品／サービス（機会） | ●低資源化製品・サービスの開発（例：土壌肥沃度を維持・回復し，肥料の使用量を削減する再生型農業）<br>●グリーンソリューションの開発（例：自然関連の保険リスク商品）<br>●事業活動の多角化（例：グリーンインフラの新規事業部門） | ●事業多角化によるレジリエンスの向上<br>●新しい収益源<br>●原材料・生産投入コストの削減<br>●消費者の嗜好の変化を反映した競争力の向上 |

（出典）　TNFD「Guidance on the identification and assessment of nature related issues : The LEAP approach」（2023年9月）

またTNFDは，リスクと機会を評価するうえでの指標としてエクスポージャー指標（Exposure indicators）と大きさの指標（Magnitude metrics）の例を挙げている。

図表３－11　自然関連リスクと機会と財務影響の例

| タイプ | リスク・機会 | エクスポージャー指標 | マグニチュード指標 |
|---|---|---|---|
| 物理的リスク（急性） | 組織が依存・影響している生態系サービスの流れが変化する（例：淡水生態系の劣化） | 排出される汚染物質の量と濃度（インパクトドライバー）<br>淡水生態系の平均種数の変化（生態系条件）<br>水中の汚染物質濃度（生態系の状態） | ●事業所や取引先の移転に伴うコスト<br>●サプライチェーン寸断に伴う収益／コストの削減<br>●復旧費用<br>地域に依存する資産／収益の価値<br>事業所数／事業内容／設備数 |
| 政策リスク | ネイチャーポジティブを達成するための政策転換・新規政策（例：事業サイト近傍に新規の保護区の設定） | 生態系の状態の変化（生態系の状態） | コンプライアンス・コストの増加<br>人件費の増加と活動の監視が必要<br>事業移転に係る費用 |
| 資源効率市場 | 天然資源の持続可能な利用：自然への依存度を低減するプロセス／循環メカニズムへの移行（例：淡水に排出する汚染物質を削減する内部プロセスの採用） | 水不足地域における淡水総排出量の削減（インパクトドライバー）<br>地域の水質（生態系の状態） | 運用コストとコンプライアンスコストの削減<br>レジリエンス・プランニングによる市場評価の向上<br>新たな資金源へのアクセス |
| 評判市場 | 生態系の保護，修復，再生：生態系や生息地の回復，保全，保護（例：劣化したマングローブ地域の修復による災害に対するレジリエンスの向上） | 劣化した土地の復元面積（インパクトドライバー）<br>生態系状態の改善（生態系状態）<br>洪水発生率（生態系サービス） | 評判向上による増収<br>レジリエンス・プランニングによる市場評価の向上 |

（出典）TNFD「Guidance on the identification and assessment of nature related issues : The LEAP approach」（2023年９月）

具体的な指標はGuidance on the identification and assessment of nature related issues : The LEAP approach Annex 1にまとめられており，これらの使用を推奨している（本書では割愛することとする）。

# 5　Prepare（対応・報告への準備）

## 1　Prepareフェーズの目的と意義

Prepareフェーズは対応策・目標および報告・開示について規定している。Prepareフェーズは４つに区分され，P1：戦略とリソース配分計画，P2：目標設定と実績（パフォーマンス）管理，P3：報告，P4：開示となっている。Prepareフェーズでの目標設定においてはTCFD同様にSBT（科学的な目標設定）であることが要求され，ガイダンスにおいても自然関連の目標設定アプローチであるSBTNや昆明・モントリオール生物多様性枠組で採択された目標に沿った企業別の目標設定を推奨している。SBTNについては後段の章で詳細説明のため，割愛する。本節においてはPrepareフェーズの各ステップでの取組事項の概要と対応策・目標設定にかかる特徴について解説する。

## 2　Prepareフェーズにおけるステップ

Prepareフェーズは以下の４ステップに沿って進めることが推奨されている。

図表３－12　Prepareフェーズの概要

| ステップ | Guiding question |
|---|---|
| P1：戦略とリソース配分 | この分析の結果，下すべき戦略とリソース配分の決定は何か？ |
| P2：パフォーマンス測定 | どのように目標を設定し進捗度を定義・測定するのか？ |
| P3：報告 | TNFD開示提案に沿って，何を開示するのか？ |
| P4：開示 | 自然に関する開示はどこで，どのように提示するのか？ |

（出典）TNFD「Guidance on the identification and assessment of nature related issues : The LEAP approach」（2023年９月）

## 3　各Prepareフェーズにおける実施事項

ここでは，Prepareフェーズでの実施事項について，企業のステップを用いて解説する。

### （1） P1：戦略とリソース配分計画

分析の結果，下すべき戦略とリソース配分の決定は何かが問題となるが，以下が検討事項として推奨される。

#### ① 主な考慮事項

LEAPアプローチのLocate，Evaluate，Assessフェーズでの自然関連の依存，影響，リスク，機会の評価に基づき，企業，事業部門単位でのリスク管理，戦略，リソース配分の決定への影響について議論する必要がある。検討結果は，短期的，中期的および長期的な時間軸を考慮しつつ，より広範なリスク管理，戦略，ガバナンスプロセスおよびリソース配分を踏まえて組み立てられるべきである。検討にあたっては次のものを含む必要があるとされ，戦略への影響，ガバナンスプロセスへの影響，リスク管理プロセスへの影響，リソース配分と財務戦略への影響とされる。

その他考慮要素として，投資家の嗜好や政府・金融政策，ステークホルダー等も考慮すべきとされる。

#### ② ミティゲーションヒエラルキーに基づく対策

TNFDは自然関連の問題に対する対策を検討するにあたり，SBTNが提唱する$AR^3T$フレームワークに基づく対策の検討を推奨する（**図表３－13**）。ミティゲーションヒエラルキーは自然への負の影響と組織への関連リスクを削減し，成長の新たな機会と自然にとってプラスの成果への貢献を特定するのに役立つアプローチである。$AR^3T$フレームワークは回避，低減，修復・再生，変革の順番で実行することを求めている。

#### ③ 定期的な見直し

TNFDは対応策について適切な頻度でのレビューを実施することを推奨し，以下２点を含めることとしている。

- 対応策を検討するプロセスの頻度（時間軸の異なる指標の見直し頻度の適切な設定　例：毎日の製造工程における水消費量の削減は，結果が出るまでに何度もサイクルを要する可能性のある年間の農業収穫よりも頻繁に見直す等）
- 対応策を実装する際の時間軸設定（例：短期的なリスク／機会は長期的なリスク／機会よりも頻繁にレビューし，進捗を確認のうえ，必要に応じて対応策を再検討する等）

**図表3－13　AR³Tフレームワークの構造**

| 各フェーズ | 実施事項 | 事例 |
|---|---|---|
| 回避<br>（Avoid） | 最初期に負の影響を抑える（完全な除去） | 再生水の使用により，取水の必要がなく，純水使用量もゼロとなる<br>すべての木材および非木材製品の森林利用を監視／パトロールし，規制することにより，違法伐採を防止する |
| 低減<br>（Reduce） | 完全な除去とまではいかないが，負の影響を極小化する | 農業における土地，肥料および農薬のより効率的な使用（例えば，化学農薬や化学肥料の使用を最小限に抑える） |
| 修復<br>（Restore） | 状態の恒久的な変化に焦点を当て，生態系の健全性，完全性，持続可能性に関する生態系の回復を開始または加速する | 外来植生や侵略的な在来植物種を除去する<br>食糧生産の重点を労働地の強化に切り替える（例えば，有機農業，持続可能な生産，持続可能な収穫率，再生農業） |
| 再生<br>（Regenerate） | 既存の土地／海洋／淡水の利用の範囲内で，生態系またはその構成要素の生物物理的機能および／または生態学的生産性を向上させるために設計された行動をとる。多くの場合，いくつかの特定の生態系サービスに焦点を当てる | － |
| 変革<br>（Transform） | バリューチェーン全体でシステミックな変化が求められるものを含む回避，低減，修復・再生を包含した一連の活動 | 設計者の行動に影響を与える。例えば，水の使用量を減らしたり，製品を消費する際の非点源汚染を減らしたりする<br>面積当たりの収量だけでなく，環境や社会へのコストと健全な景観の便益の両方の観点から，栄養価とより広い価値を含む方法で農業生産を測定する方法を開発し，適用する |

（出典）　TNFD「Guidance on the identification and assessment of nature related issues : The LEAP approach」（2023年9月）

### （2）　P2：目標設定と実績（パフォーマンス）管理について

　ここでは，どのように目標を設定し進捗度を定義・測定するのかが課題となるが，これには，自然に関連する依存，影響，リスク，機会に対応する計画を定義した組織は，進捗を測定し，目標を設定するための指標を決定する必要がある。企業は気候変動同様に，GBFの目標に沿った移行計画を含めて，目標設定を検討すべきである。TNFDは，指標と目標Cにて，目標設定と移行計画に対するコミットメントを説明することを促している。

### ①　対策の有効性と結果をモニタリングするためのプロセスとしての指標

対策指標とはa．フォワードルック（対応策の潜在的な有効性の評価）かバックルック（実行されたアクションの有効性とパフォーマンスを評価）b．ガバナンス，戦略，自然関連問題の評価と管理を包含するc．様々な組織単位もしくは企業レベルでも適用可能なものを指す。

TNFDは依存，影響，リスク，機会の評価で用いる指標から対策指標を選択することを推奨する。これは，インパクトドライバー，自然と生態系サービスの状態の変化，リスクと機会の継続的な測定を意味する可能性がある。

**図表3－14　LEAPアプローチにおける対策指標と他のカテゴリの指標間のつながり**

| | Locate | Evaluate | Assess | Prepare |
|---|---|---|---|---|
| 例：<br>水リスク | 組織は，水ストレスが発生している地域から水を消費していることを特定する | 組織は，その生産が継続的な水の供給に依存しており，その水の使用がその供給に影響を及ぼすことを特定する | 組織は，水の使用から生じるリスクと機会を評価する。これは，水供給に依存する製品ラインの完全な財務価値までである可能性があり，リスクレベルを決定 | 組織は様々な対応オプションを評価し，水効率の向上，再生・再利用水の量の増加，全事業所のISO 14001認証取得を決定 |
| 指標 | ロケーションの優先順位づけ<br>潜在的または潜在的な水ストレス地域と重複する直接的および間接的影響地域（絶対値および%変化）<br>水ストレス地域にある直接資産／サイトの面積（絶対値および%変化） | エクスポージャー<br>水源別，水ストレス地域からの水消費量（絶対値および%変化）<br>水の再資源化・再利用量（絶対増減率）<br>水分損失量（絶対値および%変化）<br>生態系状態の測定，例えばMSA（絶対および%変化）<br>貯水池の水深（絶対値および%変化）<br>安全給水量（絶対増減率） | マグニチュード<br>給水コストの増加（絶対および%変化）<br>営業停止による減収（絶対増減率）<br>再配置作業のコスト<br>公開されたビジネス・ラインの数<br>地域に依存する資産／収益の価値<br>ステークホルダーからのロイヤルティの低下による運用コストの増加 | 対応指標<br>水効率を40%向上させ，水消費量を30%削減し，再使用および再生水を80%増加させるというコミットメントに対するパフォーマンス（基準年度-1）<br>ISO 14001認証取得事業所比率（%）<br>生態系サービスの喪失が地域社会に及ぼす影響の理解を含む，水関連の依存性と影響を評価する際の，影響を受ける利害関係者との有意義な関与の数<br>水問題に有意義に取り組んでいる地域人口の割合（%） |

（出典）　TNFD「Guidance on the identification and assessment of nature related issues : The LEAP approach」（2023年9月）

### ②　有効な目標設定

TNFDはパリ協定の整合を取ることと同様に，GBFのゴールと目標に沿った目標設定を強く推奨する。また，SBTNの目標設定に沿ったものを推奨し，有効なターゲット設定に向けた4つのプロセスを明らかにしている（詳細は第5章2「SBTNとTNFD」参照，もしくはTNFD「Guidance for corporates on science-based targets for nature」（2023年9月）参照)。

- まず，何をターゲットにするかが問題となるが，計画・方針，行動と対策指標に沿って事業内における異なる単位や地理的位置にある指標を直接／間接的に目標を設定することが必要となる。目標設定に際しては以下の要素を考慮する必要がある。
  - 依存経路，影響経路
  - 戦略およびリスク・機会管理と目標との整合性
  - コントロールとインセンティブ
  - 気候目標との相互作用とトレードオフ
- つぎに，どのように測定するかが課題となるが，定量化された目標は進捗の測定と追跡に使用できる指標にリンクされ，対応指標と一致する必要があり，以下の要素を勘案する。
  - 関連性
  - 透明性と実用性
  - レスポンシブ
- そのうえで，目標値と軌跡については，目標を設定するレベル，目標を達成する期限，およびその期間の軌道を評価する必要があり，以下を考慮する。
  - ベースライン（基準年度）
  - 時間軸（短期・中期・長期）
  - 中間目標
  - SBT（科学に基づく目標）であること
- モニタリング，レポート，レビューのプロセスについては，目標に対する組織のパフォーマンスと進捗は，内部で監視し，報告し，定期的にレビューする必要があるり，以下を考慮する。
  - 理解しやすく，文脈に沿ったもの
  - 定期的な報告（少なくとも年1回報告）
  - 定期的な見直しと更新（5年ごとの見直し・更新）

図表3－15　指標カテゴリおよび目標間の繋がり

| LEAPフェーズと指標カテゴリ | 指標サブカテゴリ | 指標（例） | 目標（例） |
|---|---|---|---|
| Evaluateフェーズ<br>エクスポージャー指標（依存性と影響） | インパクトドライバー | 事業活動の天然資源投入量と非製品生産量 | 2016年以降に森林伐採された土地から調達される一次産品の数量を2025年12月31日までにゼロにする<br><br>2020年比で2030年までに相互作用地域の農地面積当たりの農薬使用量をX％削減する<br><br>2030年度までに2020年比で食品廃棄物を50％削減し，食品ロスを25％以上削減する |
| | 自然の状態 | 生態系資産の状態／範囲 | 相互作用するすべての水域は，2020年のレベルと比較して，2030年までに環境的に健全な周辺水質と生態学的に健全な流量条件を有する<br><br>1×1km当たり20％以上の自然植生を有する農地（％） |
| | 依存関係 | 生態系サービスの望ましい流れ | バリューチェーンの影響度の高い地域における取水量を2030年までに2020年比で20％削減する |

（出典）　TNFD「Guidance on the identification and assessment of nature related issues : The LEAP approach」(2023年9月)

### （3）　P3：報告

ここでは，TNFD最終提言に沿って，何を開示するのかが課題となる。TNFD推奨開示は，主に，一般目的の財務報告の主要な利用者に意思決定に有用な情報を提供することを目的としている。TNFDは，特定の開示基準ではなく，開示に関する一連の勧告を提供している。

ISSB IFRS S1一般要求事項開示基準と一致しているTNFDは，組織がその戦略と意思決定に対する自然関連の問題の影響を一般目的の財務報告の利用者が理解できるようにする情報を開示すべきであることを示唆している。

さらに，TNFDは，報告書作成者がISSBのIFRS-S1（一般要件）基準の概念的基礎[1]に従うことを推奨する。

1　IFRS S1における適正な表示，報告企業，重要性，つながりのある情報を指す。

一般要件およびISSB S1基準のその他の規定に加えて，TNFD勧告の使用には，6つの追加の一般要件が含まれる。これらは，自然関連の開示に対する共通のアプローチを確保することを目的としている。

TNFDは，開示された情報の一貫性を可能にするために一般要件を適用することが期待される（一般要件の詳細は第2章1参照）。

### （4） P4：開示

自然に関する開示はどこで，どのように提示するのかも問題となるが，これは，自然関連の開示の内容は，TNFD勧告に記載されているとおりとすべきであり，開示文書は，ISSBのIFRS S1（一般要求事項）と整合的であるべきとされる。

**図表3－16　LEAP実施後の状態**

| 推奨開示内容 | LEAP実施後の状態 |
| --- | --- |
| ガバナンスA | 自然関連の問題の評価と管理における取締役会の監督と管理の役割の合意 |
| ガバナンスB | 組織の自然関連リスク管理戦略の提案，自然関連リスクの管理と軽減の方法に関する助言，組織の自然関連機会の特定と実現 |
| ガバナンスC | 自然関連の問題の評価と対応，およびこれらの関与のプロセスを改善するための合意された行動に関して，先住民族，地域社会および影響を受ける利害関係者を関与させるための組織のプロセス |
| 戦略B | 異なるシナリオを考慮した，組織の自然関連評価の戦略的意味合いに関する合意 |
| 戦略C | 評価が組織の事業，戦略，財務計画に関連する決定にどのように影響を与えたかの説明が含まれる |
| リスクと影響の管理A | 自然関連の問題に関連する全体的なリスクおよび影響管理プロセスの合意 |
| リスクと影響の管理B | |
| リスクと影響の管理C | |
| 指標と目標C | 自然環境アセスメントに対応した目標の設定<br>組織のための科学に基づく，野心的で検証可能な目標を含める |

（出典） TNFD「Guidance on the identification and assessment of nature related issues : The LEAP approach」（2023年9月）

# 第 4 章

# 企業のとるべき対応

**第4章のポイント**

ここまで，TNFDの背景から詳細な内容まで解説を行った。今まで自社の事業と生物多様性の関係を考えたこともなかった企業や，既に何らか生物多様性に関与していても必要コストとしてしか考えていなかった企業が多い中で，社内の合意形成の方向性や，ファーストステップについて本章で説明する。同時に，実ビジネスへの貢献，新たなビジネスオポチュニティの開拓などの企業価値向上に向けてのアプローチについても概説していく。

# 1　総　論

## 1　TNFDを含めた生物多様性への段階的アプローチ

TNFDは生物多様性や自然資本に関する自社のリスクと機会を把握し開示するためのフレームワークである。一方で，①科学的な専門用語をビジネス上の決定に置き換える難しさがあること，②考え方が複雑であること，③適切なデータの取得が難しいこと，という企業が推進する際には課題が多数存在する。

よって，TNFDを含めた生物多様性への対応は，段階的アプローチが望ましいと考える。TNFDに沿った開示について，まずはできるところから始め徐々に開示内容を充実化していくというアプローチ方法は，TNFD最終提言の中でも許容されている（**図表4－1**）。

**図表4－1**　TNFDを含めた生物多様性への段階的アプローチ（例）

ステークホルダーの要求事項を意識しない取組み／開示

現状（AS IS）
- 既存の非財務情報開示の中で気候変動や生物多様性に言及
- TNFDとの整合性に関する開示はない
- 一方で，先進的な取組みを一部現場などでは推進中

"現在地の確認"および入場券獲得（TNFD・SBTN開示準備等）

Stage 1
- バリューチェーンを考慮した事業と自然との関係性を整理
- 自然資本マテリアリティを特定し，既存取組みを位置づけ。弱点領域の対応案を検討
- 先行内容に関しては外部にセンシングしフィードバック獲得
- 外部からの関心があるテーマを網羅した全社方針の策定

長期戦略策定と短期の優先施策実行

Stage 2
- TNFD開示要求事項やSBTNに沿った中長期目標の策定
- 各事業部門を巻き込んで取組みを検討・推進する横断的な組織体制を構築（KPIのモニタリングを含む）
- 主要施策の立案・実行（例：外部連携，既存事業の強化，新規事業の検討，ブランディング，ルールメイキング等）

事業戦略への統合とポジティブ・インパクトの実現

Stage 3（TO BE）
- "自社が成長すればするほど生物多様性が守られる"企業になり得る戦略のアップデート
- 業界／国をリードし得るような施策への昇華&継続（"持続可能なXX"のルールづくり，表彰等）
- 継続的なリスク・センシングによって最新動向を把握しつつ，戦略を定期的に見直し
- さらに，他の社会課題との関係性も意識

CSR・広報部門が対応 → 事業部門の巻き込み → 経営層のリーダシップによる変革

多くの企業の現状 ―― 今後数年で最低限押さえるべき水準 ―→ 先進企業の水準

### Stage 1　“現在地の確認”および入場券獲得（TNFD・SBTN開示準備等）

現状がステークホルダーの要求事項を意識しない取組み／開示を行っており，その中で生物多様性の取組みができていない，もしくは，TNFDの取組みに整合していない，独自の生物多様性保全，自然資本に対する取組みをしている企業においては，まずは自社の“現在地の確認”を行い，自社の足りない要素や目指すべき方向性を定めていくことが重要である。

(Stage 1におけるアクションの一例)
- ➢バリューチェーンを考慮した事業と自然との関係性を整理
- ➢自然資本マテリアリティを特定し既存取組みを位置づけ，弱点領域の対応案を検討
- ➢先行内容に関しては外部にセンシング（発信）しフィードバックを獲得
- ➢外部からの関心があるテーマを網羅した全社方針の策定

これらはつまり，TNFDでいうところの，LEAPアプローチの実施が該当する。一方で，TNFDの推進，生物多様性の取組みを推進するためには，経営層の理解や事業部の巻き込みも必要となる。そのために，社内での勉強会の実施や，第三者からの意見徴収などを通じて社内の第三者の視点も通じた理解醸成も必要となる。

### Stage 2　長期戦略策定と短期の優先施策実行

Stage 1 の状態（自然資本のマテリアリティの把握ができ，自社のリスクと機会が大まかに把握できている）からさらに一歩踏み込み，具体的な企業価値向上へのアクションを実行するのが Stage 2 となる。

つまり，目に見える短期の要請，TNFDやSBTN等への対応を実施し，中長期目標として対外にも発表することや，事業部門を再編する，また自社にとって主要な施策を立案・実行していくことが重要となる。

(Stage 2におけるアクションの一例)
- ➢TNFD開示要求事項やSBTNに沿った中長期目標の策定
- ➢各事業部門を巻き込んで取組みを検討・推進する横断的な組織体制を

構築（KPIのモニタリングを含む）
- 主要施策の立案・実行
（例：外部連携，既存事業の強化，新規事業の検討，ブランディング，ルールメイキング等）

### Stage 3　事業戦略への統合とポジティブ・インパクトの実現

Stage 3 は，生物多様性・自然資本に対する取組みが経営と統合されている状態であり，それにより社内および社会に対してポジティブな影響を与えている状態である。

具体的には Stage 2 で掲げた戦略をより高度化し，“自社が成長すればするほど生物多様性が守られる”状態や業界をけん引し自社の利益と持続可能な社会の実現に貢献するルールを構築することが掲げられる。また，外部環境の変化に対してレジリエンスな体制を構築していき，ロバストな戦略を構築することも想定される。

（Stage 3におけるアクションの一例）
- “自社が成長すればするほど生物多様性が守られる”企業になり得る戦略のアップデート
- 業界／国をリードし得るような施策への昇華＆継続（“持続可能なXX”のルールづくり，表彰等）
- 継続的なリスク・センシングによって最新動向を把握しつつ，戦略を定期的に見直しさらに，他の社会課題との関係性も意識

欧州の企業においては既に Stage 3 の企業が存在するが，日本企業のフロントランナーは Stage 2 が多いと考えられる。一方で，TNFDのトライアル開示は日本企業が多いのが現状である（第6章で紹介する）。

こうしたことから，まずは Stage 1 から Stage 2 を目指すのが企業の進むべき方向性ではあるが，日本企業がさらに生物多様性に関する取組みの過程で成長していくには Stage 3 をより意識する動きが必要であろう。

図表４－２　企業価値向上へのプロセスイメージ

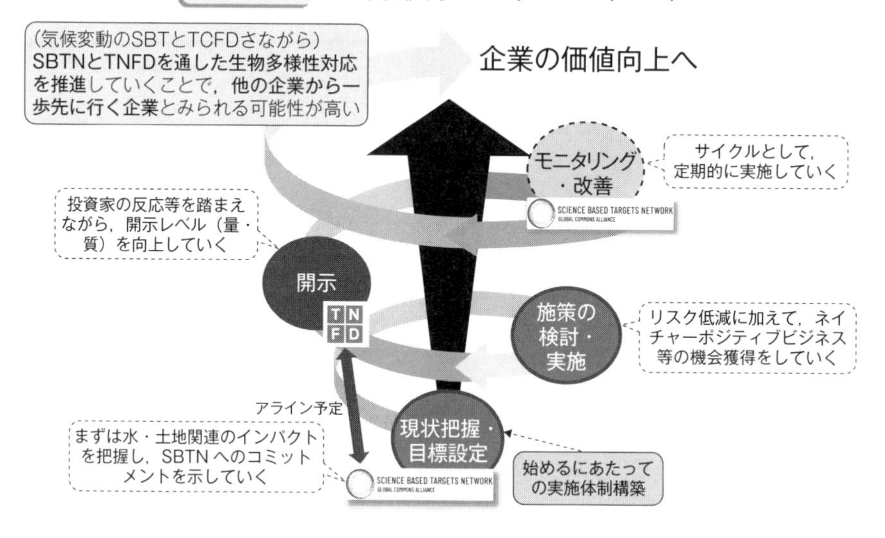


## 2　開示対応

第３章では，LEAPアプローチの詳細を解説した。一般的には企業がLEAPの項目全てに当初から対応することは困難を伴うが，第３章①で解説したように，TNFDは開示にあたって初年度の開示からLEAPの全項目に対応することを必須とはしていない（LEAPアプローチは使用すること自体が任意）。これらを踏まえてTNFDは，自然に関する分析が広範かつ複雑であることに対処するために，まずは着手できるレベルから情報開示を始めて段階的に改善させていくことを推奨している。そこで本節では，①の Stage 1 にあたる開示対応として，まずは初期的なTNFD開示を進めるための考え方を紹介する。なお，シナリオ分析については⑥で詳述すること，また指標と目標への対応は企業により大きく異なるため，ここではそれらを除くTNFD要求事項に対応するために企業担当者が自力で検討できる６つのステップについて解説する。

## 1　開示検討に向けた準備

対象範囲や精度に改善の余地があったとしても，主要なリスク・機会を対象にした試行的な分析に基づいてまずは初期的な開示を行うことは可能である。TNFDに対応した開示を行う企業が国内でも続々と出てきている中で，できる限り短期間でスピーディな開示までたどり着くためのポイントは以下の２点である。

### (1)　いつまでに／何を／どこまでやるのか？（何をやらないのか？）を決める

TNFDの最終提言で更新された“Scoping”では，まず全体の分析アプローチを明らかにしたうえで，社内で使えるリソース（人員，費用，時間など）や，社内では不足している知見を補う社外専門家の起用を検討しつつ，初回の開示でどこまで対応するのかを見極めることを勧めている。一方で，この段階では自社にとって自然関連リスク・機会がどれほど重要かを把握できていないために，そもそもどこまでやるべきかを判断できない（経営層に説明できない）というケースも多い。その際参考になるものとして，例えばTNFDが2023年12月から順次リリースしているセクター別ガイダンスがある。**図表４－３**で対象に挙げられているセクターは，自然との関連性において外部ステークホルダーから重要視されていると読み替えることができる。

**図表４－３　TNFDにおけるセクター別ガイダンスの策定対象**

| セクター | | |
|---|---|---|
| 非金融 | オイル・ガス | 漁業 |
| | 金属・鉱物 | エンジニアリング・建設・不動産 |
| | 林業・製紙 | 建設資材 |
| | 食品・農業 | 飲料 |
| | 電力・発電 | アパレル・アクセサリー・履物 |
| | 化学 | |
| | 生物工学・製薬 | |
| | 水産養殖 | |
| 金融 | 金融機関 | |

（出典）　TNFD web site

### （2） 選択と集中でスモールスタートを切る

一定以上の精度と深さで分析を行う場合，特に複数の事業領域にまたがっている企業であれば全事業・全項目の分析を最初から進めることは相当なリソースを必要とする。分析対象とする事業セグメントや原材料，リスク項目を絞り込んで資源投下を集中させ，効率的に開示まで進めることがポイントとなる。

分析アプローチを複数の段階に分け，スクリーニングによって事業と関連性のない領域は除外しつつ，より精緻な調査によって絞り込んだ重要なリスクを対象に，サプライチェーンを含めた内部データの収集とともに地域性評価を実施する。こうして分析対象の選択と資源の集中を意識することで，限られたリソースを有効に活用して短期間で成果を上げることが可能となる。

**図表4－4　分析対象の絞り込みと段階的な解像度の引上げ**

| 絞り込みと深掘り ↑ | | | | | |
|---|---|---|---|---|---|
| 3．重要課題に関するバリューチェーンの評価 | （対象外） | | | | 詳細評価を実施<br>2次情報ツールで把握可能な範囲でバリューチェーンを評価 |
| 2．自社事業との関連性の把握 | （対象外） | | 低<br>事業との関係性は低い | 中<br>事業に影響しうるリスクがある | 高<br>事業継続に係るリスクがある |
| 1．セクターにおける自然関連リスク・機会のスクリーニング | Very Low<br>自然への依存と影響は非常に低い | Low<br>自然への依存と影響は低い | Medium<br>自然への依存と影響は中程度 | High<br>自然への依存と影響は大きい | Very High<br>自然への依存と影響は非常に高い |

小 ← リスクの重要性*（ステークホルダーの関心×事業との関係性） → 大

＊便宜的に，一般的なリスクの定義（発生可能性×影響の大きさ）とは異なる

## 2　開示に向けた分析の実務

TNFDの初期的な開示に向けた分析を行う際には，**図表4－5**のような6ステップで実施することが考えられる。この6ステップはあくまでも一つのアプ

**図表4－5　初期的なTNFD開示に向けた6ステップ**

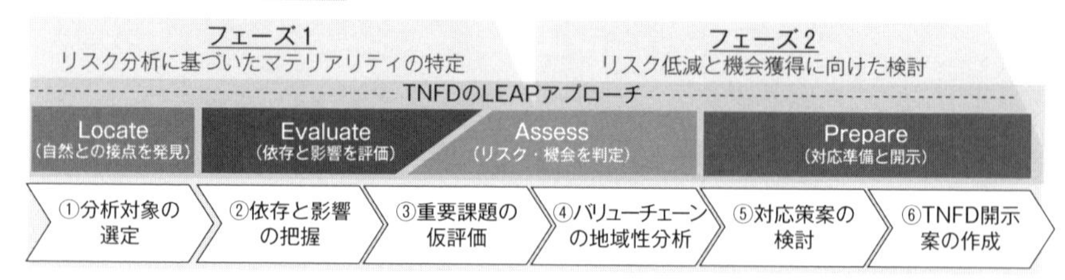

ローチ例であり，TNFDによって定められたものではない。なお本ステップによって得られる成果にはシナリオ分析など一部のTNFD開示推奨項目は含まれておらず，初期的開示までのスピードを重視するアプローチである。２年目，３年目に開示内容をブラッシュアップしていくことで，より網羅性と正確性の高い分析を進めていくことが推奨されている。

### ①　分析対象の選定：（必要に応じて）初年度開示の対象とする事業や原材料を絞り込む

分析対象とする事業セグメントを選定する際の観点としては，前述したTNFDの優先対応セクターや自然関連リスクの大きい原材料リスト（SBTNのHigh Impact Commodity List等）といった外部情報の確認に加え，セグメントの売上比率，将来的な注力領域，事業がコントローラブルか，利用可能なデータがあるか，事業部がサステナビリティに積極的か，といった内部情報も重要になる。これらを踏まえて関係者との協議を経て，外部ステークホルダーの関心に対応した分析対象とする事業や原材料を選定する。

図表４－６　SBTN High Impact Commodity Listに掲載されている原材料

| 農畜産物 | | | 金属・鉱物 | | |
|---|---|---|---|---|---|
| ●アボカド | ●パームオイル | ●家禽 | ●鉄 | ●プラチナ | ●スチール |
| ●バナナ | ●米 | ●乳製品（牛由来） | ●鉛 | ●炭酸カリウム | ●マンガン |
| ●キャッサバ | ●天然ゴム | ●牛肉 | ●セメント | ●砂（建設用） | |
| ●牛 | ●大豆 | ●革 | ●石炭 | ●銀 | |
| ●ココア | ●サトウキビ | ●パルプ，セルロース，紙，板紙，ダンボール，ティッシュ | ●銅 | ●亜鉛 | |
| ●コーヒー（豆） | ●タバコ | ●豆 | ●金 | ●ボーキサイト／アルミニウム | |
| ●綿 | ●木材・丸太 | ●じゃがいも | ●液化天然ガス（LNG） | ●リン肥料（リン鉱石由来） | |
| ●ヤギ | ●養殖魚介類 | ●小麦 | ●リチウム | ●窒素肥料 | |
| ●トウモロコシ | ●ナッツ（アーモンド，クルミ） | | ●ニッケル | ●ガソリン | |
| ●豚 | ●天然魚介類 | | ●石油（原油） | | |
| ●菜種油 | | | | | |

（出典）　SBTN「High Impact Commodity List」（2024年７月）

### ②　依存と影響の把握：自社セクターにおける自然関連リスク・機会を把握する

ENCORE等のスクリーニングツールは，あくまでも俯瞰的なリスク評価であり，アウトプットもそのままでは事業との関係性を理解しにくい。これらのスクリーニング結果を事業リスクとして解釈するには，生態学や環境・サステナビリティの知見を有する外部専門家を交えることも有効である。ENCOREの結果を基に，社内外が理解しやすいワーディングにまとめなおしたリスクヒートマップを作成することも，今後のコミュニケーションを取るうえで役に立つアウトプットとなる。

このようなスクリーニング結果に基づいて，外部ステークホルダーが自社セクターにおいて高リスクだと認識している項目を把握し，自然に関するリスクマテリアリティの縦軸としてプロットする。実際に自社事業と関連性の高いリスク項目は，次のステップにおいてバリューチェーンを考慮しながら横軸に展開して判断することになる。

図表4－7　自然に関するリスクのマッピング

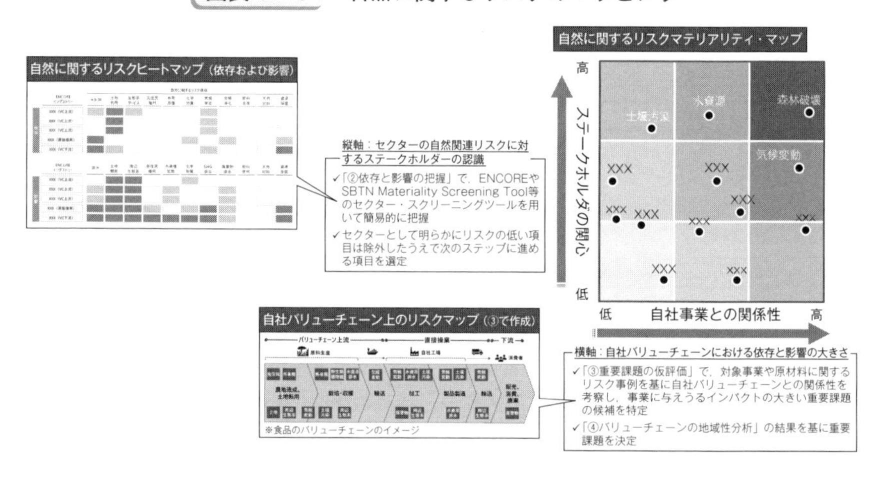


### ③　重要課題の仮評価：
### 自社事業との関連性に基づいて重要課題を仮評価する

上述したスクリーニングツールによる評価結果は「生息地の維持（Maintain nursery habitats）」や「妨害（Disturbances）」のように，自然に関する専門用語が多く含まれる。これらを事業影響として解釈・考察するにあたっては，これらのリスクが実際に事業にインパクトを与える形で顕在化した事例やそこに至るまでの経緯などを考察し，自社の事業リスクに読み替えることが重要である。例えばパームや天然ゴムのプランテーションで問題となっているように，絶滅の危機に瀕している生態系が農地開拓のために破壊され，それらを原材料として調達している企業を名指しで国際NGO等が批判しているような例は，捉えにくい「自然」を主語としたリスクを，自社の「事業」を主語にしたリスクに読み替える1つの例といえる（このケースではブランド棄損リスクや原料途絶リスク）。具体的な事業リスクが明らかになれば，それが自社のバリューチェーンにおいて仮に顕在化した場合に事業に及ぼし得る影響を評価でき，重要性を判断することも可能になる。

このように定性的に重要課題を仮評価したうえで，明らかに自社のバリューチェーン上では生じえないリスクを除外しつつ，サプライチェーンまで遡ってリスクの有無を確認すべき項目を絞り込むことができれば，地域性分析を実施すべきリスクや原材料が見えてくる。

**④　バリューチェーンの地域性分析：**
**バリューチェーンから直接操業，使用と廃棄まで重要課題が潜在する地域や生態系を特定し，重要課題の評価を見直す**

TNFDは，重要課題の可能性が高いリスクや原材料を対象に，バリューチェーンの上流・直接操業・下流においてどの場所に潜在しているのかを把握して説明することを求めている。その際，サプライチェーンのトレーサビリティが取れていないために評価ができないというケースは多い。だが実際には，トレーサビリティが取れていないとしても，一定の前提のもとにリスクが潜在する原産地を特定することは可能である。

例えば貿易統計や各種バリューチェーンマッピングツールを活用することにより自社原材料の調達先を推定し，水の枯渇や残存する生物多様性上重要な地域，自然破壊の深刻度などを適切なツールで把握して重ね合わせていくことで，自然に関する重要課題が自社のバリューチェーン上のどこに潜在するのかを可視化する。

結果として特定の地域にリスクがあることが確認された場合，②で重要課題として仮評価した項目はやはり事業との関係性も深いことがわかる。一方で，ENCORE等によるスクリーニングで高リスクとなった項目であっても，実際に調達先の地域性分析を実施したところ，自社の調達先とは関係がないケースもある。この場合は重要性を見直すことになる。

このアプローチは，トレーサビリティが取れていない原材料を分析できるだけでなく，サプライチェーン情報を開示するメリットの少ないサプライヤーに

**図表4－8　地域性分析において主に使用されるツールの例**

| ツール | 開発者 | 概要 | 対象リスク |
|---|---|---|---|
| IBAT (Integrated Biodiversity Assessment Tool) | Birdlife International, Conservation International, IUCN, UNEP-WCMC | ✓世界地図上で，保護価値の高い生態系や保護区，生息する絶滅危惧種等の情報を統合したツール<br>✓グローバルスケールのため精度は制約があるが，スクリーニング用途として利用可能 | 生物多様性 |
| WWF Biodiversity Risk Filter | World Wide Fund for Nature | ✓バリューチェーンにおける生物多様性リスクを評価し，潜在的な対応策を特定するためのツール | 生物多様性 |
| WRI Aqueduct | WRI | ✓各国や地域の様々な水リスクの深刻度合いを確認（水資源等） | 水 |
| WWF Water Risk Filter | World Wide Fund for Nature | ✓各国や地域の様々な水リスクの深刻度合いを確認（水質等） | 水 |
| Global Forest Watch | WRI, AFCほか | ✓過去の森林破壊の実績を世界地図上に可視化したツール<br>✓減少率などの統計データや直近で急速に進んでいる地域などを特定可能 | 森林破壊 |
| Environmental Justice Atlas | ICTA-UAB, ICTAほか | ✓環境問題をめぐる社会的紛争の発生事例を世界地図上で閲覧できるツール<br>✓鉱石・建材採取，廃棄物処理，バイオマス・土地紛争，化石燃料と気候変動・エネルギー，水，生物多様性保全などのテーマ別に検索可能 | 人権<br>土地利用<br>汚染<br>生物多様性 |
| GIS (Geographic Information System) | QGIS：オープンソース<br>ArcGIS：ESRIジャパン | ✓広く使用されている地理情報システム・ソフトウェア<br>✓拠点の緯度経度を世界地図にプロットし，AqueductやIBAT等のデータを重ね合わせ，拠点の立地や周辺数km圏内のオブジェクト検索など幅広い分析が可能<br>✓分析対象とする拠点数が一定以上の場合は導入を検討（QGISは無料） | GISフォーマットでダウンロードできるデータ全て |

※上記以外のツールは第7章を参照
（出典）　各ツール web site等

対して，特定の地域から調達していないかを確認する形式とすることで情報を収集しやすくし，トレーサビリティを向上することにも役立つ。

### ⑤　対応策案の検討：
### 重要課題に関する現状の取組みを整理し，追加的な対応策を考察する

①～④で特定した重要課題に対して，外部からの要請と現状の取組み状況のギャップを把握しつつ，リスク低減と機会獲得のための対応策案を検討する。さらに，それぞれの対応策案を事業部門とすり合わせたうえで優先順位をつけることができれば，気候変動対応の移行計画にあたるアクションプランの策定に繋げることが期待できる。対応策の検討に際して活用できる考え方としては，SBTs for NatureのAR$^3$Tフレームワークが挙げられる。

まずは事業によるマイナス影響を可能な限り「回避（Avoid）」し，回避で

図表4－9　SBTNの$AR^3T$フレームワーク

SBTNにおける行動フレームワーク（$AR^3T$）の概要

| | 回避（Avoid） | 低減（Reduce） | 修復・再生（Restore·Regeneration） | 変革（Transform） |
|---|---|---|---|---|
| 定義 | 悪影響の発生防止や悪影響の完全排除に向けた行動 | 悪影響を最小限に抑える行動 | 生態系の健全性・完全性の修復・再生に向けた行動 | 技術的，経済的，制度的，社会的要因と根底にある価値観の変化を通じてシステム全体の変化に寄与する行動 |
| 具体例 | ●森林破壊防止の遵守<br>●認証原材料の調達など，トレーサビリティの強化 | ●原料使用量の削減（省エネ，取水量の削減を含む）<br>●代替原料の採用 | ●植林・森林再生活動<br>●環境再生型農業<br>●水源涵養活動 | ●革新的な技術開発<br>●自主規制・基準の策定<br>●外部と連携した活動（ベンチャー企業や買収を含む） |

（出典）　SBTN「SCIENCE-BASED TARGETS for NATURE Initial Guidance for Business」（2020年9月）

きない影響はできるだけ「低減（Reduce）」する。例えば原材料を認証材に切り替えることで環境影響を回避し，生産工程や商品設計の効率化によって使用する原材料量を抑えることで影響を低減することなどが考えられる。それでも事業活動を通じた悪影響はゼロにはならないため，ネイチャーポジティブに向けてプラス影響を生み出してマイナス影響を相殺することが必要となる。事業活動による悪影響の範囲や程度に応じて自然を「修復・再生（Restore・Regeneration）」しつつ，最終的には自社の事業プロセスや業界の在り方そのものを「変革（Transform）」してネイチャーポジティブを目指す。

特にプラス影響の創出は具体的なイメージを持ちにくく，対応策案を検討しても現時点では夢物語とも見える内容になりがちである。しかし，検討した対応策案を開示するか否かにかかわらず，ネイチャーポジティブを目指すための水準感（ゴール）を把握して自社の立ち位置を確かめ，今後の戦略を練るためには必要なプロセスといえる。この現状とゴールとのギャップは社会課題であり，自社の製品やサービス・技術力を活かした自然関連ビジネスの種になりうる。

### ⑥　TNFD開示案の作成：
### 開示要求事項を整理し，初年度で開示する水準を定める

上述したステップはあくまでもスピードを重視した初期的な分析であるため，TNFDが開示を推奨する14項目の中には，シナリオ分析など，ここまでの分析で対応できるものと対応できないものがある。また地域性分析に含まれるサプライヤーなどの機微情報を含め，分析結果でも開示できるものと内部用に留めるべきものがある。これらを整理して開示できる内容をとりまとめることが必

要となる。必要に応じて社内関係者を集めたTNFD勉強会などを開催して分析結果と開示案を示し，各部門からフィードバックを受けることも社内理解の醸成とどこまで開示するかの検討に有用だ。

先進的なTNFD開示をしている他社を参照しつつも，開示を検討するにあたっては是非，単なるTNFD要求事項への対応だけでなく，自社の独自性を滲ませた内容を検討することが望ましい。自社の事業特性を踏まえたリスク・機会に対する考察や，自社の技術力を活かした将来展望を含む対応策案など，競合他社と同じ内容にならないような方向性を検討することで独自のストーリーを表現できれば，読み手へのアピールに繋がる。なかなかアイデアが出てこない場合は，R&D部門や経営企画部門とディスカッションを重ねることも一案である。

## 3　TNFDへの登録と参加

### (1)　TNFD Adopters

TNFDは最終提言のリリースと同時に，TNFD Adoptersと呼ばれる登録制度を開始した。TNFDのホームページにTNFDに対応した開示をする意思表示と共に必要事項を入力することで，TNFDの公式ウェブサイトに社名が表示されると共に，2024年1月に世界経済フォーラムが開催する年次総会であるダボス会議において公表されるリストにも掲載される。

ただし登録時には，①2024年度から財務諸表と共にTNFD開示を公表，②2025年度から財務諸表と共にTNFD開示を公表，のいずれかを選択する必要がある。TNFDは2024年以降にAdoptersに登録した企業を対象に開示状況の追跡を開始するとしており，選択したタイミングでTNFDに対応した開示ができていない場合はリストから社名が削除される可能性がある。Adopters制度の詳細はTNFDウェブサイトにてQ&A形式で公開されており，初期的開示として事業全体ではなく一部についてのみ開示すること，TCFDと統合した開示とすることは容認されている。

### (2)　TNFD Community of Practice

これまでのTNFDフォーラムに加え，新たにCommunity of Practiceと呼ばれるコミュニティが発足される。TNFDフォーラムあるいはCommunity of Practiceに加盟することで，TNFDに関するトレーニングの受講，パイロットテストの結果を踏まえた支援，TNFD Preparer Forumsからの情報共有といったサービスを受けられる予定だ。参加することによるデメリットは低いと考えられることから，是非積極的な登録を検討されたい。

## 4　今後の動向

サステナビリティ情報開示が盛り上がりを見せる中で「対応が必要なアジェンダの増加とともに企業にとって情報開示の負担はますます増えている」「気候変動や人権など様々あるサステナビリティ課題の中で自然・生物多様性をどこまで優先するべきか」など，担当者自身の理解の難しさに加えて経営層にどのように説明すべきかで悩んでいるという意見を聞くことは多い。

本節ではあくまでも初期的なTNFD開示として，簡便なツールによるスクリーニングによってスピーディに分析・開示するアプローチを説明してきたが，企業によってはそもそも分析に着手するための意思決定自体が難しいケースもあるだろう。そのような場合は，例えば①②で説明したTNFDの優先セクターやENCORE，SBTN High Impact Commodity List等をまず簡易的に確認し，自然関連リスクが自社事業にとって重要そうかどうかの「あたりづけ」を行うことをお勧めする。その結果として自社の自然関連リスクがそれほど大きくなさそうだった場合は，まずはTNFDの開示推奨項目に最低限応えることをゴールとして設定し，準備を進めることも選択肢となりうる。

一方で，どうやら自社事業における自然関連リスクが無視できないということが明らかになった場合，LEAPアプローチを参照しながらバリューチェーンを含めて一定の精度・深さまで分析を行うことは，ステークホルダーへの説明責任を果たすうえで必要になると理解したほうが良いだろう。今回はあくまでも初期的開示であるため，一部のプロセスを省略しつつ事業インパクトの観点に絞ることで，企業担当者が自力でも一定の分析をするためのアプローチを紹介した。だが今後の開示要請の高まりとともに，特にFLAGs（Forest, Land and Agriculture）との関係が深い重要セクターにおいては，シナリオ分析や自然へのインパクトといった難度の高い分析結果を開示することが求められると想定される。この場合，調達やリスク管理，R&D，経営企画など，サステナビリティ以外の担当部門や外部専門家の協力を仰ぐことが必要となるため，分析と開示までのリードタイムも比較的長くなる。

ただ考え方を変えると，サステナビリティ担当だけで開示が困難であるということは，よりリスクマネジメントに近づく領域になるとも捉えられる。どこから何を調達しており（調達部門），その過程でどのようなリスクが潜在しているのかを明らかにして（リスク管理部門），重要なリスクに対して自社の強みを活かした対応策を検討して機会を見出す（開発部門・経営企画部門）。この一連の流れは，組織におけるリスクマネジメントのプロセスである。時間と労力はかかるものの，その成果を単なる開示ではなく，より本質的な事業戦略と実務的な取組みに結びつけやすくなる。この点について社内の合意が取れれば，部門横断的なプロジェクトとして位置づけ，多くの協力を得られる可能性もあるだろう。

なお，初期的な開示におけるゴールセッティングにおいては，TNFDからリリースが予定されている補足ガイダンスや，2025年に最終化を予定しているSBTs for Nature，CSRD，ISSB等のフレームワークがリリースされるタイミングも考慮しつつ，他社の開示状況を参考に開示するタイミングを計ることが効果的である。2023年６月に公表されたIFRSのサステナビリティ開示基準ではTCFDを参照した気候変動の開示基準が作成され（IFRS S2），日本のSSBJ（サステナビリティ基準委員会）での国内開示ルールの検討を経て2026年から適用される見込みだ。続いてISSBでは気候変動に続く優先検討領域として生物多様性・生態系・生態系サービス（BEES）を挙げており，早ければ2026年にBEESのISSB標準が固まり，2028年頃に国内でもTNFDを参照した開示ルールに組み入れられる可能性がある。リスクマネジメントの一環として関係各部を巻き込んだプロジェクトを立ち上げ，初期的な開示をしたうえでTNFDの要求を満たす水準まで議論を重ねてブラッシュアップするには数年を要することを考慮すると，いまからTNFD最終提言への対応を進めることが推奨される。

## 3　目標設定と推進体制の検討

### 1　総　論

TNFDは企業による自然関連の情報開示を普及していくため，段階的なアプローチを許容している。すなわち，最初は分析対象とする事業や開示指標が網羅できていない試行的な開示であっても問題はなく，数年をかけて徐々に開示のレベルを引き上げていくような進め方をとることができる。現状の取組内容や保有データを用いてTNFDに基づく開示にチャレンジすることは多くの企業が対応できると考えられる。

その中で難しいのは，具体的かつ科学的根拠に基づく目標を設定することである。TNFDは自然関連の依存，影響，リスク，機会についてしかるべき手法に基づき分析を行い，自社の事業が自然とどう関係しているかを一定の精度で正確に把握することを求めている。依存や影響等を無視した独りよがりの目標を設定することは認められず，分析により得られた根拠に裏打ちされたGBFやネイチャーポジティブの達成に資する目標を設定しなければならない。

目標設定にハードルがある理由は2つある。1つ目は目標設定に向けたプロセスである。

Prepareフェーズで述べたように，目標設定の具体的手法はSBTNに委ねられている。SBTNが提唱する目標設定の手法は定められたアプローチに沿って，土地，淡水，海洋，生物多様性の4つの目標を設定するものである（第5章[2]で詳細に説明する）。SBTNはバリューチェーンを上流・直接操業・下流にわけてより詳細に分析する手法を提示しているが，その最初のステップ（分析・評価と優先順位づけ）において全事業のマテリアリティスクリーニングや自然に対するプレッシャーの量を定量的に算出することを求めている。SBTNが求める分析のレベルは高く，自然分野に知見のある人材でないと分析を進めるのが難しいほか，そもそもの現実問題としてSBTNの求めるデータ要件に足る情報を収集できているか（あるいは将来的に収集できる見込みがあるか）といったところに大きなハードルがあるといえる。

更に，仮に分析と優先順位づけのハードルをクリアしたとしても，ネイチャーポジティブに資する目標を設定するのにも大きなハードルがある。例えば淡水の目標設定では，関連ステークホルダーとの協議を通じて適切な流域モデルを選択し，ベースラインを測定したのちに淡水の質・量に関する目標を設定するといったように，さらにハイレベルの取組みを要求している。今後海洋や生物多様性に関するSBTNの手法も公開予定であるが，淡水や土地と同様に企業にとって難しい課題となる可能性は否定できない。

TNFDの最終提言では，SBTs for NatureのメソドロジーやGBF達成に貢献する目標設定が明示的に求められている。将来的にSBTNの目標設定手法が完成すれば，自然・生物多様性分野ではSBTNに沿った目標設定がスタンダードになると考えられる。

2つ目の理由は推進体制の構築に難しさがあることである。単なる開示であれば各企業のサステナビリティ担当部が中心となり，関連部から情報を集めつつ既存の情報を分析して整理すればある程度のレベルの開示情報を整理することは可能である。一方で具体的な目標設定となると，現状分析の結果だけでなく全社的あるいは事業部ごとのビジネス戦略，サステナビリティ関連目標等との整合をとる必要が生じ，目標を設定する際の社内での合意形成が非常に難しくなる。自然関連の分野に関して日ごろから事業部を巻き込んだ推進体制が構築できていないと，たとえ科学に基づく目標を導き出すことができたとしても，絵に描いた餅になる。自然関連の目標に向かって取組みを進めるためには，経営陣も含めた全社的な体制の構築が不可欠である。

TNFDやSBTNは今まで捉えどころのなかった企業にとっての自然関連の経営課題を見える化してくれる画期的なフレームワークであるが，社内の意識醸成や意思決定をサポートするものではない。開示情報の整理，分析，目標の検討と並行して，事業部も巻き込んだ推進体制の構築を進めることが肝要である。会社全体が自然を主要な経営課題として認識し一丸となって取組みを進めていくことは，地道な社内普及啓発の結果に得られるものであり，一朝一夕には実現しない。

以上のとおり，開示対応から目標設定・推進体制の検討には非常に大きなハードルがある。これを乗り越えられることで自然分野での先進企業のレベルに大きく近づける。

## 2　各論（推進体制）

2023年4月に環境省により公開された「生物多様性民間参画ガイドライン（第3版）」では，社内体制の構築から目標設定までのプロセスがわかりやすく示されている。

生物多様性民間参画ガイドラインでは自社の生物多様性関連の取組みを進めるために，構築した体制をステップバイステップで強化していくことを推奨している。具体的には，担当部局の責任や経営者層等への報告等の体制を明確化すること，リード部署を指名し関係性の把握や評価開始に係る権限やリソースを付与することなどが挙げられている。コミュニケーションの窓口となる担当部局を設定することもまた重要で，窓口の部局は社内だけでなく外部ステークホルダーとの連携の中心になることが想定される。

目標の設定やその他生物多様性関連の施策を有機的に推進していくためには，複数部に跨る推進体制や，役員・幹部レベルの担当者が体制に入っていることが望ましい。

## 3　各論（定量評価）

2010年に開催された生物多様性条約COP10において愛知目標が採択され，生物多様性の損失を食い止めるための20の個別目標が設定された。しかしながら，2011年から2020年にかけて，ほとんどの愛知目標についてかなりの進捗が見られたものの，20の個別目標で完全に達成できたものはないとされている。2020年に生物多様性条約事務局によって公表された「地球規模生物多様性概況（第５版）」（GBO5）では，このような結果となった教訓として「明確で簡素な文言と定量的な要素を用いて（すなわち「SMART」の基準に従って）適切に設計されたゴールとターゲットが必要」であると評した。

2022年12月にカナダ・モントリオールで開催されたCOP15では，2030年のネイチャーポジティブの実現に向けて定量的で野心的な目標を採択できるかが論点となった。結果として採択された昆明・モントリオール生物多様性枠組（GBF）には，2030年までに陸域と海域の少なくとも30％以上を保全する目標（いわゆる30by30）や，2030年までに侵略的外来種の導入率・定着率を半減する目標など，生物多様性の保全に関する複数の定量目標が盛り込まれることになった。

TNFDが依存や影響の度合いを評価する指標を示したり，SBTNが自然へのインパクトを定量的に評価する手法を提示したり，ビジネス活動が自然や生物多様性へ与える影響を定量的に可視化していく動きが加速している。環境省の生物多様性民間参画ガイドラインでは，目標設定をする際には可能な限り定量的な目標を設定することを推奨している。今日，世界中の研究機関やNGO等が生物多様性に関する様々な評価ツールを開発しており，自然へのインパクト量や回復・再生の貢献量を見える化して開示することが主流になると考えられる。

一方で，自然や生物多様性の状態は気候変動分野におけるGHG排出量のように標準的な定量化・指標化手法がないことは長年の課題である。民間参画ガイドラインでは，各社が事業の性質や地域的な条件を踏まえ，自ら指標や目標を設定する必要性を説くとともに，必要に応じて定性的な目標も含めながら，目標設定のレベルを段階的に引き上げていくことを推奨している。

TNFDでは様々なセクターが地域，バイオーム，コモディティに適したツールを活用できるように，依存，影響，リスク，機会を分析するツールカタログを作成している。後段の章ではツールカタログで紹介されている代表的なツール（ENCOREとIBAT）の概要を説明するとともに，2023年11月現在で公開されているツールの一覧表を掲載している。ツールの参考にしていただきたい。

SBTNの提唱する目標設定手法については第５章で解説することとしたい。

## 4 事業戦略への統合とポジティブインパクトの実現

事業戦略への統合とポジティブインパクトの創出の目的に照らすと，前節で述べた科学的な目標を策定し事業部も巻き込んだ推進体制の整備は確実に必要だが，それだけでは不十分であることもまた正である。経営層のリーダーシップにより変革が大きく主導され，真に社会（環境）価値と経済価値の両立を目指す必要がある――。このようにお伝えすると，「抽象的にはわかるが，具体的にはどうすればよいか」とお悩みになられる経営層，経営企画部，サステナビリティ関連部，イノベーション部の方が多い。一朝一夕にはいかないが，本節では，そのヒントをお伝えできれば幸いである。

### 1 「足元でできることを行い切った」今，そもそも経済価値と社会（環境）価値を両立するためには何が必要か

SDGsが採択された2015年９月と異なり，サステナビリティはWhyからHowに移りつつある。社会価値と経済価値の両立は義務ではなく，戦略として捉えることを前提に，どの企業もSDGsのロゴや問いかけ，顧客・取引先・従業員等多様なステークホルダーからの要請に向き合ってきた。巷では，多くの「ベストプラクティス」が紹介され，各企業の中でも「過去行ってきた取組み」をサステナビリティの観点からスポットライトを当て，「できること」を一歩ずつ進めてきた。経営層の号令に応えるべく，経営企画関連の部署がサステナビリティの部署と共に進めているものの，それらの取組みの効果や限界も見えてくる中で「これより前にどのように進めればよいのか」と悩み始めている企業が多いのではないか。事実，ある経営層は「これ以上雑巾を絞れない」，「積み上げの限界を感じている」のような表現をなされた。生物多様性の文脈でも，

TNFDに向けた開示／準備や，一部事業の推進等は既になされた後，何をすべきか，が次の悩みのようだ。答えのヒントとなる際に，２つお伝えしたい。

第１に，複合的な論点に対する答を統合した「戦略ストーリー」が必要だ。デロイト トーマツ グループの中でもその発祥から社会価値と経済価値の両立に力を入れているモニター デロイトではStrategic Choice Cascadeと呼ばれる「５つの問いの連鎖」を方法論として提唱している（**図表４－10**）。

**図表４－10　５つの問いの連鎖**

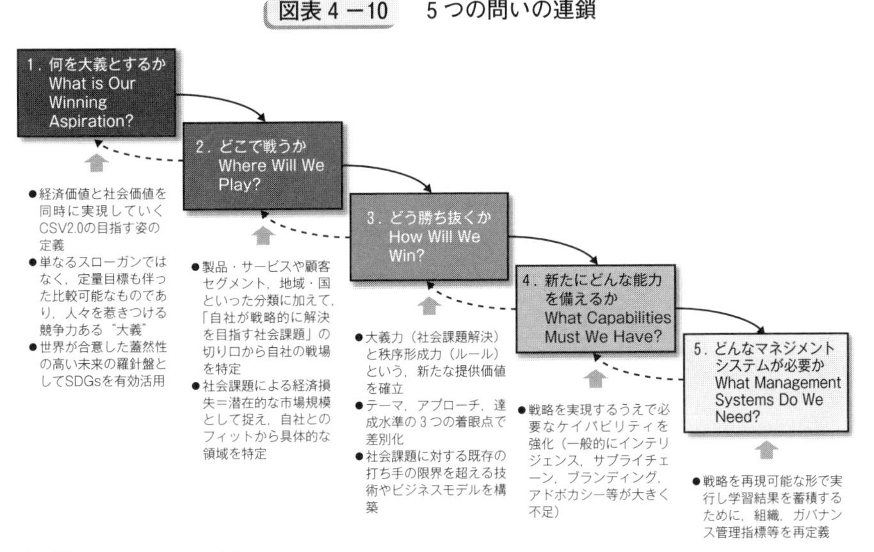


（出典） モニター デロイト

これらの問いは「連鎖」がポイントであり，実は「何を大義にすべきか」という点と最終的な「どのような制度・仕組みが必要か」のつながりが不足していることは往々にしてある。それ以上によくありがちなのが，「社会価値」と「経済価値」の統合がなされていないことだ。よく行われるのは，サステナビリティ関連の部署が「社会価値創造」を中心に戦略ストーリーを描くものの，その「経済価値」の観点に踏み込み切れない。他方で，事業部が「経済価値創造」を中心に描いたものの「社会価値」の観点に踏み込み切れない。このような分離が生じてしまっている。ある種この「統合」により，新結合が起きることは十二分にある。また，改めて社内で行ってきた取組みが統合されるプロセスの中で，文化的求心力が高まることも期待できる。

第２に,「戦略ストーリーの立て方」を変えることが必要だ。ある種「足元で行えることを行った」(フォアキャスト, ボトムアップ）状況から非連続的な成長を遂げるためには, 巷でもよくいわれる「描きたい未来から逆算する」(バックキャスト, トップダウン）に本気で取り組むことが必要になる。こちらも言うは易しではあるが,「本気で」取り組むということになると, ヒト・モノ・カネ・情報等の経営資源の配分方法, 経営層の「時間」の配分方法（例えば, 経営会議における討議の時間）等が変わり得る。また, あえて非常識になることで, 適宜今のルールを変えることにも挑戦が必要だ。組織の中で真に横串を通す勇気も必要になり, 今までかかわってこなかった「異質の知」の取組みも必要になり得る。生物多様性のテーマは, その定義・範囲・測り方の複雑性, アカデミア側の様々な知見のタコツボ化等も相まって, 非常に難しくはある。他方で, 別途論じているように, 機会も多いマーケットでもあり, 企業の持続可能性にも強く影響し得るため, 描きたい未来から逆算した際の果実も多いのではないか。

## 2　戦略ストーリーの要素　①何を大義にするか？―経済価値との両立に向けて, 高い定量目標を掲げよ―

外部からの問いかけをもとに策定した科学的な目標を下敷きにしたうえで,「大義」において重要な点は大きく３点ある。

１つ目が,「経済価値との両立」である。根底にある問いは「事業が成長すればするほど社会が良くなるにはどうすればよいか？」である。社会価値だけを追求する目標（例：水使用をゼロに）だけでも, 経済価値だけを追求する目標（本市場での売上目標XX億円）でも不十分であり, あくまで両方が必要である。具体的な設定の方法は, 個別状況に応じて様々だが, ①複数の目標を置くことや, ②社会価値／経済価値の両方に効き得る目標を置くことや, ③その先の“インパクト”の目標を置くなど, 方法は様々だ。例えば, 多くの企業が定めている「持続可能な調達目標」(例：持続可能なパーム油の割合）などは②に当たり得る。③についてはインパクト評価に求められる要素を抑えながら, 一定自由演技もあり得るため, ステークホルダーとの対話を通じて新たな目標を設定することも厭わないことがポイントにもなり得る。

２つ目が,「定量化」である。脱炭素と異なり, 明確な生物多様性の唯一無二の指標があるわけではないのが難しいが, 社会価値・経済価値共に“測れないものは改善できない”ことから，数値目標から逃げないことは強く推奨したい。数字があることで，社内での各事業部門への落とし込みも行いやすいばかりか，外部からのアイデアの持ち込み等も期待できる。

３つ目が，「水準」だ。脱炭素の世界においても，「カーボンニュートラル」を超えるための「カーボンネガティブ」のように，高い目標を立てることが，ステークホルダーから賞賛されるためには必要だった。同様の構図が，生物多様性でも該当し得るため，時間軸との兼ね合いでもあるが，水準についても検討することが必要となるだろう。

## 3　戦略ストーリーの要素　②どこで戦うか？―戦略的な生物多様性の“戦場”はどこか―

従来から，顧客セグメント・国／地域等の分類で戦略立案を行うことが一般的だが，生物多様性観点の切り口を入れ込む余地がある。詳細は本章5に譲るが，「ネイチャーポジティブ市場」に挑むのはわかりやすい例である。例えば，再生型農業／Regenerative Farmingと呼ばれるような農場とその周辺おける生物多様性の保護と向上を目指す農業の形態があり得る。One Planet Business for Biodiversityでは，１ヘクタール当たりの地中の炭素量，海の取水量，１平方キロメートル当たりの自然生息地の割合，肥料の使用量等の指標に照らしてより生物多様性に配慮した農業を目指すべきだと提唱している。農業先進国のオランダでは，reNatureが国連，WWF，Microsoft，Nestle，IKEA，Lush等100社以上の組織とパートナー関係を構築して活動している。また，生物多様性の状態を可視化・データ化する市場もある。各種テクノロジー企業が二酸化炭素を可視化するように生物多様性を可視化する動きもあれば，環境DNAやゲノム解析の分野も盛り上がりを見せる。これら２つの機会を見て，例えばMIT発のIndigoは農業ユニコーンに成長している。その背景には，特定のストレスを生き抜いた植物のサンプルを収集し，2023年時点で700以上の植物種から36,000以上のサンプルを収集，微生物の最大のデータ群を完成させていることが見逃せない。

「都市部における生物多様性」という戦場もあり得る。都市部は自然が少ないのではないかという見方もあり得るが，不動産企業は「緑地保全」を行うことで自社の不動産価値を高めることを志向している。例えばUR都市機構は地域の生物多様性の回復を図り，人と生き物が共存できる都市環境の形成を目的とし，ビオトープ（生物空間）を整備した。

なお，海の生物多様性を保全するための“戦場”もあり得る。詳細はブルーエコノミーのコラムに譲るが，「ブルーエコノミー市場」は注目に値する。例えば，国内のスタートアップであるリージョナルフィッシュ社はゲノム編集技術を梃子にしたスマート陸上養殖の分野で事業を展開しているが，「海をしっかり休ませることが，『海の多様性』を守ることにもつながる」とも捉えている。

## 4　戦略ストーリーの要素　③どう勝つか？—差別化のために，ルール，デジタル，（社会課題の）掛け算の「３種の神器」を—

“戦場”が決まった後はそこでの戦い方が肝になる。当然，その戦場における勝ち筋を検討することになるが差別化戦略として，３つ挙げたい。

１つ目がルールだ。一般的には「ルール形成戦略」，「ルールメイキング」等と呼ばれることもある。モニター デロイトは，政策・規制に閉じないソフトも含めた幅広いルールを対象に，その察知・提唱・形成・調整の「ルールバリューチェーン」のいずれか／複数を梃子にすることで自社に有利に働かせることをルール戦略と定義している。代表的な効果として，市場創造・シェア拡

**図表４－11　ルール戦略の全体像**

**ルール戦略の定義**

広い“ルール知”を味方につけることで，対競合で売上拡大／
コスト最小化に繋げる戦略のこと
特に，社会課題関連の事業，もしくはイノベーションが起きる“未知”の市場では，
既存のルールに問題があることが多く競争環境が大きく変化し得る

**“ルール”とプロセスの全体像**

戦略策定

| ハード↑↓ソフト | 察知 | 提唱 | 形成 | 調整 |
|---|---|---|---|---|
| 政策／規制 | | | | |
| 裁判 | | | | |
| 認証 | | | | |
| 資本市場 | | | | |
| 業界ルール | | | | |
| 人の認知／考え方 | | | | |

**ルール戦略による代表的な効果**

|  |  |
|---|---|
| 市場創造 | 今まで認められなかった製品・サービス・技術を流通させる |
| シェア拡大 | 社会善もあり，自社に有利な“モノサシ”の下，競合の締め出しや自社商材の優先採択等 |
| コスト競争力強化 | 補助金や調達基準の優先採択等 |
| 既存産業維持／参入障壁強化 | 既存の産業のディスラプション対策や代替品の参入等を困難に |

（出典）モニター デロイト

大・コスト競争力強化や，参入障壁づくり等に寄与し得る。特に社会課題領域においては，外部不経済の内在化を促進することや，社会課題解決という「大義」のもと「善いことを行っている企業が報われる世界観」づくりができることから相性が良い。

自然資本に値段がついていないこともあり，企業活動は一般的に生物多様性を棄損する形で進んできた。このルールに挑戦することは十二分にあり得る。古くは，2004年に国際NGOのWWF等と組み，ユニリーバが「持続可能なパーム油」のルールをつくりながら原材料の囲い込み・プレミア化を進めていたが，この際も土壌への影響等生物多様性への影響を勘案していた。また，消費財メーカー，アパレルメーカー等により先行していた「環境会計」等もある種ルールづくりとも捉えられる。また，デロイト オランダ等もかかわっている，インパクト会計やインパクト評価等も味方にできれば強いルールとなり得る。業界固有のルールも多くあり，例えばデベロッパー関連の認証制度でも，ABINC認証，JHEP，SEGES等多く存在し，国内の様々な不動産・建設業が取得している。

2つ目がデジタルだ。特に近年はAIの民主化も進みその発展が目まぐるしい。特に，市場が立ち上がるタイミングである今は，生物多様性への影響を可視化することことに価値が出やすい。スマート農業関連のプレイヤーによるセンサー，衛星等その方法論は多々あり得る。事実，欧米や中国のテック・ジャイアンツは，土壌のデータ，船舶に関するデータ等対象は多様だが，様々な形でデータ獲得戦争を開始しているとも読み取れる。今後，生物多様性はその複雑性から「将来予測」ができるかがTNFDにおいても議論となっており，より重要性が高まるだろう。

例えば，日本国内では国立環境研究所が日本全国の里山を指数化・マッピングしている。里山の保全・再生に関わる政策の立案・モニタリング・評価を目的とし，里山の特性を土地利用面から抽出して地図化しているのだ。日本全国標準土地利用メッシュデータを用いて，土地利用のモザイク性の観点から農業ランドスケープにおける生物多様性を評価する「さとやま指数」を算出していることは注目に値する。

3つ目が社会課題の掛け算だ。複数の社会課題を解くことは，社会課題同士の影響もあり得ることから，あらゆるステークホルダーからの要請である。そればかりか，事業のレンズで見るとそれだけ多くの課題を解決することから，価値が高まり結果的に価格転嫁等がしやすいことや，１つ目の「ルール」の根底にある「持続可能性」にも寄与し得る。生物多様性の市場は脱炭素や循環型経済とも強く関連するだけではなく，後述するが人権との掛け算の余地もある（例えば，サプライチェーンにおけるレジリエンスを高めるうえでは，生物多様性の保全と，最低賃金ではなく生活賃金を給付するなどを通じた人への投資もセットで行う必要がある）。

## 5　戦略ストーリーの要素　④どのような能力を具備するか？―「異質の知」を取り込むために―

イノベーション全般でもいえることだが，特に生物多様性においては「異質の知」との協業が肝になる。どう勝つか？　でも述べたが，例えばルール戦略が三種の神器の１つとなるが，その際独りよがりのルールでは競争優位に繋がらない。NGOや大学等，信頼性のある主体を巻き込むことが必要になる。また，今の社会の常識にとらわれず，新たな事業を展開しようとしているベンチャーも連携対象になる。

まず，社として「異質の知」の動向を把握するセンシング機能が必要となる。例えば，ルール動向を例にとっても，NGO，市民，政府，企業等様々な「ルールメイカー」が存在する。それぞれが協調することもあれば，競争することもある。ベンチャーについての詳細は詳述するが，個社単位の「点」ではなく，生物多様性の領域としての「面」でその動向をみることが有効だ。また，これらのセンシングはそれら１つひとつだけではなく，統合し，例えばルールによりベンチャーがより盛り上がっている，のような「からくり」を見極めることができると解像度高くセンシングできているという状態に繋がる。

次に，「異質の知」と連携するための戦略が必要だ。あくまで連携は手段であり，目的ではない。自社に不足しているピースを外からとってくる，という発想に近いかもしれない。どのようなプレイヤーと，どの深度で，どのように関わっていくかのポートフォリオとして捉えることがポイントだ。例えば，NGOも「北風と太陽」ではないが，比較的厳しい目線で企業に変革を迫るタイプと，協調慣れしており褒めて伸ばしてくれるタイプがある。どちらも必要であることから，ポートフォリオとして企業目線としてはバランスをとることになる。

最後に，「異質の知」と連携する人・仕組みがポイントになる。連携に向いている人／向いていない人はその行動特性などから見極める必要もあり，また０→１と１→10等，フェーズにおいても別のスキルが必要だ。更に，例えばNGOのようなソーシャルセクターであればそちらの「言語」を理解できるかも重要になる。加えて，その人の行動を適切に評価し，さらには育成するような人事制度・文化もセットでなくてはならない。特に生物多様性領域は，複雑性・専門性の壁があるため一朝一夕にはいかないことが悩みなのは否めないが，挑戦し続けることが重要だろう。

## 6　戦略ストーリーの要素　⑤どのようなマネジメントシステムを導入するか？―トップダウンで，「やり抜ける」か―

ボトムアップでできることが「雑巾を絞る」ような状態になっているというのは前述したとおりである。ここから突破するためには，CxOのコミットメントが不可欠になる。例えば，高い目標の候補が出て，最初は盛り上がってもいざ決めるというタイミングで弱腰にならないか？　生物多様性に関連するメガトレンドは知的好奇心も相まって楽しく議論をするが，結局資源を配分するとなると，躊躇しないか？　また，やると決まったとしても，短期的に成果がでなくとも，他者に批判されても，やり続けられるか――生々しいが，このあたりが肝になる。

トップダウンで動くことが，ボトムアップの「火」を消さないことでもある。せっかくここまで積み上げて，求心力をもって進めてきていた社員を口だけではない形で応援できるかが問われている。

また，「トップダウン」だと主語が大きいが，CxO同士が連携し一枚岩になれるかも重要だ。本取組みは，サステナビリティ部門だけの取組みではない。経営企画部門だけの取組みでもない。両社が一体として行う必要があり，さらには財務，人事，調達等複数の担当役員にまたがって進めることになる。場合によっては，イノベーション担当役員が「探索」もかねて成長の種をみつけ，育てることも必要になるがその際既存事業側が良い意味で「口を出さない」，「見守る」ことも必要となる。その場合，いわゆる「両利きの経営」，「イノベーションマネジメント」を社として強化するということでもある。

その結果，トップだけではなく，社員が「横串」で動けるか，サステナビリティや生物多様性に関して理解の濃淡はあれど一定の共通言語化が測れるかも肝要だ。これは，あらゆるサステナビリティの変革や，デジタルトランスフォーメーションと同様の構図だ。

なお，この際どのような「ストーリーテリング」を経営層が行えるかも重要となる。特に「なぜサステナビリティにわが社は取り組むか」という話ができても，「なぜ生物多様性に取り組むのか」というWhyから語り，目指す姿を語り，その実現までの道筋を一定示した有機的な「ストーリー」が，組織の中でコミュニケーションされ理解されていることが今までと異なる次元での取組みに昇華するうえでは最後のピースとなるのではないか。

## 5　ネイチャーポジティブ市場への挑戦

第1章で紹介したように，「2030年に生物多様性の損失を止めて反転させる」というネイチャーポジティブの概念に沿ったネイチャーポジティブビジネス市場が昨今，注目されている。世界経済フォーラムは，2030年までに3.95億人の雇用創出と年間10.1兆米ドル規模（約1,372兆円）までになると推計しており，TNFDフレームワークを通じてネイチャーポジティブの市場を獲得することは，ビジネスの拡大のみならず，TNFDを通じたエンゲージメントによりアクティブ運用の投資家の獲得に繋がる。

### 1　日本のネイチャーポジティブビジネス市場推計：自然を守りながら経済成長することが可能である

ネイチャーポジティブの概念は，地域と密接に関係しており，日本での市場規模をある程度推計することで，企業のネイチャーポジティブの取組み，生物多様性を保全しつつ，経済発展を目指す取組みが推進されると考えたことからデロイト トーマツでは，日本における2030年のネイチャーポジティブの市場規模を推計した。

2030年のネイチャーポジティブの市場規模は，約47兆円～最大で約104兆円との結果になった。日本のGDPが2020年現在約525兆円であることから，最大値の約104兆円は，その16.5％に相当する。年間のGDP成長率が2021年は約2.6％であることから，概ね5－6年分の経済成長の増加につながる。したがって，ネイチャーポジティブを推進することが，日本経済のさらなる発展の近道になりえる。また，上述した市場規模は，日本企業の海外でのネイチャーポジティ

図表４－12　日本の2030年ネイチャーポジティブビジネス機会額（領域別）

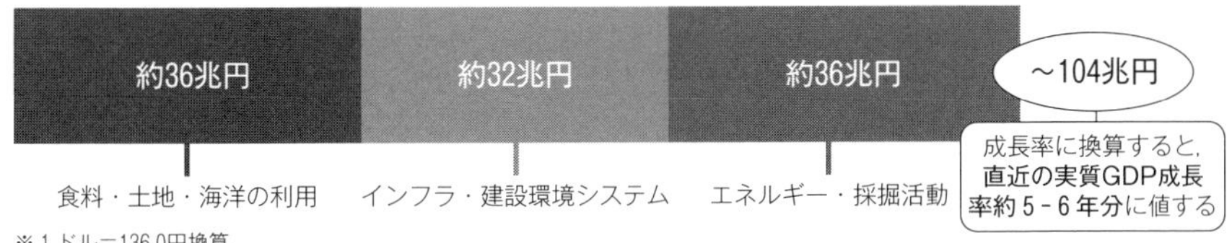


（出典）　世界経済フォーラム（2020）「New Nature Economy Report II : The Future Of Nature And Business」等

ブ経済への貢献も含まれる。このことは，日本企業が自然資本・生物多様性を加味したサプライチェーンを構築することで，日本の経済成長にも繋がることを示唆している。

## 2　ネイチャーポジティブ，カーボンニュートラル，サーキュラーエコノミーの同時推進のチャンス

個別のビジネスについて，細分化すると最大値約104兆円の場合，カーボンニュートラル（CN）に関係するネイチャーポジティブビジネスモデルは約23.0兆円（22.1％）以上，サーキュラーエコノミー（CE）に関するビジネスモデルは約40.6兆円（40.6％）以上であり，ネイチャーポジティブの取組みが，カーボンニュートラルとサーキュラーエコノミーの推進にも大きく寄与する。

図表４－13　日本の2030年ネイチャーポジティブビジネス機会額：カーボンニュートラル・サーキュラーエコノミーとの関連性

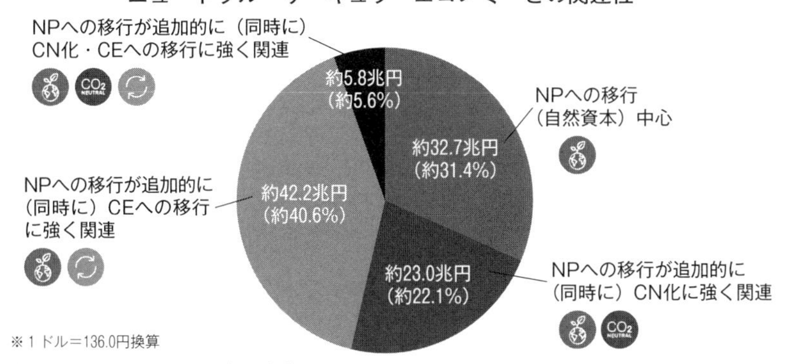


（出典）　世界経済フォーラム（2020）「New Nature Economy Report II : The Future Of Nature And Business」等

企業としても，一体的にビジネスを推進することが有効であろう。

## 3　次なるステップ

ネイチャーポジティブ関連市場の規模を踏まえることで，具体的にビジネスモデルの検討が可能となり，企業としての自然資本・生物多様性の保全，ネイチャーポジティブの推進につながると考える。デロイト トーマツでは今後も，企業のネイチャーポジティブ経済への移行を後押ししていきたい。

**図表４－14　推計対象のネイチャーポジティブビジネスモデル概要**

| 領域 | # | 機会項目 | 機会概要 | 脱炭素化に強く関連する機会 | 循環経済への移行に強く関連する機会 |
|---|---|---|---|---|---|
| 食料・土地・海洋の利用 | 1 | エコツーリズム | 環境に配慮した観光の需要が増加，エコツーリズム市場が拡大する。 | | |
| | 2 | 自然気候ソリューション（NCS） | ①森林再生②泥炭地再生③森林転換の回避④草原転換の回避⑤泥炭地への影響回避，という５つの経路により炭素隔離が進み，炭素コストが削減となる。そのような市場が形成される。 | ○<br>（適応策） | |
| | 3 | 劣化した土地の復元 | 土壌劣化を回避するとともに既に劣化している土壌の復元することで，作物収量の減少を回避，生産性の向上につながる。同時に，炭素コストの削減となる。 | ○<br>（適応策） | |
| | 4 | 有機食品・飲料 | 有機飲料・食品の消費者需要の拡大，供給量の増加により有機飲料・食品市場が拡大する。 | | |
| | 5 | 大規模農場における技術 | 大規模農場において，技術革新による作物収量の増加分だけ必要な土地面積が縮小することで土地コストが減少する。 | | |
| | 6 | バイオイノベーション | 研究開発費の増加，規制当局による製品認可，消費者受容性の向上などにより，ゲノム編集を利用した品種改良（多形質種子改良）など，作物の高度な育種および施肥技術市場が拡大する。 | | |
| | 7 | | 研究開発費の増加，規制当局による製品認可，消費者受容性の向上などにより遺伝子配列決定などの家畜の高度繁殖技術市場が拡大する。 | | |
| | 11 | 畜産収益力強化 | 技術コストの低下と小規模農家へのアクセス向上により，畜産・養殖における疾病対策としての動物用健康診断技術市場が拡大する。 | | |
| | 12 | 持続可能な農薬・肥料 | バイオ農薬については，規制・政策強化や有機食品に対する需要・消費者の意識の高まりにより市場が拡大する。バイオ肥料については，環境問題への関心の高まりにより精密農業や保護農業が採用されることにより市場が拡大する。有機肥料については，規制・政策強化により市場が拡大する。 | | |

| | | | | | |
|---|---|---|---|---|---|
| | 13 | | 肥料使用の削減と作物への施用方法の改善による窒素負荷を回避できるほか，作物収量の改善を実現し収益性が向上する。 | ○<br>（適応策） | |
| | 14 | | 主作物が生育していない時期に被覆作物を植えることによる追加的な炭素貯留により，炭素コスト削減となる。 | ○<br>（適応策） | |
| | 15 | アグロフォレストリー | 防風林，路地栽培，農家による自然再生の取組による炭素隔離により，炭素コスト削減となる。 | ○<br>（適応策） | |
| | 16 | 持続可能な養殖 | 養殖方法の改善（飼料・疫病・廃棄物管理等）とより価値の高い養殖物に対する消費者需要の増加により，養殖市場が拡大する。 | | |
| | 17 | 天然漁業管理 | 最大持続可能漁獲量を踏まえた漁獲と政策的な推進により天然漁業の損失を削減する。 | | |
| | 18 | 二枚貝生産 | 持続的な需要増加，沿岸湿地の復元により二枚貝市場が拡大する。 | | |
| | 19 | 持続可能な林業 | 持続可能な森林経営（SFM）の認証を受ける森林面積がBAUの54%（2017年時点）からネイチャーポジティブ経済では100%に達することで認証森林から得られる利益が増加する。 | ○<br>（適応策） | |
| 食料・土地・海洋の利用 | 20 | 非食料・木材林産物（NTFP） | 過剰摂取による毒性がなく副作用の少ない伝統的な医薬品に対する消費者需要の高まりや，研究投資・資金調達の活発化により漢方薬市場が拡大する。 | | |
| | 21 | 消費段階における食品廃棄物の削減 | SDGs目標達成に向けて消費段階，食品サービス，食品小売における食品廃棄物を減少させることにより，食品廃棄物処理コストを削減する。 | ○<br>（緩和策） | ○ |
| | 22 | 多様な野菜・果物 | 世界全体の果物・野菜に関する標準摂取量の水準向上により果物・野菜市場が拡大する。 | | |
| | 24 | 代替肉 | 研究開発規模を拡大して生産コストを低減し，タンパク質原料の利用率を高め，消費者向け製品の差別化に向けて様々な手段を講じることで，代替肉市場が拡大する。 | ○<br>（適応策） | |
| | 25 | 植物由来の代用乳製品 | 健康上の利点の認識と食生活の選択肢の拡大による持続的な需要増加と，生産規模の拡大による価格の低下により，代替乳製品の市場が拡大する。 | ○<br>（適応策） | |
| | 26 | ナッツ・種実類 | 世界全体のナッツ・種実類に関する標準摂取量の水準向上によりナッツ・種実類市場が拡大する。 | | |
| | 27 | 食品廃棄物の利活用 | GHG排出を抑制する厳しい環境法の制定を通してバイオガスの利用が積極的に促され，バイオガス市場が拡大する。 | ○<br>（適応策） | |
| | 28 | | 非可食部食品廃棄物のコンポスト化（埋め立て処分から回避）がBAUではSDGs目標値に整合して全体の50%に，NPでは100%に達することにより処理コストを削減する。 | ○<br>（緩和策） | ○ |
| | 29 | サプライチェーンにおける食品廃棄物の削減 | SDGs目標達成に向けて作物収穫後のサプライチェーンにおける食品廃棄物を減少させることにより，食品廃棄物処理コストを削減する。 | | ○ |

| | | | | | |
|---|---|---|---|---|---|
| 食料・土地・海洋の利用 | 30 | Farm-to-Forkモデル | e-コマース市場のCAGRと同等の水準で農家から消費者への農産物直売市場が拡大する。 | | |
| | 33 | 木材サプライチェーンの技術 | 2030年には収穫された全ての産業用丸太に対して，木材サプライチェーンにおける木材サンプルのDNAフィンガープリント技術が適用されることで当該技術の市場が拡大する。 | | |
| | 34 | | 2030年には収穫された全ての産業用丸太に対して，木材調達地域の樹木個体群のサンプルに適用されたDNAマッピング技術が適用されることで，当該技術の市場が拡大する。 | | |
| インフラ・建設環境システム | 36 | 住宅シェアリング | 観光客の増加，共有スペースや媒体の供給増加，新たな共有モデル等により，訪問者や観光客のための住宅シェアリング市場が拡大する。 | | ○ |
| | 37 | フレキシブルオフィス | オフィススペースや新しいシェアリングモデルへの適正支出によりフレキシブルオフィス市場が拡大する。 | | ○ |
| | 38 | エネルギー効率-建物 | 新規ビルの暖房効率，暖房改修，家電・照明の3つのレバーにおけるエネルギー消費効率が向上することでコストが削減される。 | ○（緩和策） | |
| | 39 | スマートメーター | OECDのGDPに占める米国の割合に基づき，民生用スマートメーター市場が拡大する。 | ○（緩和策） | |
| | 40 | グリーンルーフ | インフラ支出，グリーンビルディング設計の増加により，建物におけるグリーンルーフ市場が拡大する。 | ○（緩和策） | |
| | 41 | 廃棄物管理 | 自治体の支援政策，廃棄物分別技術の革新，消費者教育により，廃棄物管理市場が拡大する。 | | ○ |
| | 44 | 下水再利用 | 自治体の支援政策と水処理・浄化インフラへの投資により，下水再利用の市場が拡大する。 | | ○ |
| | 46 | 水供給のための天然なシステム | 水源地や集水域を復元して水供給に利用することで，人為的に整備されたインフラよりさらに水コストを削減する。 | | |
| | 47 | 気候変動起因の災害に対するレジリエンスの構築 | 沿岸湿地の回復に必要な投資を行うことで，沿岸地域の洪水による追加損失を減らし，保険業界が支払うコストを削減する。 | ○（適応策） | |
| | 48 | 持続可能なインフラ・ファイナンス | 環境・社会・経済的に持続可能な交通インフラに対する民間機関投資家からの投資額が増加する。 | | |
| | 49 | 第4次産業革命（4IR）が可能にする長距離輸送 | 運輸部門における再生可能電力と第2世代液体バイオ燃料・バイオガスの市場が拡大する（IRENAのREMapケースに沿って市場が拡大するとして算定）。 | ○（緩和策） | |
| | 50 | | 交通事故の増加，ドライバー不足，安全機能に関する政府の規制，配送・輸送コストの削減，効率的かつ機能豊富な最新トラックへのニーズの高まり等により，自動運転トラック市場が拡大する。 | | |
| | 51 | | 低コストでより速く，より効率的な配送を求める需要の高まり等により，ドローン市場が拡大する。 | | |

| | | | | | |
|---|---|---|---|---|---|
| エネルギー・採掘活動 | 52 | 循環型経済：自動車 | 自動車業界における循環型経済の導入（材料使用量の削減，自動車分野における材料のリサイクルと再利用の増加，および新しいオーナーシップモデル）により材料費を削減する。 | | ○ |
| | 53 | 循環型経済：家電製品 | 家電業界における循環型経済の導入（材料使用量の削減，機器材料のリサイクル・再利用の増加）により材料費を削減する。 | | ○ |
| | 54 | 循環経済-エレクトロニクス | エレクトロニクス業界における循環型経済の導入（材料使用量の削減，電子機器材料のリサイクル・再利用の増加）により材料費を削減する。 | | ○ |
| | 55 | 最終使用鋼材効率 | 建設・機械・自動車分野における鉄鋼使用の効率化（軽量化やスクラップリサイクルの増加）により材料費を削減する。 | | ○ |
| | 56 | 3D積層造形技術 | 3Dプリンティングの導入により材料費を削減する。 | | ○ |
| | 58 | 循環型経済-建設 | 床材，家具などの建物から発生する使用済み廃棄物のリサイクル・再利用により材料費を削減する。 | | ○ |
| | 59 | | 耐久性・モジュール性の高いコンポーネントの設計により，さらに部品の再利用・改修率を向上させることで建築物の材料費を削減する。 | | ○ |
| | 60 | 包装廃棄物の削減 | 材料使用料の削減，プラスチック包装材のリサイクル・再利用の増加によりプラスチック包装材の経済的価値損失を回避する。 | | ○ |
| | 67 | 再生可能エネルギーの拡大 | IRENAのRemapケースに沿って，発電分野における再生可能エネルギー市場が拡大する。 | ○（緩和策） | |
| | 68 | ダムの改築 | 生態系の損失を低減させるためのダムの改築実施割合が増加することによる費用の増加 | | |

（出典） 世界経済フォーラム（2020）「New Nature Economy Report II : The Future Of Nature And Business」等

## 6 シナリオプランニング

TNFDにおいてはシナリオ分析を求めている。一方で，気候変動でいうところの1.5℃シナリオや2℃シナリオと呼ばれている明確な指標に基づくシナリオは2023年11月時点では存在しないことから，シナリオプランニング（シナリオ自体を作ること）が求められる。

TNFD最終提言書に記載の内容および，シナリオプランニングの一般的な知見を踏まえてシナリオプランニングの方向性について概説する。なお，本書には2023年12月に公表されたシナリオ分析ガイダンスの記載内容は含まれない。

## 1　シナリオ分析・シナリオプランニングとは

シナリオ分析とは，不確実性が高い中での戦略・経営の意思決定手法である。不確実性が高い中では，どれか一意に将来シナリオを定めてそれに対して戦略を描くことは非常にリスクが高い。つまり，将来の変化に経営戦略が即応できない，将来の見立てについての水掛け論が続く，（単一の将来の見立てによる）事業のレジリエンスを疑われるなどの問題が生じる可能性がある。

特に，今回の生物多様性・自然資本に関しては，世界的な目標がまだ明確ではないこと，そもそもの目指すべき世界観や指標が明確ではないこと（生態系に複雑に絡み合っていることから一意に定められない），その合意形成には時間がかかると想定される。ネイチャーポジティブへの移行においては，多数のドライバー（変動要素）が存在する。そのドライバーの強弱によってネイチャーポジティブの絵姿・達成度も変化する。また，将来について，主観を排除した議論ができる，事業のレジリエンスを主張できるなどの経営の高度化に寄与できる。

シナリオ分析の考え方は，過去から多数の企業が採用しておきており，古くはShellが石油ショックを予測したことから有名になった方法論である。昨今では気候変動分野で多数活用されており，TCFDでも気候変動リスク・機会に対してのシナリオ分析を要求していることからも，日本企業にも浸透しつつあ

**図表４－15　シナリオ分析の意義**

相応の蓋然性をもって予見可能な未来の場合…

- 将来の変化に経営戦略が即応できない
- 将来の見立てについての水掛け論が続く
- 事業のレジリエンスを疑われる

不確実であり，それゆえ可能性もある未来の場合…

- 将来の変化に柔軟に対応する経営が可能
- 将来について，主観を排除した議論ができる
- 事業のレジリエンスを主張できる

る。その方法論を生物多様性に適応するということはどういうことであろうか。

## 2　生物多様性におけるシナリオ分析・シナリオプランニングの意義

生物多様性に関する課題感やTNFDに対する理解度は，経営層はもとより社会全般では非常に低い状況である。その中では，生物多様性の課題感の共有，つまり関係者に対してこのままいくと生態系が破壊され，“企業経営にもインパクトがある”ことを理解してもらい，世の中が，地域が，業界が，企業がネイチャーポジティブになるというのはどういう絵姿かを示すことが重要である。

シナリオ分析において，成り行きのシナリオ（Business as usual：BAU）と，世の中の目標が達成されたシナリオを描き，社内外で共有することで，そもそもの生物多様性の理解度の向上を図ることができる。また自社，自部門等の各関係者の現状の戦略の立ち位置と目指している方向性が視覚化され，合意形成が用意になるメリットがある。

図表4－16　シナリオ分析・シナリオプランニングのメリット

As-is

■全社や関連する事業部門間で，見ている将来の世界観について認識が統一されておらず，少しずつ見立てが異なっている
■異なる世界観に対して各事業が備えているため，対応に向けた投資バランスの不整合や，事業によって，SDGsに向けた業態変革の遅れが生じている可能性がある

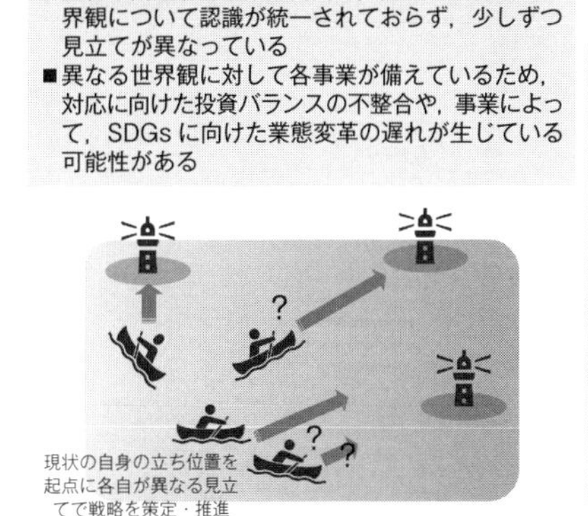


To-be

■前提として，複数のシナリオの世界観（リスク・機会）に対して，全社横串で共通認識を持つ
■共通のシナリオを基に，各事業がそれぞれの立ち位置（ポートフォリオ上の役割）で事業運営することで，全社としてのポテンヒットを回避し，かつ事業横断で機会を最大化するきっかけを作る（縦割りの打破へ）

## 3　シナリオプランニング

では，そのシナリオをどう作るのか。シナリオを作るプロセスをシナリオプランニングと呼ぶ。一般的なシナリオプランニングのアプローチは，以下の5ステップとなる。

### ステップ１：外部環境分析

外部環境から，重要な機会・脅威の因子（変動要素・ドライバー）を洗い出す。その後自社に事業との関係性因果を確認する。

### ステップ２：「重要因子」の特定

因子の意味合いを考察・評価していく。そこで検討対象となる因子を特定する。

### ステップ３：検討すべき「シナリオ」の定義

因子をくくり，その組み合わせを考察しシナリオを定義していく。また論理的に想定しうる重要なシナリオのインパクトを検討する。

### ステップ４：シナリオに基づく事業戦略への示唆の検討

各シナリオに対するスタンスを定め，戦略を検討する。また，今後の事業戦略，事業計画についての意味合いを検討していく。

### ステップ５：シナリオのモニタリング

各シナリオの起こりやすさを継続的にモニタリングしていき，想定するシナリオが変わる場合には，戦略の軌道修正を行う。

図表４－17　シナリオプランニングと分析のステップ

| ステップ１：外部環境分析 | ステップ２：「重要因子」の特定 | ステップ３：検討すべき「シナリオ」の定義 | ステップ４：シナリオに基づく事業戦略への示唆の検討 | ステップ５：シナリオのモニタリング |
| --- | --- | --- | --- | --- |
| ■外部環境から重要な機会・脅威因子を洗い出す<br>■自社の事業との関係性・因果を確認 | ■因子の意味合いを考察・評価<br>■検討対象となる因子を特定 | ■関連する因子を括る<br>■各因子の組合せを考察し，シナリオを定義<br>■論理的に想定しうる重要なシナリオのインパクトを検討 | ■各シナリオに対するスタンスに基づき，戦略を検討<br>■今後の事業戦略，事業計画についての意味合いを検討 | ■各シナリオの起こりやすさを継続的にモニタリング<br>■想定するシナリオが変わる場合には，戦略の軌道修正を行う |

シナリオプランニングにおいては，シナリオを司る重要な因子（ドライバー）を把握することが最初に必要となる。

シナリオプランニングの手法論として，探索的アプローチと規範的アプローチの２種類が存在する。探索的アプローチは，異なる“もっともらしい”未来につながる異なる経路を検討していく手法であり，ドライバーごとに選択肢を提示してシナリオを積み上げていく。一方で，気候変動の1.5℃シナリオ等は，規範的シナリオといわれ，バックキャストで目標とする未来に到達する方法を検討する手法となる。

図表４－18　シナリオプランニングの方法論

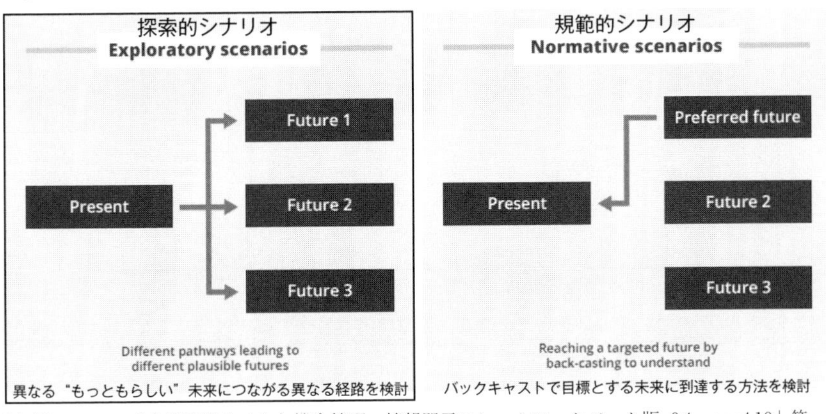


（出典）　TNFD「自然関連リスクと機会管理・情報開示フレームワークベータ版v0.4annex4.10」等

生物多様性においては，TNFD最終提言書にもあるが，規範的なシナリオがない，もしくは現在検討中であることから，探索的なシナリオが現在推奨されている。

探索的なシナリオとなると，企業ごとにシナリオを構築する（シナリオプランニング）が必要となる。一般的には上述したドライバーを定め重要度を図り，二軸でシナリオを４分割して進めていく。

TNFDのドライバーとしては，自然状態の変化や影響を受けた生態系の数などの“地域生態系資産の相互作用，依存関係，影響”や“規制当局，法的・政策的体制”（グローバル規制や，科学の政治的影響“が挙げられる。加えて技術の進展や，消費者の要求なども考えられる。

## 図表4－19　シナリオ分析・ワークショップの手順

シナリオ分析・ワークショップの手順

| Step 1<br>関連するドライビングフォースの特定 | Step 2<br>ビジネスや機能を不確実性の軸に沿って配置 | Step 3<br>シナリオのストーリーラインを説明 | Step 4<br>ハイレベルなビジネス上の意思決定を特定 |
|---|---|---|---|
| ●TNFDが提示しているものを参照して，関連するドライビングフォースを特定する<br>●PESTLEやSTEEP分析など，他の枠組みを利用してドライビングフォースを特定することも可能 | ●ワークショップ参加者が組織が現在どの軸に位置しているかをプロット | ●４象限のシナリオのストーリーラインを説明する<br>●４象限のシナリオごとにブレイクアウトグループを作り，集中的に議論 | ●構築した将来シナリオをもとに組織が直面する評価を行ったのち，合理的で定性的なインサイトを引き出し，戦略の策定を行う |

※PESTLE=Economic, Social, Technological, Legal and Environmental
※STEEP=Social, Technology, Economic, Environmental and Policy

（出典）　TNFD web site等

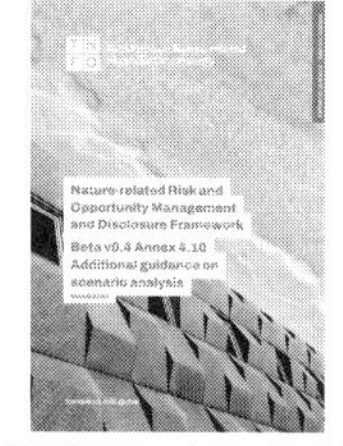


TNFDフレームワークv0.4
Annex4.10
（シナリオ分析関連）

## 図表4－20　生物多様性におけるシナリオのドライバー例

| カテゴリ | ドライビングフォース | 変動の連続性 |
|---|---|---|
| 地域生態系資産の相互作用，依存関係，影響 | 自然状態の変化 | 軽度↔重度 |
| | 影響を受けた生態系の数 | シングル↔マルチ |
| | 生態系サービス提供の変化 | 軽度↔重度 |
| | 変化の速さ（自然の状態や生態系サービスへの変化） | ゆっくりと徐々に↔迅速かつ閾値が高い |
| | 気候変動（自然変動の５つの要因の１つ） | 軽度↔重度 |
| 金融・保険業 | 資本コスト | 豊富で安い↔希少で高価 |
| | 資本の感応度 | 自然に鈍感，影響と依存関係↔自然に敏感，影響と依存関係 |
| ステークホルダーと消費者の要求 | 消費者心理 | 自然を無視する↔自然に配慮する |
| | 影響に対する消費者の関心 | 集中↔広範 |
| | 自然のフットプリントが評判に与える影響 | 重大↔限定的 |
| | 生態系サービスが消費者に与える影響 | 価格による間接的なもの↔利用可能性による間接的なもの |
| | 自然への影響の不公平感に対する感度 | 低い↔高い |
| 規制当局，法的・政策的体制 | グローバル規制 | 許容的↔制限的 |
| | 科学の政治的影響 | Galvanizing（影響大）↔paralysing（影響小） |
| | 行動レベル | 州，自治体，地域↔国，グローバル連携 |
| | 世界目標 | 欠如↔強固 |
| | 科学的根拠に基づく目標への方法論と期待 | 欠如↔強固 |
| | 利用可能なデータの粒度 | 高度に集約された↔非常にローカル |
| 関連技術・科学 | データ整備 | クローズド，比較・共有不可↔オープン，標準化・共有可能 |
| 気候との直接的な相互作用 | 資産価値・企業 | 最小限↔実質的 |
| | 気候レジームの有効性の認識 | 低い，失敗する↔高い，成功する |
| マクロ・ミクロ経済 | 国内成長 | 停滞↔堅調 |
| | 市場のグローバル化 | 破砕，分離↔均一，適合 |

（出典）　TNFD web site等

## 4　生物多様性のシナリオの一例

上述したように，現状は，シナリオは企業ごとに検討していくべきものであるが，一般的には政策の変化（移行の推進度合い，市場と非市場原理の整合性，気候変動の移行リスクと相関），生態系サービスの変化（物理的リスク，自然損失，気候変動の物理的リスクと相関）などが考えられる。

図表4－21　TNFD提案のシナリオ例

（出典）　TNFD web site等

なお，PRIが発行している気候変動に関するシナリオであるIPR（Inevitable Policy Response）では，1.8℃のForecast Policy Scenario（予想できる政策をベースとしたシナリオ）に対して，自然関連施策を追加しているシナリオであるFPS＋Natureを発行している。また，NGFSも生物多様性に関するシナリオを検討している。

# 7　ベンチャーとの共生

## 1　“両利きの経営” の時代だからこそ，生物多様性領域ではベンチャーと共に

両利きの経営の重要性がいわれて久しい。既存事業の改善を進める知の深化と，新規事業に向けた知の探索は，マネジメントの考え方・必要な行動様式・カルチャー等も大きく異なる。他方で，「知の探索」により次の事業の柱が生まれたり，既存事業が強化されたりするなど，その効用は大きい。特に生物多様性は今から中長期で伸び，今後イノベーションも進む領域と見られ，他の社会課題への正の貢献もあり得るため「探索」に適切だと捉えられる。

それに際して，外部の「異質の知」と繋がることは重要になる。当然産官学等オープンイノベーションの連携先は多様な候補があり得，その深度も多様である。また，本来手段であり得るはずのオープンイノベーションが目的化することは当然さけるべきで，自社で足りない部分をいかに補完するかという視点は前提である（第４章④で述べた５つの問いも是非参考にされたい）。

一方で，ベンチャーは「大企業のイノベーションのジレンマ」を超えることに挑戦し，経済価値と社会価値の両立を志向する主体であることは間違いない。無論，ベンチャー企業は限られたリソースの中で市場に挑んでいることから，不確実性も多いが，生物多様性の文脈でも，Indigo社等ユニコーンにまで成長している企業も存在する。また，大企業の様々なリソースを最大限活用することで，ベンチャーが育つことも往々にしてある。副次的には，このような「異質の知」との交流により人材育成やエンゲージメント向上にもつながる。したがって，大企業の視点からもベンチャーとの連携を検討していただきたい。

## 2　生物多様性領域でのベンチャーの組み方・選び方

タイトルが「組み方・選び方」とあるが，前提として，もちろんベンチャー側が大企業を選ぶことも往々にしてある。特に引手あまたになるようなベンチャーはリソースも限られていることや，海外のベンチャーは日本企業による「表敬訪問」のイメージもあるため，大企業側が提携を行いたくとも断られる

こともある。筆者も，生物多様性領域ではないが，環境領域において海外のユニコーン企業と日本の大企業の提携を支援したことがあるが，最初のメールと訪問で勝負が決まった感覚があった。最初のメールで，弊社出身者がそのユニコーン企業に在籍していたという幸運もあったが，その会社のカルチャー・目指す姿・戦略仮説などを端的にまとめ，具体例としての提携方法・時間軸等をお伝えし，本気度をお伝えした。そのメールを受けて，すぐに現地に飛び訪問した際も，非常に王道だがCEOらとの討議では「提携した後にどのような環境価値・経済価値を提供したいか」という北極星を起点とした「ストーリー」をピッチした。最後，「また引き続き意見交換を（Keep in touch）」ではなく，特定の書面を交わすことまで行った。この背景には，大企業側の本気度，スピード等があったことはいうまでもない。

そのうえで，組み方であるが，まずその深度の幅について強調したい。何かしらの業務委託，業務提携，資金提携，M&A等があるが，意外と見逃されがちなのが「業務委託」である。ある国内の優良ベンチャー企業の経営層は下記のように述べている。

「おそらく，大企業側からしてもいきなり何かしらの提携というのはハードルも高い。このベンチャーと今後付き合うのが良いのかも含めて悩んでいることも多く，費用対効果を証明することも難しいこともある。最近増えているのは，研究開発部門やイノベーション部門からの50万円のような少額での業務委託である。これは，ベンチャー側としても大企業とご一緒するメリットがあり，非常にありがたいのも実情である。」

最後に選び方だが，オープンイノベーション全般でいえることだが，当然外部情報だけでは見えづらい部分もある。特に技術関連については「目利き」も必要になり得たり，実は見えづらい「関係資本」・「人的資本」が強みとなっているケースもある。これらも含めて統合的に「選ぶ」ためにはどうすれば良いか。当然答えがすぐに出るわけではないが，筆者は「インパクト」や「エビデンス」をキーワードにすることを1つ推奨したい。生物多様性は科学的な目標を立てることが求められているのと，近年サステナビリティに紐づける企業が増えたことから，「SDGs Washing」のリスクも増えている。また，良い意味で差別化をするために技術・ビジネスモデルの改良も日々進んでいる中，それを見極めることが必要だと考えるからだ。

例えば，国内では「インパクトスタートアップ」，「インパクトユニコーン」

の概念が市民権をえ始めている。例えば2023年10月には経済産業省が，官民によるインパクトスタートアップ育成支援プログラム「J-Startup Impact」を設立し，ロールモデルとなることが期待される30社が選定された。例えば，その中には，「生物多様性の保全を社会の当然に」をビジョンに掲げるBIOME社が選出されている。同社は「世界中の生物分布ビッグデータを収集・整理し，保全を加速させるためのプラットフォームを構築すること」を目標に掲げ，TNFD対応支援等も推進している。同社は，2023年９月に複数の鉄道事業者とアプリ連携を発表した。東京・神奈川・埼玉等広いエリアを“面”で押さえられるBIOME社と，鉄道利用や沿線価値向上をもくろむ鉄道事業者の利害が一致したと推察される。他には，AIやIoT技術を活用した水の再生処理技術を持ち，既にソフトバンクなどと提携しているWOTA，テクノロジーに力を梃子にし，多くの産官学連携を進めながら陸上養殖を進めるリージョナルフィッシュ社も名を連ねている。他にも，一般社団法人インパクトスタートアップ協会は「「社会課題の解決」を成長のエンジンと捉え，持続可能な社会の実現を目指すインパクトスタートアップの成長と拡大のため，インパクトエコノミーの発信，学びあいの場の構築，投資環境の整備，政府・行政との協創などを目指す」とし，大企業の参画も増えているが，これは優良なベンチャー企業とのネットワーク構築を志向しているとも読み取れる。

## 3　大企業における準備・心構え

では，各企業の日々の活動においてどのような準備が必要だろうか。

まず，常にベンチャーやその背後にある市場・ルール環境を「センシング（察知）」し続けることが必要になる。この際，１つひとつのベンチャー企業がどれくらい成長したか，のような「点」で見るのではなく，例えば「水の生物多様性領域」，「淡水化技術」等特定の「面」の動向を把握することが一つの要諦になる。さらには，その背後にある市場・ルールと書いたが，欧米等も含めたルールメイキングの動向，更にはそれとしたたかにかかかわる先進企業も含めたルールメイカーの意図，その結果として新たに創造されそうな市場や参入障壁／競争優位性等を読み解くのだ。本センシングは，経営企画やイノベーション関連の部門に置くことを推奨する。

次に，企業から見た際に「ベンチャーのポートフォリオ」を検討することが必要だ。「探索」の中でも，例えば自社との近さ（既存・新規）であったり，ビジネスの成熟度（既に一定スケールしているか，まだ市場として立ち上がるかわかりえないか），提携したときのリスク（例：アセットライトになり得るか否か）等複数の観点で検討することが必要になる。また，全体最適の観点では，例えば「守り」と「攻め」両方に効いてくるか，「生物多様性」と「それ以外の社会課題解決に資するか」等複数の点を検討する必要もあるだろう。

そして最後に「マインドセット」も重要になる。大企業とベンチャーでは，カルチャーが大きく異なる。特にスピードについては前述したとおりである。それ以上には，実は「オープンマインド」も重要になり得る。ある種既存の産業・社会を前提とし得ない中で，机上ではなく「やってみる」ことで道が拓けることも往々にしてあることから，「まずはやってみる」という精神で進めることも重要になるだろう。また，それと関連するが「会社」単位ではなく，例えば，我が国のベンチャーエコシステムをどのようにアップデートし，その結果として生物多様性をより高められるかという視座も肝となる。

## 企業のTNFD対応に必要な生物多様性データ（株式会社シンク・ネイチャー）

**株式会社シンク・ネイチャー概要**

シンク・ネイチャー社は，最先端のデータ解析を通して，生物多様性・生態系サービスのサステナビリティに関するソリューションを提案する，ネイチャー・データサイエンティストの「研究者スタートアップ」企業。

持続可能な開発目標（SDGs）のウェディングケーキモデルで示されるように，人間社会の生活や経済活動は，生物圏がもたらす恩恵を基盤として成り立っている。人間活動によって生み出される経済的価値のうち，半数以上が直接的または間接的に自然資本から生じる生態系サービスに依存している。一方で，これまでの経済発展は，自然資本のもたらす恩恵を無尽蔵かのように仮定し，生態系サービスの源泉である生物多様性を毀損することで成り立ってきた。このため，世界的に生物多様性の消失・劣化が人類史上かつてない速度で進行している。2019年の国連報告書によると，陸地の75％と海洋の66％は人為的に改変され，絶滅の危機に瀕している植物や動物は100万種にのぼり，この絶滅リスクの高さは，過去1000万年の平均的な生物絶滅に比較して10－100倍に及ぶことが指摘されている。このような危機的状況に対応して，将来的に社会経済活動を維持・発展させていくためには，生物多様性の消失・劣化トレンドを食い止め，回復の軌道に乗せるネイチャーポジティブ・アクションが求められている。

生物多様性は地球上に不均等に分布しており，そこからもたらされる生態系サービスも場所によって異なる。そして，グローバル化が進んだ現代では，ある場所の生物多様性が生み出す生態系サービスが，遠く離れた国で価値を生むということが起こっている。生物多様性の消失・劣化トレンドの防止・ポジティブ転換を進めるためには，まずは，誰が，どこの生物多様性と，どのように接点を持っているかを明らかにしていく必要がある。

生物多様性とは生物界のありとあらゆる変異を表す概念であり，単一指標で捉えることは不可能である。生物学的なレベルで分類した場合には，分類学的な種間の変異を表す種多様性，種内の遺伝的変異を表す遺伝的多様性，種の生息する生息地（生態系）タイプの変異を表す生態系多様性の３段階に整理される。これらに加えて，生物多様性の本質を捉えるためには，空間的な階層構造を理解する必要がある。空間的な階層構造とは，地球上の生物多様性（ガンマ多様性）は，ある場所（地域，生息地など）の多様性（アルファ多様性）と，場所間の種組成の違い（ベータ多様性）があわさって成り立っているということである。このため，生物多様性へのネガティブ・ポジティブインパクトを評価するためには，個々の場所を調査するだけでは不十分で，周辺や地球全体との比較に基づく相対評価が重要である。

近年，生物多様性に関する膨大なデジタルデータ（＝生物多様性ビッグデータ）が利用可能になり，マクロスケールでの相対評価を比較的容易に行えるようになった。とはいえ，それらの観測記録（＝生データ）をそのまま生物多様性の分析・評価に用いることはできない。生データは，個々の研究者・実務者が，それぞれの目的で取得した，精度，形式の異なる異質なデータの集まりである。それらを同じ分析・評価枠組みで使えるようにするためには，データの規格化・統合処理が必要になる。これには，データの入力形式，構成を整えるだけでなく，空間測位や種同定の精度を検証し，信頼して利用できるデータを取捨選択する作業が不可欠である。このような作業には，小数点のズレ，誤字・脱字の修正のようにプログラムである程度機械的にできるものもあれば，種の誤同定の判断，本来分布するはずのない種の判定など，生物学的な専門知識を要するものもある。

異質なデータを統合する際には，情報ソースごとのデータ・バイアスも厄介な問題になる。例えば，市民調査で得られるデータは，分類群や観測場所に大きな偏りがあるため，それらをそのままほかのデータと統合してしまうと，誤った解析結果や解釈を導く恐れがある。やみくもにデータ量を増やせばよいというものではなく，全体を俯瞰したときに，どこで，どの分類群のデータが不足しているかを科学的アプローチによって定量化したうえで，非電子化データの探索・収集などによって戦略的にデータを強化する作業が重要である。

このように手間と労力をかけて統合したデータも，まだ生物多様性の分析・評価を行うには不十分である。というのも，統合したデータは，「ある場所，ある時点で，ある生物を見た」という情報の集まりであり，それ以外の場所で，その生物は“いない”のか，“見なかった”だけなのかが判断できない。これを判断するために，地球上のすべての場所で，全ての生物の在・不在を調査するというのは非現実的であり，ナンセンスである。ここでは，生物がいたという情報（在のみデータ）に基づいて，他の場所で生物がいるかいないかを予測する機械学習AIや統計モデルが活躍する。生物種の分布予測（種分布モデリングや生息適地モデリングと呼ばれる）では，最大エントロピー法が予測精度が高いといわれており，広く普及している。モデル化された種分布を用いるご利益として，種の在・不在を空間補完できることのほかに，気候や土地利用が変化した場合の将来予測や，反実仮想シナリオへの投影などが可能であることが挙げられる。

こうして作成したデータをインプットとして，生物種の空間分布を可視化したり，様々な生物多様性指標を計算することが可能になる。TNFDの事前調査によると，自然関連のメトリクス・指標は3,000種類以上存在するという。「どのメトリクス・指標を使うか」の選択は，評価者にとっての大きな悩みの種だろう。一方で，それと同様かそれ以上に重要なことは，「どのデータを使ってメトリクス・指標を計算するか」である。生物多様性メトリクス・指標の精度や解釈可能性は，インプットデータの質に依存するため，同じ指標でも，インプットデータの質が悪いと，まともな評価は期待できない。例えば，生物多様性ビッグデータが普及する以前は，広域な生物の分布を表現する際に，レンジマップが広く用いられていた。レンジマップ（例えばIUCNの絶滅危惧種のレンジマップが有名でiBATなどで提供されているデータ）は，種の観測記録に基づいて，分布の外郭をなぞって描かれた領域（ポリゴン）である。このようなデータは，種が潜在的にいそうな場所をなるべく広くカバーすることができるため，希少種や絶滅危惧種の保全に向いている。一方で，境界部分の定義が主観的に決められていること，ポリゴン内部での種の不在が考慮されないため，ある土地や海域における事業活動をきめ細かく評価することはできない。さらに致命的な問題は，経験的に描かれたレンジマップは，将来の環境変化や事業活動の改変に関する予測やシナリオ分析ができないため，本質的に，生物多様性への事業インパクト評価には向いていない。現時点で，生物多様性メトリクス・指標の選択に関する唯一の正解は存在しないし，完全無欠のデータセットというものも存在しない。生物多様性評価の実施者にとっては，一般に広く受け入れられているメトリクス・指標を，なるべく質の良いデータで計算することが，生物多様性と事業活動の関係をより正確に把握し，実効性のあるネイチャーポジティブ・アクションを検討するうえで役立つだろう。

# 第 5 章

# 他フレームワークとの関係

## 第5章のポイント

TNFDの対象範囲は多岐に渡るため，既存の分析フレームワークや分析方法との関係が問題となる。第5章では，気候変動との関係でTCFDやSBTNとTNFDの関係や，ERMや保証といった一般的なガバナンスとの関係，さらには，人権，サーキュラーエコノミーとの関係など様々な他フレームワークとの関係を検討する。

# 1　TCFDとTNFD

TNFD最終提言（V1.0）が2023年９月に公表されたが，TCFDフレームワーク（2017年６月に最終提言が公表され，その後改訂）と共通する部分が多い。そのため，企業は，既に対応済みのTCFD開示を踏襲することでTNFD開示を進めやすい部分があるものの，TNFDフレームワークでは地域性の観点などの自然特有の要求事項が追加されている。TCFDとTNFDで相違する点には留意されたい。

## 1　TCFDとは

TCFD（Task Force on Climate-related Financial Disclosureの略。気候関連財務情報開示タスクフォース）は，イングランド銀行総裁マーク・カーニー氏の提言を受けてFSBにより2015年12月に設立され，2017年６月には最終提言が公表された。この最終提言では全セクターに共通するガイダンスの他に，特定のセクター向けの補助ガイダンスが設定された。具体的には，補助ガイダンスは金融（銀行，保険会社，アセットオーナー，アセットマネージャー）と非金融（エネルギー，輸送，原料と建築，農業・食品・林業）のセクター向けであった。2021年10月には，TCFD提言の附属文書「Annex : Implementing the Recommendations of the Task Force on Climate-related Financial Disclosures（TCFD提言内容の実施について）」が改訂されるとともに，「指標と目標」に関する補助ガイダンス[1]が公表されている。

## 2　TCFDとTNFDの共通点と相違点

サステナビリティ関連の開示フレームワークの中で，TCFDはその基本構造がTNFDと同じ構造となっており，両者間で整合性がとれるように配慮されている。ただし，TCFDは気候変動のリスクと機会に焦点を当てたものであるのに対し，TNFDは気候変動を含む自然関連のリスクと機会というより広い範囲

1　この改訂により，組織のマテリアリティにかかわらずGHG排出のスコープ１と２については開示を行うこと，移行計画を策定し，開示を行うこと等が推奨されている。

が対象となっている。

TNFDとTCFD比較し，その共通点および相違点について触れる。

**図表５－１**は，TCFDにおける開示推奨項目，**図表５－２**はTNFDにおける開示推奨項目である。

**図表５－１　TCFDにおける開示推奨項目**

| 要求項目 | ガバナンス | 戦略 | リスク管理 | 指標と目標 |
|---|---|---|---|---|
| 概要 | 気候関連のリスクと機会に係る組織のガバナンスを開示する | 気候関連のリスクと機会がもたらす組織のビジネス・戦略・財務計画への実際のおよび潜在的な影響について開示する | 気候関連リスクについて，組織がどのように識別・評価・管理しているかを開示する | 気候関連のリスクと機会を評価・管理する際に使用する指標と目標を開示する |
| 推奨される開示内容 | a）気候関連のリスクと機会についての，取締役会による監督体制を説明する | a）組織が識別した短期・中期・長期の気候関連のリスクと機会を説明する | a）組織が気候関連リスクを識別・評価するプロセスを説明する | a）組織が自らの戦略とリスク管理プロセスに即して，気候関連のリスクと機会を評価する際に用いる指標を開示する |
| | b）気候関連のリスクと機会を評価・管理するうえでの経営者の役割を説明する | b）気候関連のリスクと機会が組織のビジネス・戦略・財務計画に及ぼす影響を説明する | b）組織が気候関連リスクを管理するプロセスを説明する | b）スコープ１，２および当てはまる場合はスコープ３の温室効果ガス（GHG）排出量と，その関連リスクについて開示する |
| | | c）２℃あるいはそれを下回る将来の異なる気候シナリオを考慮し，当該組織の戦略のレジリエンスを説明する | c）組織が気候関連リスクを識別・評価・管理するプロセスが組織の統合的リスク管理にどのように統合されているかについて説明する | c）組織が気候関連のリスクと機会を管理するために用いる目標および，目標に対する実績について説明する |

（出典）TCFD「Implementing the Recommendations of the Task Force on Climate related Financial Disclosures」（2021年10月）

まず共通点については，TCFD，TNFDのいずれも組織運営方法を中心に構成された４つの柱があり，その柱毎に推奨開示項目が明記されている。開示推奨項目についても，ほとんどの項目において，基本的な内容は変わらない。また，表に明記はしていないが，リスクについてはTCFD[2]・TNFDともに移行リスクと物理的リスクの２種類があることも共通している。

一方，TCFDとの相違点もある。第１に，TNFDにおいては「ダブルマテリアリティの視点」，第２に「地域性の考慮」が挙げられる。

前者については，TNFDにおいて，「自然が組織の当面の財務実績にどのよ

2　環境省「TCFDを活用した経営戦略立案のススメ～気候関連リスク・機会を織り込むシナリオ分析実践ガイド2022年度版～」（2023年３月）P.1-17より

うに影響を与えるか（“outside in”）だけでなく，組織が（肯定的／否定的に）どのように自然に影響するか（“inside out”）も開示することを推奨」している。

後者については，TNFDでは「不健全な生態系，重要な生態系，水ストレスのある地域との組織の相互作用について説明する」ことを推奨しており，バリューチェーン上のホットスポットや依存／影響する生態系など，地域性の把握が必要である。

このようなTCFDとの相違は，**図表５－２**の太字の箇所に表れている。

**図表５－２　TNFD（v1.0）の開示推奨項目**

| 要求項目 | ガバナンス | 戦略 | リスクと影響の管理 | 指標と目標 |
|---|---|---|---|---|
| 概要 | **自然関連の依存と影響，リスク・機会**に係る組織のガバナンスを開示する | **自然**関連のリスクと機会が，組織の事業・戦略・財務計画に与える重要な影響を開示する | 組織が**自然関連の依存と影響，リスク・機会をどのようなプロセス**で特定・評価・**優先順位づけとモニタリング**しているかを開示する | **自然関連の依存と影響，リスク・機会**を評価・管理する際に使用する指標と目標を開示する |
| 推奨される開示内容 | A．**自然関連の依存と影響，リスク・機会**についての取締役会による監視体制の説明をする | A．組織が特定した，短期・中期・長期の**自然関連の依存と影響，リスク・機会**を説明する | A．(i)**直接操業における自然関連の依存度・影響，リスク・機会**を特定・**優先順位づけ**するための組織のプロセスを説明する | A．組織が，自らの戦略とリスク管理プロセスに即し，**自然**関連のリスクと機会を評価・**管理**する際に用いる指標を開示する |
| | B．**自然関連の依存と影響，リスク・機会**を評価・管理するうえでの経営者の役割を説明する | B．**自然関連の依存と影響，リスク・機会**が組織の事業・戦略・バリューチェーン・財務計画に及ぼす影響**および検討されている移行計画や分析**を説明する | A．(ii)**バリューチェーンの上流・下流における自然関連の依存と影響，リスク・機会**を特定・**優先順位づけ**するための組織のプロセスを説明する | B．**組織が自然への依存と影響を評価・管理する際に用いる指標を開示する** |
| | C．**自然関連の依存と影響，リスク・機会に対する組織の評価と対応において，先住民，地域社会，影響を受けるその他の利害関係者に関する組織の人権方針と活動および取締役会と経営陣による監督について説明する** | C．様々な**自然**関連シナリオを考慮しながら，組織の戦略のレジリエンスについて説明する | B．**自然関連の依存・影響，リスク・機会**を管理するための組織のプロセスを説明する | C．組織が**自然関連の依存と影響，リスク・機会**を管理するために用いる目標および目標に対する実績について説明する |
| | | D．**組織の直接操業に関する資産，事業活動，また可能であれば優先地域に該当するバリューチェーンの上流・下流を開示する** | C．**自然関連の依存・影響，リスク・機会**を識別・評価・管理するプロセスが組織の総合的リスク管理においてどのように統合され，**そのプロセスにおいて考慮されている**か説明する | |

（出典）TNFD「Recommendations of the Taskforce on Nature-related Financial Disclosures」（2023年９月）

TNFDの開示推奨項目は，TCFDの開示推奨項目の11項目を含む14項目から構成されており，基本的にはTCFDに整合する項目・内容となっているが，TNFDには自然特有の開示推奨項目が3項目，すなわち，「ガバナンス」のC，「戦略」のD，「指標と目標」のB．が追加されている。自然関連の依存と影響の観点で各種の説明が求められるとともに，地域性などへの考慮と重要なロケーションに係る開示が求められている。また，直接操業や上流・下流のバリューチェーン別のアプローチに関する説明が要求されている。

## 3　TCFDとTNFDにおけるガバナンスの位置づけ

組織がTCFD，TNFDを推進するうえでガバナンスの構築は必要不可欠であり，ガバナンスが構築されなければ，気候変動や自然資本のリスクや機会の全社的な理解や対応は進まないことが想定される。全体的な共通点と相違点は前述のとおりであるが，ここでは両者におけるガバナンスの位置づけについて詳しく見ていきたい。

TCFD・TNFDの推奨開示項目でも，ガバナンスａ，ｂではTCFD・TNFDどちらにおいても取締役会による監督体制と，評価・管理するうえでの経営者の役割の説明が求められている（**図表５－３**）。投資家等の情報利用者は，このような情報も参照しながら，投資家等の情報利用者は，組織の取締役会や経営陣が適切な関心を持っているか，該当するガバナンス体制が適切なレベルのスキルや能力を有しているかを評価する。

実際にTCFDとTNFDのガバナンスを統一して開示している企業も一部存在

**図表５－３　TCFDとTNFD（v1.0）のガバナンスに関する開示推奨項目**

| 要求項目 | ガバナンス（TCFD） | ガバナンス（TNFD） |
|---|---|---|
| 概要 | 気候関連のリスクと機会に係る組織のガバナンスを開示する | 自然関連の依存と影響，リスク・機会に係る組織のガバナンスを開示する |
| 推奨される開示内容 | a）気候関連のリスクと機会についての，取締役会による監督体制を説明する | A．自然関連の依存と影響，リスク・機会についての取締役会による監視体制の説明をする |
| | b）気候関連のリスクと機会を評価・管理するうえでの経営者の役割を説明する | B．自然関連の依存と影響，リスク・機会を評価・管理するうえでの経営者の役割を説明する |
| | | C．自然関連の依存と影響，リスク・機会に対する組織の評価と対応において，先住民，地域社会，影響を受けるその他の利害関係者に関する組織の人権方針と活動および取締役会と経営陣による監督について説明する |

（出典）　TCFD「Implementing the Recommendations of the Task Force on Climate related Financial Disclosures」（2021年10月），TNFD「Recommendations of the Taskforce on Nature-related Financial Disclosures」（2023年９月）

## 図表5－4 キリングループの価値創造モデル

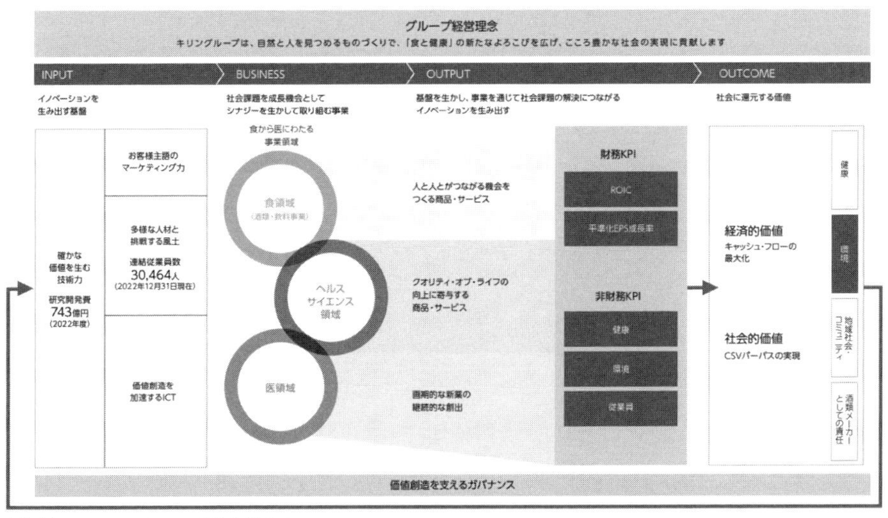


(出典) キリングループ統合報告書

## 図表5－5 キリングループにおける環境関連課題のガバナンス体制図
(キリングループのTNFD開示については，第6章にて詳細を掲載)

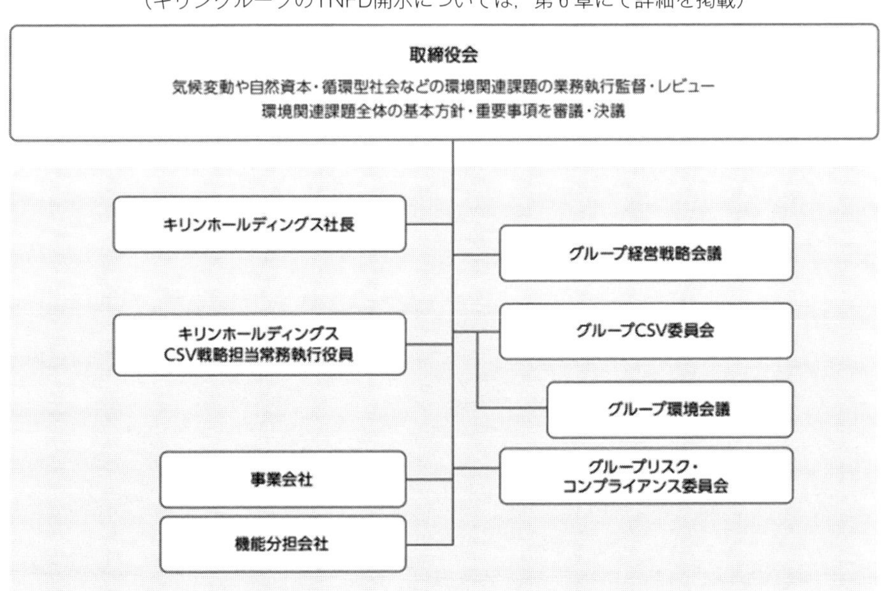


(出典) キリングループ統合報告書

し，例えばキリングループは，価値創造モデルにおいて「価値創造を支えるガバナンス」について言及したうえで，気候変動や自然資本・循環型社会などのグループ環境業務に関するガバナンスについて開示している（**図表5－5**）。このようにTCFDやTNFD等のサステナビリティ課題に関するガバナンスを，テーマそれぞれではなく統合的に，経営判断に近い形で構築することで，価値創造に向けた意思決定や取組みの推進が進みやすくなることが期待される。

## 4　TNFDの金融機関向けアプローチの特徴

TNFDでのベータ版開発から最終提言に至るまでの内容には，金融機関に特化した内容のものがある。金融機関は事業会社とは異なり，多数の投融資先を分析の対象としなければならない。開示に際してはTCFD，TNFDいずれにおいても投融資先の事業会社における関連データが整備され，開示されていることが前提となるが，気候変動関連データに比較して自然関連データは事業会社でもまだ整備・開示が進んでいない状況にあり，金融機関が自然関連の各種分析を行うことは困難であるといえる。一方，TNFDはネイチャーポジティブに向けての「触媒」としての金融機関の果たす役割を重要であるとし，TNFDフレームワークの対象であることを明確にしている。

TNFDについては，特定の地域における自然との接点や依存・影響を識別しなければならず，加えてバリューチェーンの上流・下流における自然関連の依存・影響およびリスクと機会を特定・評価・モニタリング等しなければならない。LEAPアプローチの中では金融機関特有の考え方やアプローチ方法について説明がなされている。例えば，TNFD Beta v0.4 Annex4.6（自然関連リスクを評価するための追加ガイダンス）では，**図表5－6**のとおり，リスク分析の3つのレベルが示されている。金融機関においては，まずは投融資先ポートフォリオの分析に際してセクターレベルの幅広いヒートマップ分析（A）を行い，次いで投融資先企業固有の情報を使用しエクスポージャー評価（B）を行い，最後に具体的なシナリオを想定し分析を行うといった流れで，分析を段階的に深堀していくことが期待されている。

なお，TNFDは，気候関連リスク分析に関して現在よく知られている他の主要な概念，方法論，定義，定量的な潜在的損失に関する開示を支援するためには，依然として更なる自然関連分野における発展が必要であることを認識している。今後数年間，これらの問題に関して様々なパートナー組織と協力してい

図表５－６　リスク分析における３つのレベル

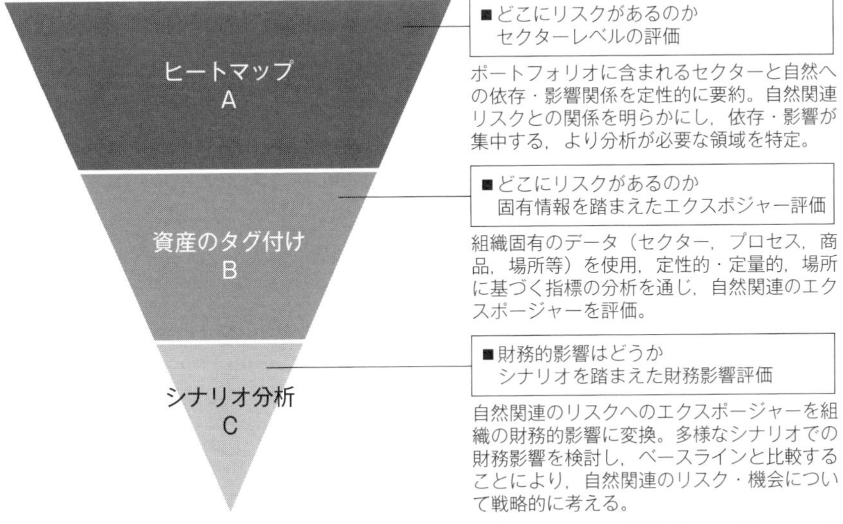


（出典）TNFD「Nature-related Risk and Opportunity Management and Disclosure Framework Beta v0.4 Annex 4.6 Guidance on LEAP : Methods for assessing nature-related risks」（2023年３月）

く予定であるとしている。

最後になるが，TNFD最終提言の2023年９月の時点で，他セクターに先駆けて「セクターガイダンス　金融機関向け追加ガイダンスv1.0」が公表されている。追加ガイダンスでは，金融機関（銀行，保険会社，アセットオーナー，アセットマネージャー等）が４つの柱に沿って開示するに際しての開示推奨内容や，その柱のひとつである「指標と目標」における海外金融機関の開示指標事例等が紹介されている。

# 2　SBTNとTNFD

## 1　SBTs for Natureとは

Science Based Targets for NatureはScience Based Targets Network（SBTN）により開発中の，自然分野における目標設定に関するフレームワークである。バリューチェーン上の土地・海洋・淡水・生物多様性の各テーマに関して，企業活動が地球範囲で与えうる影響を測定し，持続可能な目標を設定し具体的な行動に結びつけることを目的としている。

SBTNによる初期ガイダンスは2020年に公表され，同ガイダンスでは自然におけるSBTを設定するためのステップ（5ステップアプローチ）と自然に影響を与える要因を取り除くための行動枠組み（AR$^3$Tフレームワーク）が示された。その後，自然分野に先進的に取り組む企業が参画するエンゲージメントプログラムを通じてガイダンス策定のための議論が続けられ，2023年5月にSBTs for Nature V1.0が公開された（2024年7月にアップデートされた）。

SBTNでは自然を土地・海洋・淡水・生物多様性の4領域に分け，それぞれの領域ごとに科学に基づく目標設定の手法を開発することを目指している。現在公開されているフレームワークV1.0では，企業が自社の活動を評価・優先順位づけし，行動目標を設定，実行するための5つのステップのうち，最初の3ステップが示された（ステップ3：計測，設定，開示は土地と淡水の2領域の

**図表5－7　SBTs for Natureの5ステップアプローチ**

| | Step 1：Assess<br>分析・評価 | Step 2：Interpret & Prioritize<br>理解・優先順位づけ | Step 3：Measure, set & Disclose<br>計測・設定・開示 | Step 4：Act<br>行動 | Step 5：Track<br>追跡 |
|---|---|---|---|---|---|
| 実施事項 | ■既存のデータの収集・補完をし，バリューチェーンに広がる影響や自然への依存度を推定し，目標設定のための**潜在的な「課題領域」とバリューチェーンの所在をリスト化**する | ■ステップ1の結果を理解して，行動を起こすべき重要な課題や所在について**優先順位づけ**を行う<br>■直接操業からバリューチェーンを取り巻くランドスケープまで，様々な**「影響を及ぼす範囲」に渡る行動を検討**する | ■優先順位の高い目標や所在の**ベースラインを収集**する<br>■これまでのステップのデータを利用し，地球の限界と社会の持続可能な目標に沿った**目標を設定し，それを開示**する | ■目標を設定した後，SBTN行動枠組を利用して，**計画を立て**，持続可能でない自然の利用や喪失の重要な影響に対して**貢献し始める** | ■目標への進捗状況を**モニタリング**し，必要に応じて**アプローチを調整**する |

（出典）　SBTN web site等

み個別ガイダンスが公開されている)。今後，関連事項の補足ガイダンスなどを作成しながら，2025年をめどに残りのステップを含めてフレームワーク全体を開発するとしている。

以下で，SBTs for Nature V1.0で示されている目標設定の手法を概説する。

### (1) ステップ1

ステップ１（分析・評価）では，マテリアリティ分析とバリューチェーンのプレッシャー評価を実施する。このステップの目的は，バリューチェーンにおける様々な企業活動を整理し，企業が迅速かつ比較的に簡単なアセスメントによって，自然へのインパクトが最も大きい部分を特定することである。重要セクターを特定するマテリアリティスクリーニングツール，自然への付加の大きいコモディティ（ハイインパクトコモディティ）のリスト，自然へのインパクトを評価するツールの一覧表もリリースされており，これらを駆使して事業活動の初期評価およびバリューチェーンの重要課題の特定を行う。

V1.0ではバリューチェーンの上流・直接操業のみ対象になっており，下流の評価は求められておらず，今後のガイダンスにて下流の評価方法の提示が見込まれる。

図表５－８　マテリアリティスクリーニングツールの画面

| ISIC Group (Alphabetical) | Production process (associated with each 'group') | Pressures to assess | Land/Water/Sea use change | | |
|---|---|---|---|---|---|
| | | | Terrestrial use | | Freshwater use |
| | | | Indexed pressure score | Materiality rating (0 or1) | Indexed pressure score |
| Advertising | Infrastructure holdings | 3 | ND | ND | ND |
| Animal production | Large-scale livestock (beef and dairy) | 5 | 9.0 | 1 | ND |
| | Small-scale livestock (beef and dairy) | 5 | 9.0 | 1 | ND |

（出典）SBTN Materiality Screening Tool

### (2) ステップ2

次のステップ２（解釈・優先順位づけ）では，ステップ１の分析結果を解釈して，実際に目標設定をすべき課題や場所を絞り込む。事業活動ごとのプレッシャーのデータ，自然の状態（SoN）データ，それらの活動に紐づく直接操業拠点の地理情報を用いて，優先的に対応する事業や拠点を洗い出す。この結果により，相対的な評価によりインパクトや緊急度の高い操業拠点のランキングを作成することができる。

優先順位づけをするにあたっては，プレッシャーや自然の状態の定量的なデータだけでなく，事業活動に関係するステークホルダーの存在等の定性情報も一定考慮する必要がある。

図表5－9　優先順位づけのイメージ

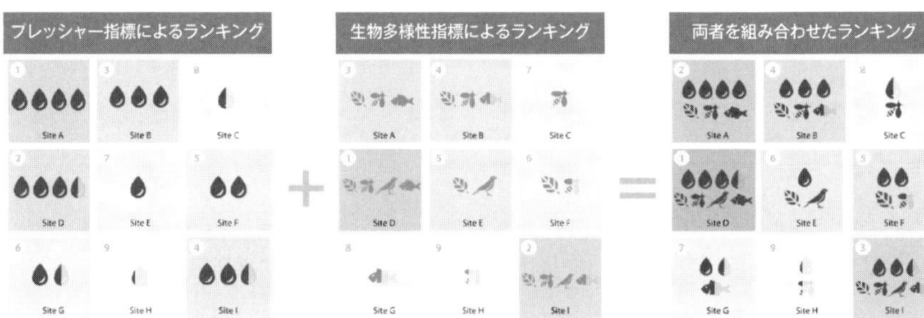

プレッシャー指標によるランキング　＋　生物多様性指標によるランキング　＝　両者を組み合わせたランキング

（出典）SBTN Technical Guidance

## （3）ステップ3

ステップ3は個別テーマごとに具体的な目標設定手法を提示している。2024年8月現在で公表されている淡水と土地に関する手法の概要を，次に記す。

### ■淡水

淡水の「水量（取水量）」と「水質（排水におけるリン・窒素の浸水量）」の2つの観点でのSBT目標設定方法について，以下の手順で解説している。

①　関連ステークホルダーとの協議による適切な流域モデルの選択

SBTN流域閾値ツール（開発中）を活用して，事業活動流域ごとに，適切な流域モデルを選択する

②　ベースラインの測定

事業活動流域ごとに，淡水の量／質に関する現状値を測定し，ベースラインとする

③　最大許容プレッシャーの特定

事業活動流域ごとに，「自然の望ましい状態」と「②のベースライン」の間のギャップから，許容される最大のプレッシャーレベルを特定する

④　目標値の設定・開示

淡水の量／質に関する目標を設定し，検証と開示のためにSBTNに提出する

■土地

３種類の土地SBTの設定方法を解説している。

①　自然生態系の転換の停止

目標日と要件の理解，Natural Land Mapツールを活用したベースラインデータの準備，中核自然地による優先順位づけ，目標の設定と検証

②　土地のフットプリントの削減

ベースライン内のフットプリントの計算，フットプリント削減方法の選択，削減目標の設定と検証

③　ランドスケープエンゲージメント

ランドスケープの選択，ベースラインの計算，改善のコミット，行動計画の策定，目標の設定と検証

### （4）　ステップ４，５

2024年８月現在，ステップ４（行動）とステップ５（追跡）のガイダンスはまだリリースされていない。2023年５月のSBTN V1.0の情報によれば，ステップ４ではAR$^3$Tフレームワークに則ったテーマ毎の具体的な対応策が，ステップ５では目標の進捗状況をモニタリングし情報を開示する手段が示される予定である。

## 2　SBTNとTNFDの関係

TNFDは，企業がTNFD勧告を適用して目標を設定するとき，科学に基づく目標を設定するためSBTNフレームワークの手法を活用することを推奨している。TNFDはまた，企業がSBTNガイダンスを使用して，自社が設定した目標の達成に向けて行動を起こし，その進捗とパフォーマンスを測定することを推奨している。

SBTNフレームワークとTNFDのLEAPアプローチは，それぞれの出力結果が一定程度お互いを補完しあう。TNFDとSBTNは，SBTNの手法開発と両フレームワークのパイロットテストに基づいて，目標設定に関するこのガイダンスを引き続きアップデートしていくとしている。

**図表5－10　TNFD LEAPアプローチとSBTN 5ステップアプローチの関係**

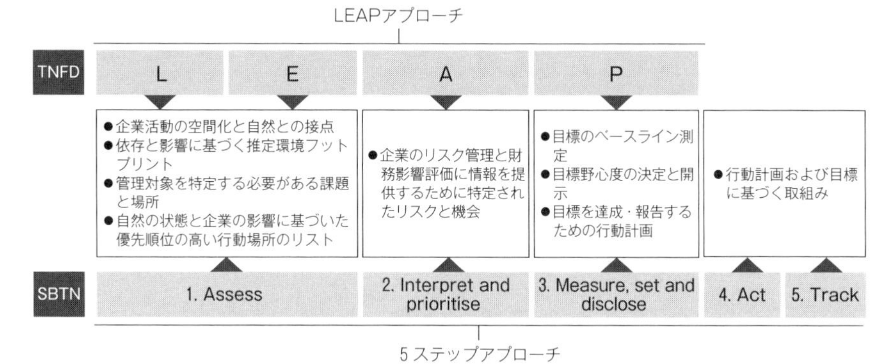


（出典） TNFD「Guidance for corporates science-based targets for nature」(2023年9月)

## 3　その他フレームワークとTNFD

### 1　サーキュラーエコノミーとTNFD

#### (1)　サーキュラーエコノミーとは

サーキュラーエコノミー（Circular Economy）とは，日本語で「循環型経済」と呼ばれる経済システムを意味する。サーキュラーエコノミーは3R（発生抑制（リデュース），再利用（リユース），再資源化（リサイクル）を進める動き）の概念に，最初から再生・再利用しやすいモノを作る「エコデザイン」や，シェアしたり譲ったりしてモノを無駄なく使いきる「ファンクショナル・エコノミー」といった新しい概念を加えたものである。経済活動においてモノやサービスを生み出す段階から，リサイクル・再利用を前提に設計するとともに，できる限り新たな資源の投入量や消費量を抑えることで既存のモノをムダにせず，その価値を最大限に生かす循環型のしくみを表す。

デロイト トーマツでは，７つのサーキュラーエコノミービジネスモデルを定義している。サーキュラーエコノミーの実現にあたり，従来の3Rなどには限らない，７つのビジネスモデルが，企業の競争力を高め，新たな収益源を得

**図表５－11　デロイト トーマツのサーキュラーエコノミーへのアプローチ**

Deloitte 7 types of CE Business Models

7. Recycling
廃棄物を新たな付加価値に変換し
資源として活用する事で
競争力を高めるビジネスモデル

1. Eco-design
既存事業の提供価値は変えずに
資源の利用を最小化する事で
新たな視点で競争力を高める
ビジネスモデル

6. Remanufacturing
廃棄物の一部を新たな製品製造の
資源として活用する事で
競争力を高めるビジネスモデル

2. Industrial symbiosis
ある事業から出た廃棄物を別の事業
の資源として連携・活用する事で
価値を生み出すビジネスモデル

5. Repair
故障した製品の付加価値を
復元しながら長期利用を促すことで
たな対価を得るビジネスモデル

3. Functional Economy
共有や譲渡を通じて既存の製品を
無駄なく使いきる事を促進すること
で新たな対価を得るビジネスモデル

4. Refurbishment
経年劣化した製品の付加価値を回復・
改変しながら長期利用を促すことで
新たな対価を得るビジネスモデル

| | モデル | 具体策・事例 |
|---|---|---|
|  | 1. Eco-design（環境と経済性を両立した設計）<br>既存事業の提供価値は変えずに資源の利用を最小化する事で新たな視点で競争力を高めるビジネスモデル | ➢リユース，リサイクルしやすい商品設計，材料選定等が具体策としてある<br>➢【事例】再生プラスチック100%の素材を活用した製品や，分別回収しやすいラベルレスのペットモデル，単一素材での設計等が該当。リファービッシュ（修復して使い続ける）しやすいように，モジュール化することも該当 |
|  | 2. Industrial symbiosis（産業共生）<br>ある事業から出た廃棄物を別の事業の資源として連携・活用する事で価値を生み出すビジネスモデル | ➢いわゆるカスケード利用<br>➢【事例】パン工場から出るパンの端材を原料に，クラウドビールを作るアップサイクル（シンガポール発のフードテック企業，クラストジャパン） |
|  | 3. Functional Economy（製品を使いきる経済モデル）<br>共有や譲渡を通じて既存の製品を無駄なく使いきる事を促進することで新たな対価を得るビジネスモデル | ➢遊休資産の活用も含まれる<br>➢【事例】ネットオークション（メルカリ，ヤフオク！，イーベイ等），未利用商品マッチング，ウーバー，エアービーアンドビー |
|  | 4. Refurbishment（価値の回復）<br>経年劣化した製品，初期不良があった製品の価値を回復して，再び流通ルートに乗せる，アップデートで対価を得ながら，長期利用を促すビジネスモデル | ➢【事例】IT機器のリファービッシュ品販売，ソフトウェアのアップデート配信（バグ修正） |
|  | 5. Repair（修理）<br>故障した製品の付加価値を復元しながら長期利用を促すことで新たな対価を得るビジネスモデル | ➢【事例】製品洗浄（価値の復元）のサブスクリプションサービスを展開するとともに，消費者に対し，プラスチックを再利用する持続可能な掃除方法を提供（ブラジルのホームケアブランドYUY） |
|  | 6. Remanufacturing（廃棄品からの再製造）<br>廃棄物の一部を新たな製品製造の資源として活用する事で競争力を高めるビジネスモデル | ➢製品を構成する部品から再利用できるものを集めたり，再生処理を施したりして製品の価値を回復，再出荷する<br>➢【事例】自動車，重機，OA機器等の再生・販売 |
|  | 7. Recycling（廃棄物の資源利用）<br>廃棄物を新たな付加価値に変換し資源として活用する事で競争力を高めるビジネスモデル | ➢【事例】触媒の作用を介してPETを再生可能資源に変える触媒ケミカルプロセスを開発（IBM） |

るために重要となる。

世界では10年以上前からサーキュラーエコノミーの動きが顕在化し，2010年にサーキュラーエコノミーへの移行を加速させることを目的としたエレン・マッカーサー財団が設立されている。昨今，気候変動，生物多様性の損失，大気や土壌，水質等の汚染，廃棄物の増加，資源不足などが地球規模で喫緊の課題となるなか，各課題のサーキュラーエコノミーとの関連性やサーキュラーエコノミーの重要性が認識されるようになり，これまでの大量生産・大量消費・大量廃棄の社会経済システムからの脱却が図られ，サーキュラーエコノミーへの注目がさらに高まっている。

世界で循環型経済への移行が進んでいることを受けて，日本でも2018年に「第四次循環型社会形成推進基本計画」が策定された。本計画は，地域循環共生圏形成による地域活性化やライフサイクル全体での徹底的な資源循環，適正処理の更なる推進と環境再生を目指し，国が2025年までに講ずるべき施策を示している。2023年３月には，国内の資源循環システムの自律化・強靭化を図ることを通じて力強い成長につなげることを目的として「成長志向型の資源自律経済戦略」が策定され，官民一体でサーキュラーエコノミーの促進に取り組んでいる。

### （２） サーキュラーエコノミーとTNFDの関連性

現在のビジネスは自然に大きく依存し，影響を及ぼしているなか，資源投入量・消費量を抑えつつ，ストックを有効活用しながら付加価値を生み出すサーキュラーエコノミーの仕組みを企業がビジネスに取り入れることで，自然への依存と影響を抑制し，ひいては，自社の自然関連リスクを低減することに繋げられることとなる。例えば鉱物や金属の製造工程では，大量の二酸化炭素（$CO_2$）を排出し，鉱山開発による用地の自然環境の破壊や生態系の変化，排水等による水質や土壌の汚染等，自然へのダメージも大きい。その中で，鉱物や金属の再利用・効率的な利用は，製造工程の$CO_2$排出量の削減だけでなく，ネイチャーポジティブ実現に貢献する。

一方で，サーキュラーエコノミーの促進による自然への悪影響（トレードオフ）も問題視されている。例えば，リサイクル工程における水の消費量の増加や汚染排水の発生が挙げられる。省資源や資源再利用だけでなく，各工程の水消費量や土壌や水質汚染についても同時にモニタリングすることが，自然への悪影響（トレードオフ）を最小限に抑えたサーキュラーエコノミーモデルの実現につながる。

このように，サーキュラーエコノミーと自然影響の関連性は高く，両者を同時にモニタリングする必要がある中で，TNFDにはサーキュラーエコノミーに関連する項目も存在する。例えば，水利用関連では「排水量，廃水質，汚染物質量」「水ストレス地域よりからの取水・消費量」「節水・再利用率」，廃棄物関連では「有害廃棄物量，管理手法」資源利用関連では「プラスチック生産・消費率」が該当する。

また，前述のとおり鉱物や金属等の再利用により，自然環境破壊や生態系の変化，水質や土壌の汚染等を低減できるため，「生態系変化（依存・影響）」の改善につながる。そのうえ，国内外で進むサーキュラーエコノミー関連の施策が，企業のTNFDへの対応を容易にさせる相乗効果も期待できる。

サーキュラーエコノミーの実現に向けて製品ライフサイクルのトレーサビリティの確保が求められるなか，欧州委員会が2022年に発表した「持続可能な製品のためのエコデザイン要求に関する枠組みの規則（エコデザイン規則案）」では，耐久性，再利用可能性，改良・修理可能性，エネルギー効率性などの情報開示に向け，製品情報を電子的手段で集約した「デジタル製品パスポート（DPP）」を製品自体，パッケージまたは製品に付属する書類に添付することを義務づけている。消費者だけでなく，輸入者・販売者，修理・リサイクル業者，公的機関などが必要とする各種情報の書き込みが求められる。

必要な情報は製品の種類ごとに別途規則により定められるが，製造元・原材料・部品に関する情報・耐久性・修理可能性・リサイクル性・再生材・廃棄関連・化学物質に関する情報などが挙げられている他，カーボンフットプリントや環境フットプリントを含む環境への影響（大気放出や排水，土壌への排出など）の項目が想定されている。

こうした動きを受け，欧州を中心にDPPに対応するデータプラットフォームが展開され，日本でも欧州のプラットフォームなどと連携しDPPの社会実装に備える動きが見られる。

製品のライフサイクル全体の環境影響情報をサプライチェーン全体で統合し，共有するための仕組みであるDPPの普及は，企業や製品自体のサステナビリティ情報の開示を支えるものとなりうる。サーキュラーエコノミー以外でも，サプライチェーン全体の自然影響や$CO_2$排出量の測定や報告，基準の向上，奴隷制・児童労働に対する社会的ガバナンス基準の遵守の促進につながるといわれている。製品はどこで採掘された原料を使い，どこで加工され，どこで最終製品にされたのか，その間，製品はどの経路でどのような手段で運ばれ，環境負荷物質の使用量や$CO_2$の排出量，再生材の含有量や修理可能性や耐久性などの情報がDPPの普及を通じて記録され，提供される。

また記録だけでなく，各ステークホルダーが，サプライチェーン上の自然影響や$CO_2$排出量，人権や労働などの社会的ガバナンスも考慮し，材料調達を行うことが可能となる。

国境を越えた取引や再生材の利用促進などによってサプライチェーンは複雑化している。そのなかで，特に自然への影響や依存の把握は，地球の極めて複雑に絡み合っている生態系を読み解きながら対応していくことが求められ難度が高い。サーキュラーエコノミー，カーボンニュートラル，ネイチャーポジティブや社会的ガバナンスなどのサステナビリティ課題は密接に関連するなか，DPPなどの取組みを通じて，サプライチェーン全体で各テーマへの影響を統合的に見るシステムが整備され，TNFDへの対応にも貢献していくことが期待される。

## 2　ERMとTNFD

TNFDでは，これまでのリスク管理枠組みの活用が提言されており，LEAPのガイドライン（Guidance on the identification and assessment of nature-related issues : The LEAP approach）では，特にERM（Enterprise Risk Management）の枠組み活用について言及されている。ここでは，ERMの概念から振り返り，具体的にどのような活用が期待されるか考察してみる。

### （1） ERMとは

ERM（Enterprise Risk Management）とは，米国トレッドウェイ委員会支援組織委員会（The Committee of Sponsoring Organizations : COSO）が2004年に公表したもので，自社に影響を及ぼす可能性のある潜在的事象を識別するための仕組みをデザインし，リスクを許容範囲に収めるための管理を行うものだ。事業目的の完遂をサポートしていくための方法論であり，グローバルスタンダードとして，様々な国で受入れられてきた。リスク管理で意識すべき目的，構成要素を，内部統制フレームワークに付加することにより，全社的なリスクマネジメントのフレームワークを整備するもので，2017年に改訂され，戦略と事業目標との結びつきを強く意識するものとなった。世界金融危機（2007年，いわゆるリーマンショック）の反省に基づき，金融機関がBIS規制等の国際的な金融規制枠組みのみでは危機回避に繋がらなかったことから，自ら取れるリスクを決めるための枠組みとして，RAF（Risk Appetite Framework）の概念が登場したが，これとも平仄を合わせる形となっている。さらに，2018年にESGリスクを取り込み，「COSO-ERM for ESG risk」という形になり，これが足許においてCOSO-ESGフレームワークの最終形となっている（**図表5－12**）。

COSO-ERMフレームワークは，具体的には，5つのカテゴリと20の原則から成っている。全て全社的リスク管理において基本的な要素であるが，TNFDとの関係では特に3つ目の「パフォーマンス」手法と関係が深い。

「パフォーマンス」の構成要素をさらに分解したものが**図表5－13**だ。基本的には①リスクの識別，②リスクの評価，優先順位づけ，③リスク対応の実施となる。生物多様性は，大気の他，土壌，淡水，海水と領域が複数に渡るうえ，地域性への配慮やバリューチェーンへの配慮等多様なリスクへの配慮が必要となるため，こうしたCOSO-ERMフレームワークに基づくリスク認識・評価・対応等の共通の物差しは，多様なリスクに横ぐしを刺して見るうえで必須なも

**図表5－12　COSO-ERMフレームワークの概要**

（出典）　COSO「Enterprise Risk Management-applying ERM to ESG related risks」（2018年10月）

図表5－13　COSO-ERMフレームワークにおけるパフォーマンス

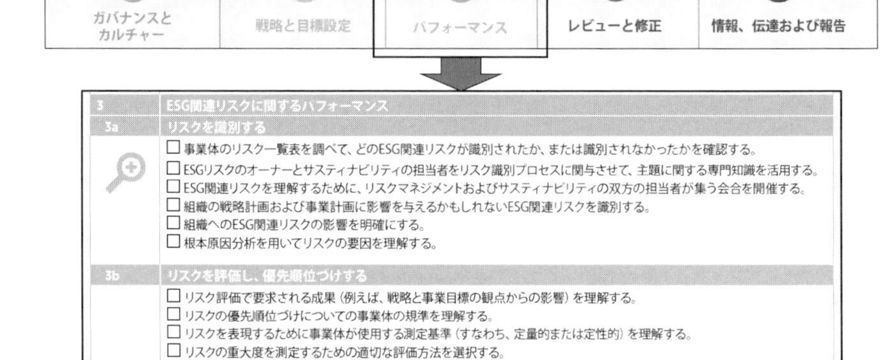


（出典）COSO「Enterprise Risk Management–applying ERM to ESG related risks」（2018年10月）

のとなる。

具体的には，①リスクの識別（特定）では，COSO-ERMフレームワークではESGという広範な対象の中からリスクを拾いだすため，リスクの洗い出しのための方法として，根本原因分析の他，メガトレンド分析，SWOT分析（Strength，Weakness，Opportunity，Threatの４つの観点から業務環境を分析する手法），影響度および依存度マッピング，ステークホルダー分析などを紹介しており，このうち，影響度および依存度マッピング分析はLEAPアプローチでTNFDにもそのまま取り入れられている。

②リスクの評価，優先順位づけでは，発生可能性と影響度に基づく手法が紹介され，これもLEAPアプローチで取り入れられている。この他，適応性や複雑性，影響の波及速度なども勘案した分析手法も紹介されており，TNFDにおける地域性分析やバリューチェーン分析において一助となると考えられる。また，モンテカルロ分析やシナリオ分析などの定量化手法についても紹介されている。

③リスク対応の実施では，対応例に加えて，ISO26000等対応のツールとし

て実績のある企画や原則が紹介されている。TNFDにおいてもISO31000（リスク管理ガイドライン）の枠組みの活用などが言及されている。

そもそもCOSO-ERMは，リスク，財務，戦略が一体となって企業の持続的な成長を確保するためのものと言え，TCFD，TNFDとも持続的な成長の確保という文脈で一致するものだ。企業レベルとグローバルレベルの違いはあるものの，具体的な企業レベルでの持続的な成長戦略の落とし込みはERMのフレームワークに則る面もあり，既存のフレームワークの効率的な活用という観点の他，多様なリスク側面を含んだ生物多様性において，いかにTNFDが総合的にリスクを捉える枠組みとして準備しているのか，ERMの観点からその関係をみてみる。

### （2） TNFDにおけるリスク管理

第2章で見たとおり，TNFDのリスク管理は4つの柱のうちリスク管理と関係する。リスク管理関係の中でも，特にCの「自然に関連するリスクを特定，評価，優先順位づけ，監視するためのプロセスがどのようになっているかを説明し，それらが組織の全体的なリスク管理プロセスにどのように組み込まれているかを説明する必要がある」とする開示要求項目と関係する。「全体的なリスク管理プロセス」とは明らかにERM（RAF）のことである。LEAPのガイダンスでは，「TCFDに沿って，TNFDはCOSOの企業リスク管理（ERM）フレームワークを本ガイダンスのリスク管理トピックの基礎として使用している」としている。また，LEAPのガイダンスは，さらに，「A1：組織に対応するリスクと機会の特定とは何か」，「A2：既存のリスク軽減とリスク・機会の管理の調整はどうすべきか」，「A3：リスクと機会の測定と優先順位づけはどのようにすべきか」，「A4：リスクと機会の重要性評価はどのようにすべきか」といったリスク管理の基本となるような質問・対応については，すべて，COSOとWBCSDのESG-ERM（2018年10月）に基づいているとしている。

確かに，COSO-ERMフレームワークの，①リスクの識別，②リスクの評価，優先順位づけ，③リスク対応の実施，と比べると，A1からA4をすべてカバーしているように見える。

それでは，具体的にはどのような管理なのか？

#### ① A1：リスクと機会の特定

TNFD LEAPアプローチでは，自然関連リスク，気候と自然関連リスクとの関連，自然関連の機会，自然に関連するリスクと機会にさらされる要因，自然への依存と影響との関連，自然関連のリスクと機会の組織に対する財務的な影響，など，リスクと機会の要因や結果（財務的な影響）等様々な側面に踏み込んでリスクと機会の特定を試みている（**図表５－14**）。

これは，COSO-ERMアプローチのリスクの識別で根本原因分析や影響度と依存度のマッピングを紹介していたことに基づくものだ。

**②　A2：既存のリスク軽減とリスク・機会管理の調整**

ここでは，自然関連のリスクと機会を統合するために調整されるリスク管理の主要な要素として，リスクインベントリー，リスク分類，リスク指標とデータ，リスク管理ツール，リスク評価，リスク対応，リスク許容度基準，リスク報告を挙げている。さらに，そうしたリスク管理枠組みと自然関連のリスクと機会を統合するための原則として，ロケーション，相互関係性，時間軸，比例，一貫性を挙げている（**図表５－15**）。

**③　A3：リスクと機会の測定と優先順位づけ**

測定と優先順位付けでは，リスクの大きさ（magnitude），発生可能性（likelihood）と追加の基準によって，リスクの深刻度（Severity）が決まるとする。これは，ERMに基づく方法であるのみならず，ISSB S1の一般要求基準，欧州ESRSの一般基準とも整合的なものだ。TCFDも含めて，自然関連のリスクと機会のTNFDの優先基準をまとめると**図表５－16**のようになる。

**図表５－14　自然関連の依存関係，影響，リスクおよび機会の間の関係**

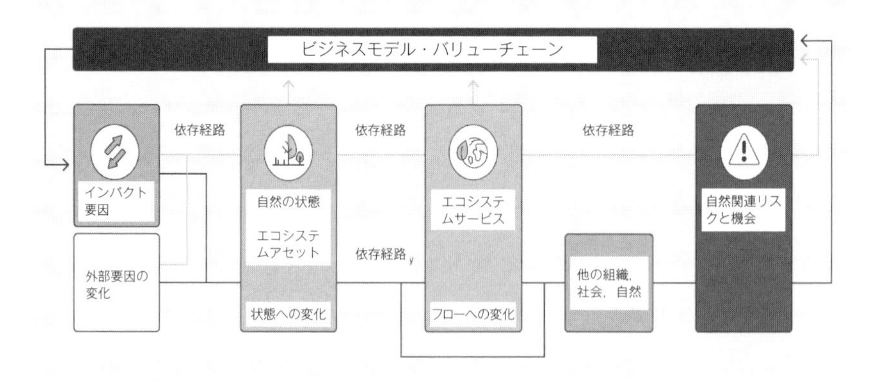


（出典）　TNFD「Guidance on the identification and assessment of nature-related issues : The LEAP approach」（2023年９月）

図表5－15　自然関連のリスク（機会）を既存のリスク（機会）管理の枠組みに統合するためのTNFDの原則

1
ロケーション
自然に関連するリスクと機会は，自然に関連する依存性と影響の評価に基づいて，場所の特定を考慮して分析されるべきである（LEAPアプローチのロケートフェーズと評価フェーズ）

2
相互関係性
自然関連のリスクと機会を既存のリスクと機会管理に統合するには，企業全体の分析と協力が必要です。相互接続の原則とは，自然関連のリスクと機会を会社のリスクと機会管理プロセスに統合し，自然関連のリスクと機会の継続的な管理に，すべての関連する機能，部門，専門家が関与することを意味する。

3
時間軸
自然に関連する物理的，移行的および体系的リスク並びに自然に関連する機会は，短期，中期および長期の時間枠にわたって分析されるべきであり，運用上および戦略上の計画のために，時間軸（例えば季節性）にわたる自然変動を考慮すべきである

4
比例性
自然関連のリスクと機会を既存のリスク管理プロセスに統合することは，企業の他のリスク，自然関連のリスクへのエクスポージャーの重要性，企業の戦略の不完全さとの関連で比例するべきである

5
一貫性
自然関連のリスクを統合するために使用される方法論は，企業のリスク管理プロセスの中で，分析と進展，および経時的な変化の要因を明確にするために使用されるべきである

（出典）　TNFD「Guidance on the identification and assessment of nature-related issues : The LEAP approach」（2023年9月）

図表5－16　自然関連のリスクと機会の優先順位基準

| 優先順位付け基準 | 説明 |
|---|---|
| リスクの大きさ (magnitude) | シナリオ分析などのリスク評価方法を通じて測定された、組織に対するリスクの影響に基づく、組織に対するリスクまたは機会の重要性。 |
| 発生可能性 (Likelihood) | 可能性のあるリスクに関する情報の重要度は、そのイベントが発生する可能性が高い場合に高くなる。 |
| 追加のTCFD優先順位基準 | |
| 脆弱性 | 脆弱性とは、悪影響を受ける傾向または素因を指す。脆弱性には、危害に対する感受性、対処能力、適応能力の欠如など、さまざまな概念や要素が含まれる。<br>これには、リスクを適応させ、軽減させ、またはコントロールする組織の能力または能力の欠如が含まれる。リスクまたは機会を活用する能力は、リスクと機会の認識、バリューチェーンに沿った管理、運用と管理のレジリエンス、バリューチェーンおよび/または製品の多様化、または市場やセクターの影響力に依存。 |
| 発生速度（事象が発生してから組織がその影響を最初に感じるまでの時間） | リスク/機会が発生すると予想される発生速度、すなわち長期、中期または短期。 |
| 追加TNFD優先順位基準 | |
| 自然への影響の深刻度（または規模と範囲） | 負の影響の規模（時間的および空間的）、範囲および修復不可能な特性、または自然に対する正の影響の規模（時間的および空間的）および範囲。 |
| 社会への影響 | 自然が社会に与える影響の価値。詳細については、『自然資本議定書』を参考にして、資本連合が開発した自然関連の依存関係と影響の評価に関する附属書3を参照。 |

（出典）　TNFD「Guidance on the identification and assessment of nature-related issues : The LEAP approach」（2023年9月）

### ④　A4：リスクと機会の重要性評価

リスクと機会の重要性評価では財務的な影響の評価が必要だが，そのために

はリスク・機会を定量化しなければならない。LEAPでは，Exposure指標とMagnitude基準の２つの要素で定量化を例示している（**図表５－17**）。これもERMとの平仄が取れている手法である。

このようにTNFDのLEAPガイダンスにおける全社的なリスク管理プロセスには，COSO-ERMの手法が活用されており，生物多様性ということでリスク管理の対象としては，確かに従前の管理対象よりも拡大するものの，既存のリスク管理態勢・プロセスを基に，TNFDが求めるリスク管理には対応できるものと考える。

ただし，TNFDは，リスクと同様に機会においても同様のアプローチを取っている点に特徴があり，これまで気候変動対応も含めてリスク管理に寄りがちな管理態勢を，営業企画やフロント部門も含めた機会の面に焦点を当てた新たな管理態勢が必要となると考える。

**図表５－17　リスクの定量化の例示**

| リスクタイプ | リスク内容 | 例 | Exposure指標 | Magnitude基準 |
|---|---|---|---|---|
| **物理的リスク** | | | | |
| 急性リスク | 組織が依存または影響を受けている生態系（状態および/または範囲）および種（個体数、絶滅リスク）の状態の変化が、生態系サービスの流れに変化をもたらす | 組織およびその他の利害関係者が放出する汚染物質による淡水生息地の劣化 | 排出される汚染物質の量と濃度（影響要因）<br>淡水生態系の平均種数の変化（生態系条件）<br>水中の汚染物質濃度（生態系の状態） | 事業所や取引先の移転に伴うコスト<br>オペレーション/サプライチェーンの中断に伴う収益/コストの削減<br>復旧費用<br>地域に依存する資産/収益の価値<br>事業所数/事業内容/設備数 |
| **移行リスク** | | | | |
| 責任（Liability） | 自然の負の結果による罰金/罰則 | 法的規制値を超える組織から放出された汚染物質による淡水生息地の劣化 | 汚染物質の量と濃度（影響要因） | 人件費の増加と活動の監視が必要<br>操業遅延・許可拒否による損失<br>営業許可の喪失による減収<br>営業区域の喪失に係る費用<br>クリーンアップコスト |

（出典）　TNFD「Guidance on the identification and assessment of nature-related issues : The LEAP approach」（2023年９月）

## 3　保証とTNFD

### （1）　TNFDと保証の関係

TNFD提言には，フレームワークの開発において第三者保証を意識した検討が行われたことが明記されており，具体的には，開示される指標が，中期的に第三者による限定的保証の対象となることが想定されている。既に説明されているとおり，TNFD提言は，GRIスタンダードとの整合性に配慮した構成となっている他，ESRSのE2：汚染，E3：水と海洋資源，E4：生物多様性と生態系システム，E5：資源と循環型社会ではLEAPアプローチへの参照が行われるなど，独立した基準ではなく，既存の基準やこれから開発される各国・地域の開示基準に活用されるフレームワークを提供することを目的としており，特に今後ISSBが生物多様性・生態系・生態系サービスに関連する基準開発を行う際には，大きな役割を果たすことが期待されている。したがって，TNFDと保証の関係について整理すると，TNFD提言において開示が推奨されている指標および目標が，今後，様々な形で既存の基準や開発中の基準に取り込まれ，各国・地域で制度化が進む第三者保証の対象になっていくものと想定される。

### （２）　第三者保証とは

では，第三者保証とはどういうものなのか，簡単に解説しておきたい。財務諸表に対する監査を知っている方であればイメージがしやすいかもしれないが，開示する情報を作成する企業とは独立した組織が，開示した情報が開示基準（Criteria）に準拠しているかどうかを検証し，その結論を報告書という形で表明するものである。このような第三者による保証を受けることで，開示した情報の信頼性が高まり，投資家を始めとする情報の利用者が安心して情報を利用することができるようになるため，企業にとっても情報利用者にとっても大きなメリットがある。こうした背景のなかで，第三者保証はまず法定の制度の枠外の任意の保証という形で実務が広がってきた。なお，国際会計士連盟（IFAC）が日本の上場企業の時価総額上位100社を調査した結果[3]によると，2021年時点で99％（99社）は何らかの形でサステナビリティ情報の開示を行っており，そのうち69％（68社）が何らかの形で第三者保証を受けているということであった。2019年から2021年の過去の３年間の経年変化では，何らかの形でサステナビリティ情報を開示している会社の比率は３年前から既に99％に達しており変化が見られないのに対し，何らかの形で保証を受けている会社の比率は，2019年の47％，2020年の53％から2021年に69％となっており，ここ数年で着実に第三者保証の実務が広がっていることがわかる。現在は，各国・地域

3　THE STATE OF PLAY : SUSTAINABILITY DISCLOSURE & ASSURANCE 2019-2021 TRENDS & ANALYSIS

で開示の義務化とともに第三者保証の義務化の議論も本格化してきていることから，第三者保証を取り巻く状況は今後数年でさらに大きく変化することになるであろう。

### (3) 自然に関する第三者保証と今後の展望

では，第三者とは一体何者で，現状自然に関連する指標および目標について，どの程度第三者保証が行われているのであろうか？　財務諸表対する監査については，多くの国で法定の制度として実施され，公認会計士等の資格保有者以外の者が業務を行うことはできないとされているが，上述したとおり，自然を始めとするとサステナビリティ情報に対する第三者保証は，多くの国・地域で制度化が未整備であり，現時点では特定の資格がなくても任意で第三者保証を提供することができる場合が多い。ただし，今後の第三者保証の制度化・義務化が進むと，この辺りの状況も大きく変わる可能性がある。また，現時点では自然に関連する指標および目標が第三者保証の対象になるケースは多くはなく，サステナビリティ情報の中でも第三者保証の実務が先行しているのは温室効果ガス排出量や関連するエネルギー使用量，一部の社会性の指標など限定的な指標となっている。

また，昨今のサステナビリティ情報の開示の義務化や第三者保証の導入の議論の高まりを受けて，第三者保証の保証基準を取り巻く環境についても大きな変化が起こりつつある。上述のとおり，任意での保証の実務が広がってきたこともあり，サステナビリティ情報の保証業務に利用される保証基準も現状では様々となっている。よく見られるものとしては，財務諸表監査の国際基準を開発している国際監査・保証基準審議会（IAASB）が開発した，ISAE3000（Revised）[4]やISAE3410[5]に基づく保証業務である。これは監査法人やそのグループ会社が実施している保証業務において多く見られる。また，国際標準化機構（ISO）の国際規格であるISO14064シリーズに基づく検証業務も見られるが，これはISO認証機関などが実施している業務において多く見られるものである。さらに，AA1000のAssurance Standardに基づく保証業務も多く見られる。こ

4　ISAE3000（Revised）ASSURANCE ENGAGEMENTS OTHER THAN AUDITS OR REVIEWS OF HISTORICAL FINANCIAL INFORMATIONの略称

5　ISAE3410 ASSURANCE ENGAGEMENTS ON GREENHOUSE GAS STATEMENTSの略称

れら以外にも利用されている保証基準が存在しており，保証業務の形態は様々であり，当然に実施する手続の内容や保証の水準も異なってくる。サステナビリティ情報の開示基準においては，様々な組織・団体が任意の開示フレームワークや基準を開発してきた結果，情報の利用者にとって比較可能性が損なわれてしまうという課題が識別され，その課題の解決のためにISSBが設立され，グローバルベースラインとなる開示基準の開発が行われたという経緯があった。同様に，サステナビリティ情報の第三者保証においても，各国・地域で保証の義務化・制度化の議論が本格化し始めているなかで，現在の任意保証における様々な保証基準が混在している状況を解消し，国際的に統一された保証基準が利用されるようになることが，情報利用者の保護のためにも望ましいとの意見が多く聞かれるようになってきた。このような経緯を踏まえ，IAASB[6]はサステナビリティ保証業務のグローバルベースラインとなる新たな保証基準を開発することを2022年９月のボード会議で正式に決定し，2023年８月に国際サステナビリティ保証基準（ISSA5000）の公開草案を公表した。公開草案はパブリックコメントの検討を経て2024年９月までに最終化される計画となっている。ISSA5000はサステナビリティの開示や保証を取り巻く環境の急速な変化に対応するために迅速な開発が行われており，グローバルベースラインとなる包括的な基準として，以下のような特徴も有している。

- あらゆるサステナビリティトピックに対応
- あらゆる開示媒体（報告メカニズム）に対応
- あらゆる報告規準（Criteria）に対応
- 全ての利害関係者を考慮
- 限定的保証と合理的保証の両方に対応
- 会計士以外の誰でも利用可能（Profession-agnostic）

包括的な基準に続く個別テーマごとの保証基準の開発も2024年以降本格的に開始することが見込まれている。個別テーマごとの基準の内容は現時点でははっきりとはしないものの，気候変動や生物多様性のような個々のサステナビリティトピックごとの保証業務基準に加え，グループ保証業務のようなテーマに関する保証業務基準の開発も考えられる。

6　国際監査・保証基準審議会

このように第三者保証を取り巻く状況は任意の保証から制度保証へと大きく変化していくことが見込まれており，現時点では保証の対象となっているがケースない自然に関する指標および目標についても，今後制度に取り込まれながら保証の対象となっていくことが見込まれている。

## 4　人権と公正な移行

ここではTNFDの開示提言の１つである「人権方針とエンゲージメント」項目が重要とされる背景と所以の説明，およびエンゲージメントの概要について紹介する。

### (1)　背　景

ESGのE（環境）にあたるTNFDにS（社会）分類である「人権方針とエンゲージメント」が開示項目として追加された背景には「公正な移行」という概念の背景がある。

1992年のリオデジャネイロにおいての「地球サミット」から2015年の「パリ協定」採択まで各国が本腰を入れて気候変動対策へのコミットメントを固めるのに20年以上有したのは脱炭素施策によって引き起こされるとされる経済減速と雇用喪失への懸念が主な原因であった。貧困撲滅が第一重要課題である発展途上国や過去の炭鉱閉鎖が生み出した大量失業の苦い記憶のある労働者（労働組合）においてこの懸念が大きく共有されていた。

一方で農業など気候変動によって被害を受ける産業に従事する労働者の存在などあり，労働者側においても脱炭素は人類にとって普遍的に避けられない施策であると認識されていたため，国際労働組合連合（ITUC）によって2009年の国連気候変動枠組条約締約国会議COP15において「公正な移行」というイニシアティブがローンチされた。ITUCは「公正な移行」で脱炭素を中心とした環境課題是正の移行において特定の二酸化炭素高排出な産業などの労働者や地域が取り残されることなく公正かつ平等な形で施策が実地されることを提唱しており，具体的には適切な質の雇用の創出，労使交渉，リスキリング，円滑な労働移動や社会保障などを求めている。

このITCUによるイニシアティブは移行期において気候変動とその対策からの負の影響を受けるリスクの高い先住民組織を始めとする市民団体から賛同を広げ，2015年COP21の「パリ協定」においても「公正な移行」が条文に盛り込まれる結果となった（**図表5－18**）。

**図表5－18　政策の変化の全体像**

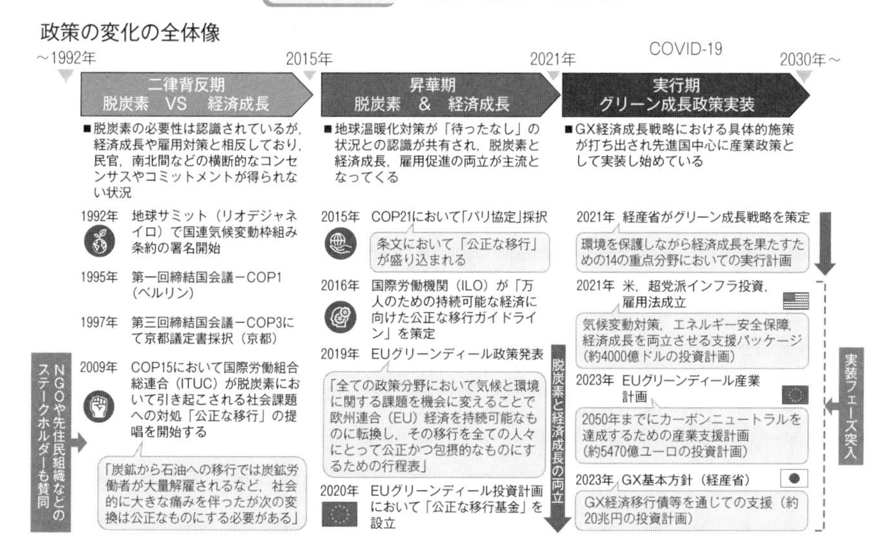


各国政府も環境問題対策による経済成長の鈍化とそれが引き起こす失業などの雇用問題に対して対策を取る必要が移行自体を円滑かつ成功裏に進める要因であるとの認識から2020年以降から脱炭素を産業政策として打ち出し，投資と雇用対策をセットで推進することにより，脱炭素が経済成長をもたらし，適切な質の雇用を生み出す仕組みを推し進めている。

また雇用課題への懸念が発端であり中心であった「公正な移行」もITUCに賛同した先住民組織や子供（未来世代）の組織などの様々なステークホルダーを代表するNGOなどの高い関心により概念が広がりを見せ，移行期においての再エネ設備建設や再生可能エネルギー重要鉱物採取における先住民の領土と人権侵害のリスクの回避や次世代への影響への考慮なども概念に含まれるようになった。よって「公正な移行」の概念も従来の労働者の雇用リスクにフォーカスをした狭義の「公正な移行」だけでなく，移行によって影響を受けるステークホルダーすべてへのリスクに対しての考慮と対応を求める広義の「公正な移行」も現在では主流となっている。

この様なE（環境）課題解決においてS（社会）課題への対応も求められる潮流が背景となって生物多様性保護においても「公正な移行」が適用されるように

なり，TNFDにおいても「人権方針とエンゲージメント」の開示が提言されている。

### （2） 生物多様性と先住民

存在する多くのステークホルダーの中でもTNFDにおいてとりわけ先住民の権利が焦点として取り上げていられるのは生物多様性の保護と先住民の権利の保護の密接な関係による。

1992年にリオデジャネイロで開催された国連環境開発会議（地球サミット）において採択された「生物多様性条約」ですでに先住民と地域共同体（コミュニティ）はこの課題の解決体として規定されている。実際に全人口の５％に満たない先住民[7]は世界の80％の生物多様性の保護における成功を収めていると推計されている[8]。

一方で先住民の権利を保護する2007年に国連総会で採択された「先住民の権利に関する国連宣言」では自然破壊により生活と文化をはく奪されてきた先住民の伝統的な知識や文化的慣行の尊重と維持することが定められており，彼らの参加と承認のもとに生物資源を利用し利益を公平に分配することが規定されている。

生物多様性と先住民の関係は，「生物多様性を守る為の先住民の知恵と慣習」と「先住民の権利を守るための生物多様性の保護」という２つの測面で成り立っており，双方の課題解決において一方を無視すると成り立たない関係となっているといえるゆえ，TNFDにおいて先住民の権利の保護に特段の注意が払われているといえる。

### （3） エンゲージメント

先住民，地域社会（コミュニティ），影響を受けるその他の利害関係者（ステークホルダー）とのエンゲージメント（人権方針と活動，また取締役会と経営陣による監督）についてTNFDの開示提言においては求められているが，こ

7 World Wide Fund for Nature (WWF), UN Environment Programme-World Conservation Monitoring Centre (UNEP-WCMC), et al. (2021) The State of Indigenous Peoples' and Local Communities' Lands and Territories : A technical review of the state of Indigenous Peoples' and Local Communities' lands, their contributions to global biodiversity conservation and ecosystem services, the pressures they face, and recommendations for actions. Gland, Switzerland

8 Garnett, S. T., Burgess, N. D., Fa, J. E., Fernández-Llamazares, Á., Molnár, Z., Robinson, C. J., ... & Leiper, I. (2018) A spatial overview of the global importance of Indigenous lands for conservation. Nature Sustainability, 1(7), 369-374

れをどのように進めるべきかについてTNFDからガイダンスが公開されている（Guidance on engagement with Indigenous Peoples, Local Communities and affected stakeholders）。ここではこのガイダンスに倣った形でのエンゲージメントの概要を紹介する。

TNFDにおいての先住民，地域社会，影響を受けるその他の利害関係者とのエンゲージメントとは「意義と敬意のある」（meaningful and respectful）エンゲージメントを指しており，ガイドではどのようなステップや注意点を踏まえて行うべきかを指南している。

### （4） 今後の展望

#### ●先住民，地域社会，影響を受けるその他の利害関係者とのエンゲージメントのLEAPへの統合

エンゲージメントはLEAPアプローチのすべてのステップにおいて統合されるべきであるとして，それらにおいて考慮されるべき先住民，地域社会，影響を受けるその他の利害関係者とのエンゲージメントにおける側面が指摘されている（**図表5－19**）。

**図表5－19　LEAPアプローチにおけるステークホルダーエンゲージメントに関する事項**

先住民族，地域社会，影響を受ける人々，その他の利害関係者からの見解，知識，インプットは，組織の活動（直接運営とバリューチェーン）に関連する潜在的に重要な自然関連の依存関係，影響，リスク，機会についての考え方にどのように影響を与えるのか？

ゴールとスケジュールを明確化し，潜在的な自然関連の依存と影響，リスクと機会についての仮説を立てるために，社内外のデータと参照ソースを事前に把握する。

**仮説を立てる**
自然に関連する依存と影響，リスクと機会がありそうな組織の活動は何か？

**ゴール設定とリソース調整**
組織内の能力，スキル，データの現状とゴールを考慮すると，評価を実施するために必要／使えるリソース（予算，人，データ，時間）はどの程度か？

| Locate　自然との接点の発見 | 先住民，地域社会，影響を受けている利害関係者に関する問 |
|---|---|
| **L1 ビジネスモデルとバリューチェーンの確認**<br>自社の各事業セクターのバリューチェーンにおける活動は何か？　直接操業する拠点はどこにあるのか？ | ■自社の直接事業が行われている場所に先住民，地域社会，影響を受けている利害関係者はいるか？<br>■またそれらはどこにあるか？ |
| **L2 依存と影響のスクリーニング**<br>これらセクター，バリューチェーン，直接操業の中で，自然への依存と影響が高く関連性が深い事業活動は何か？ | ■先住民，地域社会，影響を受ける利害関係者は典型的にこれらの活動に関与しているか，または影響を受けているか？<br>■それらはどのセクターとバリューチェーンか？ |
| **L3 自然との接点**<br>これら自然への依存と影響が高く関連性が深い事業活動はどこで行われているか？　これらの事業活動との接点があるバイオームや生態系は何か？ | ■これらの場所に先住民族，地域社会，影響を受ける関係者はいるか？<br>■組織とそのバリューチェーンは，どの場所で先住民の土地，領土，聖地とつながっているのか？<br>■先住民族，地域社会，その他の関係者は，伝統的な知識を含め，これらの生態系についてどのような知識を持っているのか？<br>■先住民族，地域社会，その他の関係者は，これらの生態系の価値と重要性についてどのような視点を持っているのか？ |
| **L4 優先地域の特定**<br>依存と影響の高い事業とバリューチェーンにおけるどの事業活動が，重要性の高い／脆弱な生態系のある地域で行われているか？　また，これらの地域に立地する直接的な事業活動は何か？ | ■これらのセンシティブな地域で自然と関わっている先住民，地域社会，関係者はいるか？<br>■先住民族，地域社会，影響を受ける利害関係者は，これらの地域での事業活動についてどのような見方をしているのか？ |

| Ⓔvaluate　依存と影響の診断 | 先住民，地域社会，影響を受けている利害関係者に関する問 |
|---|---|
| E1 関連する自然資本と生態系サービス，インパクトドライバーの特定<br>各優先地域で行われている自社のビジネスプロセスと活動は何か？　各優先地域でどの自然資本と生態系サービスに依存あるいは影響しており，インパクトドライバーは何か？ | ■人権や生計がこれらの環境資産や生態系サービスに依存している先住民族，地域社会，利害関係者はいるか？ |
| E2 依存と影響の特定<br>各優先地域において，自社の事業全体に関わる自然関連の依存や影響は何か？ | ■先住民族，地域社会，影響を受けるステークホルダーは，どのような環境資産や生態系の機能やサービスに依存しているか，または影響を与えているか？<br>■これらの環境資産や生態系サービスに対して彼らはどのような権利を持っているか？ |
| E3 依存の分析<br>各優先地域における自然への依存の規模・程度はどのくらいか？　また，事業が自然に与えるマイナス影響の深刻さ，ポジティブ影響の規模・範囲はどの程度か？ | ■どの先住民族，地域社会，関係者が自然に価値を見出し，自然に依存しているのか，またその依存関係は何か？<br>■自社の事業活動は，自然への依存や生態系サービスへのアクセス能力にどのような影響を及ぼしているか？ |
| E4 インパクトマテリアリティの評価<br>事業に関わる影響のうち，重要なものはどれか？ | ■自社が自然に与える影響によって，どの先住民，地域社会，関係者が影響を受ける可能性があるか？<br>■先住民族，地域社会，影響を受けるステークホルダーの権利と生活に対する実際の影響と潜在的な影響は何か？<br>■即時的，短期的，中期的，長期的にどのような影響を受けるかについて，彼らはどのような見通しを持っているか？ |

| Ⓐssess　重要リスク・機会の評価 | 先住民，地域社会，影響を受けている利害関係者に関する問 |
|---|---|
| A1 リスクと機会の特定<br>自社のビジネスにとって，どのようなリスクと機会があるか？ | ■先住民族，地域社会，影響を受けるステークホルダーとのエンゲージメントに基づいて，自社の組織のリスクと機会についてどのような洞察が得られるか？ |
| A2 既存のリスク軽減策とリスク・機会の管理方法の改善<br>既存のリスク軽減およびリスク・機会管理アプローチは何か？　リスク・機会管理プロセスに自然に関連する要素（リスク分類，リスク一覧，リスク許容基準など）が含まれているか？ | ■これらの緩和および管理プロセスでは，先住民，地域社会，影響を受けるステークホルダーに対する関連する影響，関係，また彼らとのエンゲージメントをどのように考慮しているのか？<br>■自社による既存の適応されたリスク軽減，リスクと機会の管理プロセスについて，先住民族，地域社会，影響を受ける利害関係者はどのような視点を持っているのか？ |
| A3 リスクと機会の測定と優先順位付け<br>優先すべきリスクと機会は何か？ | ■自社が優先すべきリスクと機会について，先住民族，地域社会，影響を受ける利害関係者はどのような視点を持っているか？ |
| A4 リスクと機会のマテリアリティ評価<br>どのリスクや機会が重要で，TNFD 提言に沿って開示する必要があるか？ | ■自社にとってのリスクと機会の重要性を判断する際，先住民族，地域社会，影響を受ける利害関係者の視点はどのように考慮されるか？ |

| Ⓟrepare　対応・報告への準備 | 先住民，地域社会，影響を受けている利害関係者に関する問 |
|---|---|
| <u>戦略とリソース配分</u><br>P1 戦略とリソース配分<br>この分析の結果，下すべき戦略とリソース配分の決定は何か？ | ■リソースの割り当ては，緩和および管理戦略の一環として，有意義かつ継続的な取り組みに対する特定のニーズを反映しているか？ |
| P2 パフォーマンス測定<br>どのように目標を設定し進捗度を定義・測定するのか？ | ■目標は定義されており，先住民族，地域社会，影響を受ける利害関係者からの意見をもとに進捗状況が測られているか？ |
| <u>開示アクション</u><br>P3 報告<br>TNFD開示提案に沿って，何を開示するのか？ | ■先住民族，地域社会，影響を受けるステークホルダーの情報開示に関してどのようなことが期待されているか？ |
| P4 公表<br>自然に関する開示はどこで，どのように提示するのか？ | ■自然関連の開示は，結果が入手可能で，容易にアクセスでき，文化的に適切で，先住民族，地域社会，影響を受ける利害関係者が容易に解釈できるような方法で提示されているか？ |

（出典）　TNFD「Guidance on engagement with Indigenous People, Local Communities and affected stakeholders」（2023年９月）

## ●エンゲージメントの対象

TNFDではエンゲージメントの対象は①影響を受けるコミュニティ，②先住民と地域共同体，③ライツ・ホルダー，④自社が抱えるすべての労働力となっている者，⑤バリューチェーンにおいて労働力となっているすべての者，および⑥消費者とエンド・ユーザーと特定しており，また移民労働者，女性，高齢者，若者，障がい者などの社会において多々「疎外されている人々」に対して特別なケアと注意を払うこととしている。

### ●エンゲージメントとデュー・デリジェンス

国際基準においてエンゲージメントはデュー・デリジェンスのすべてのプロセスにおいて執行され，負の影響を与えるもの，またその可能性のある者への対処が然るべきとしており，関係する国際レベルだけでなく国レベルの法規定とガイダンスを理解し，それに従うこととしている。また第三者保証は先住民，地域社会，影響を受けるその他の利害関係者との合意形成の後に彼らの直接の証言の裏づけのもとに行われるべきだとしている。これらの合意は「自由意思による，事前の，十分な情報に基づく同意」（FPIC）によらなければならない。

### ●エンゲージメントへの準備

「意義と敬意のある」エンゲージメントにはそれを可能にする組織体制を整える必要性があり，これらは①委員会などの設置などエンゲージメントに関するガバナンス体制の構築，②エンゲージメントに関するポリシーやシステムの確立，③情報の流通経路，責任の所在，説明責任などの管理体制の特定，④有効な苦情処理メカニズム，修復・改善機能の設立，および⑤リソースの確保，⑥先住民，地域社会，影響を受けるその他の利害関係者のマッピング⑥エンゲージメントの代表責任者の任命などから構成される。またエンゲージメントは企業戦略に組み込まれておくことが望ましいとしている。

### ●設計と遂行

エンゲージメントのプロセスの原則を設立しておく必要があり，それらは先住民，地域社会の知的財産への尊重，差別の排除，透明性と全面開示，自由意思による，事前の，十分な情報に基づく同意（FPIC），異文化への敬意，公正で公平な利益の分配，予防措置などが挙げられる。

またエンゲージメントの形態の基本は①情報公開，②コンソルテーション，③コラボレーション，④同意が基本の方法とされており，複数のステークホルダー（multi-stakeholder）のコラボレーションによるエンゲージメントを行うことにより，より包括的な合意形成を成形できるとしている。これらの統合アプローチは合意におけるトレード・オフや有効なシナジーを有効に生み出すこととなり，必要に応じてエンゲージメントプロセスの参加のためのキャパシティービルディングをステークホルダーへのサポートとして行うことも考慮すべきであるとしている。

**●アクションとフィードバックのためのエンゲージメント**

合意形成と共にプロセスは終了とならず，持続的なエンゲージメントが望ましいとされておりその後の経緯のモニタリング，アクティビティやエンゲージメント自体の評価などが必要である。

これらのTNFDにおける人権保護のためのエンゲージメントを実際に行うのは事業者にとって大変な負担と時間が掛かるのが想像できる。よって既存の人権方針やデュー・デリジェンスのメカニズムに組み込み，正しく，そして効率的に行うことも検討したい。またまだ人権方針やデュー・デリジェンスのメカニズムが設立されていない事業者も，近年の日本を含む先進国政府を中心としたビジネスにおける人権ガイドラインや法令などのルール化の潮流に対応する必要が顕著になっていることを鑑み，これを機会に余裕をもって早く着手することが望ましい。

## ブルーエコノミー

ブルーエコノミーとは，地球表面積の７割を占める海に注目し，その可能性を解放することで経済価値と社会価値を創造する概念である。モニター デロイトの試算では，2030年までにブルーエコノミー関連の市場規模は約500兆円に達する見込みだ。この数値は，世界経済成長見通し対比で２倍程度の成長が見込め，成長のフロンティアとも捉えられる。グローバルでは，世界銀行，EUなどの動きもあってか，2019年に「Blue COP元年」を迎えた。これは，COP25において，議長国のチリがCOP25をブルーエコノミーと合わせて考えていくBlue COPとすると発言したことに由来する。

海洋国家たる日本は，排他的経済水域と領海を足した面積で世界第６位を誇ることから，我が国の産業／日本企業との親和性も高いともいえる。事実，日本政府としての「マリーン（MARINE）・イニシアティブ」の立ち上げ，NIKKEIブルーオーシャン・フォーラム等を通じた2025年に開催予定の大阪・関西万博でのアジェンダ化／世界に向けた提言の動き等も見られる。

では，生物多様性とブルーエコノミーはどのように関係するのだろうか。ブルーエコノミー市場の盛り上がりの背景には，海の生物多様性を守ることがビジネス上の機会に直結し得る構図が存在する。例えば，陸上植物と比べた海洋生態系の$CO_2$吸収力は10倍以上であり，「グリーンカーボン」ならぬ「ブルーカーボン」の市場立ち上がりにも進んでいる。また，海洋生態系を保護することが，海起因の食品の調達等その事業に直結している部分もあり，例えば米小売大手は2030年までに100万平方マイルの海を保護・管理すると発表している。また，海洋生態系が地域の観光資源だと捉えると，ダイビングなど海を楽しむ「サステナブルツーリズム」の高付加価値化にもつながり得る。例えば，サウジアラビアのシュライラ島では，周辺の海や陸を再生するリゾート地を2030年までに建設する計画を開始しており，島のホテルやゴルフ場，マリンスポーツ場などの観光施設が一体となり，砂浜の自然浸食を最小限に抑え，島の自然環境を強化する修景によってマングローブやサンゴなどの新たな生息地を創出することで，より体験価値を高め，富裕層などを取り込む意図が見える。また，「深海がビジネスにつながる宝庫」と表現する有識者は，海の特殊環境にも注目している。例えば，常に太陽の光が届かない暗黒の世界での海に住む生き物がどのように光を感知しているか解きほぐすことでセンサー開発のヒントを得られる可能性もあり得る。

**図表5－20**　ブルーエコノミーの全体像

Blue Economy at a Glance
海の経済的・社会的・環境的価値は大きく，その可能性を解放する余地がある

| | Global | | | | Japan |
|---|---|---|---|---|---|
| 経済・社会的価値 | ブルーエコノミー全体市場規模 | 海洋がもたらす経済的価値換算 | 国際的な商品における海上輸送の割合 | 2030年までに創出される雇用人数 | ブルーエコノミー国内市場規模 |
| | 約500兆円（2030年） | 約327兆円（2030年） | 約80％以上（2017年時点） | 約1億人（2010年比） | 約28兆円（2030年） |
| 環境的価値 | 地球全体に占める海の表面積 | マングローブ等の波エネルギー吸収割合 | 大気中と比べた海洋のCO2貯蔵力 | 陸上植物と比べた海洋生態系のCO2吸収力 | 排他的経済水域と領海を足した面積 |
| | 約70％ | 約97％ | 約50倍以上 | 約10倍以上 | 世界第6位 |



（出典）モニター デロイト。市場規模のデータソースはOECD，European Commission，World Bank Group等

ブルーエコノミーは具体的に，「既成分野」と「新興・革新分野」から構成される。既成分野には漁業・養殖業・水産加工業など海洋生物資源を扱う産業や石油・ガスなどの非生物資源を扱う産業のほか，造船・輸送・観光業などが分類される。海洋の石油・ガスプラントで生産される石油・ガスは全体の約30％を占め，海洋輸送は地球上の貨物の80％以上を運んでいる等，海に支えられていることが改めて見える。

一方，新興・革新分野には洋上風力などの海洋再生可能エネルギーや海洋鉱物，ブルーバイオテクノロジー，海水淡水化，廃棄物処理等が分類される。ブルーバイオテクノロジーは，マングローブ，海藻，サンゴ礁等幅が広く，その二酸化炭素の吸収・貯蔵力によって注目されている。海洋鉱物も，深度200m以上の深海が地球上の65％を占めることからそのポテンシャルを感じられる（**図表5－21**）。

## 図表５－21　ブルーエコノミー市場

ブルーエコノミーを構成する主要市場
ブルーエコノミーを構成する主要市場は多岐にわたり，今後，市場形成が見込まれる領域も

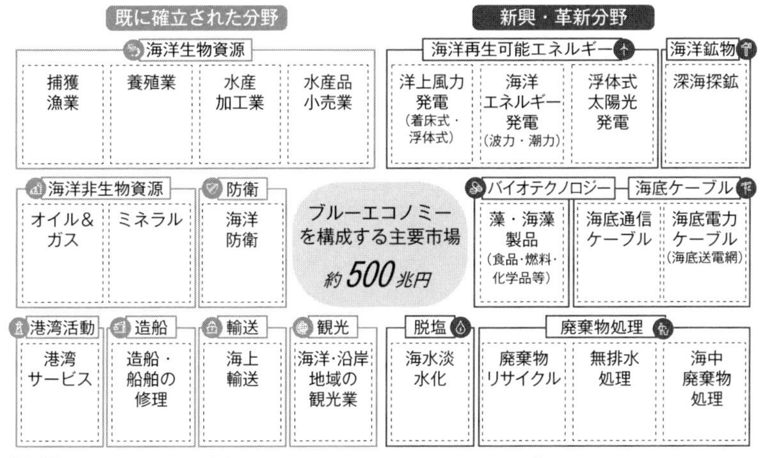


（出典）　モニター　デロイトデータソース：World Bank Group「The Potential of the Blue Economy」, European Commission「The EU Blue Economy Report 2021」, UNEP「Blue Economy Concept Paper」

では，企業はどのようにブルーエコノミーに挑むと良いのだろうか。大きな考え方としては，本書でも述べているLEAPアプローチを梃子に，自社と海との接点を探りながら，第４章④でも論じている事業戦略への統合とポジティブインパクトの実現となる。特に当該領域においては，「本当に事業と海の繋がりはないのか？」と，問いかけたい。具体的には，例えば下記である。

●調達原材料が，海起因ではないか？
●原材料や製品が海洋輸送されていないか？
●工場等拠点と海がつながっていないか？
●最終製品のゴミが海に流れていっていないか？
●取引先に海に縁のある企業がないか？
●自社内に海が好きな従業員がいないか？
●海とのつながりはなくても，海と繋がる自然資本（里山など）との関係性はないか？
●実は，今の商品・サービスを海向けに展開できないか？

海とのつながりが見えると，今後はその戦い方になる。非常に王道ではあるが「早く学ぶ」リーンスタートアップの考えを根底に据えることが，欧米や中国等の勝ちパターンを見ると，競争戦略上は重要になり得るのではないか。特に，日本の海域は，南北・東西に広がり，流氷の訪れるオホーツク海から世界有数のサ

ンゴ礁が形成される沖縄周辺の海まで，様々な様相を狭域に内包しており，世界に誇る生物多様性，近海に急峻な海底渓谷を抱える特徴的な海洋構造を併せ持っている。世界への展開を見越した事業展開ができる可能性があるはずだ。

筆者は特に地域における海のポテンシャルを解放する効果を最大化するため「ブルーシティ」という概念を提唱したい。脱炭素での「カーボンニュートラルシティ」，循環型経済での「サーキュラーシティ」のように，地域の産官学を越境し，海洋保全と経済成長を両立するのだ。学校・地域・漁業者が地域に根差した環境教育を進める大阪府阪南市，島を丸ごとDAO化し地方創生を目指す東京都青ヶ島，進め方は多種多様だが，共通しているのは地域の経済圏づくりとしてブルーエコノミーに取り組んでいることだ。

なお，必ずしも日本で始める必要性もない。例えば，フィリピン～インドネシア～パプアニューギニア周辺は「コーラルトライアングル」と呼ばれる世界有数の海洋生物多様性のホットスポットであり，世界のサンゴ礁のうち半数以上が生息している。また，アフリカのブルーエコノミーに注目しても，38の国が海に面しており70%の排他的経済水域の大半がまだポテンシャルを解放しきれていないという調査結果も存在する。

また，ネイチャーポジティブ市場全般と共通するが，オープンイノベーションはもちろんのこと，他の社会課題も解きながら機会を最大化する思想や，デジタルとの掛け合わせ，ルールづくりも重要となる。

他の社会課題を解くという点では，例えば，世界の「海の人権」に注目しても，強制労働や児童労働等を無くしていくことで，より持続可能な水産業をつくり，エシカル消費につなげる可能性等もあり得る（古くからのMSC認証はこの考え方に則っている)。また，「海のサーキュラーエコノミー（ゴミ)」問題は，2050年の海は魚よりもごみが多くなるというデータや，海に存在するゴミの80%以上が陸から流れてくるという指摘もある。例えば，国内ではCLOMAのように，業界の垣根を越えて海洋プラスチックごみの問題解決を進める動きも活発化している。他にも，このような「人権」や「ゴミ問題」を起こさないようにする各種デジタル技術関連のチャンスもあるだろう。

ルールづくりという点では，今のビジネス環境を前提と「しない」ことこそが重要になり得る。例えば，パラオでは，「サンゴ礁フレンドリーな日焼け止め」や「使い捨てプラの不使用」など，顧客のサステナブルな行動に対してポイントを付与しており，顧客はそのポイントを，限定ツアーへの参加や現地コミュニティの長との謁見機会などと引き換え可能となっている例もある。今のビジネス環境に挑戦することで，新たな機会が見られるのだ。

世界につながる海のポテンシャル解放に是非挑んでほしい。

# 第 6 章

# ケーススタディ

## 第6章のポイント

2023年9月のTNFD最終提言の公表以前より，自然資本・生物多様性に関する情報開示に積極的に取り組んできた企業があり，第6章ではこれらをケーススタディとして紹介する。金融関係ではHSBC，SMBC，MS＆ADの3社を，事業会社ではキリングループ，東急不動産ホールディングスグループ，United Utilities Group PLCの3社を取り扱う。

# 1 HSBC

## 1 現状のTNFD開示の内容

当社の最初のサステナビリティ・リスクポリシーは2004年に早くも発行され，森林土地と林産物を対象とした。2014年には世界遺産とラムサール湿地を対象としたポリシーを制定し，2017年には農産物に関するポリシーを制定する等早くから自然資本・生物多様性を含めサステナビリティに対して関心が高かった。また，2020年に，グループ会社であるHSBCアセットマネジメントはPollination Group Holdingsとともに，自然資本に特化した世界最大の資産運用会社を成長させることを企図して，Climate Asset Managementを設立している。

さらに，2021年にはTNFDのWGメンバーとして参加し，自然関連リスクへの取組みに積極的に関与している。2022年10月には，「HSBC Statement on Nature」を公表し，グループとしての自然資本への取組みを明確にした。

「HSBC Statement on Nature」では，以下のような取組みが紹介されている（**図表6－1**）。

具体的には，①の当社事業活動における自然損失の重要性評価では，以下の取組みを実施している。

- 当社のローンブックの重要性を評価するために，国連ENCOREツールを使用して，大企業クライアントの生態系サービスへの依存度のサンプル分析を実施。
- ClSL（Cambridge Institute for Sustainability Leadership）によって定義された自然関連のストレスシナリオを使用して，アジアに拠点を置く重工業のクライアントをサンプルに水不足のストレステストを実施し，財務レジリエンスを検証。
- 2022年６月のTNFDのベータフレームワークの金融機関向けテストパイロットプログラムに参加し，自然関連のリスクと機会が当社のリスクと持続可能な金融の枠組み全体にどのような影響を与える可能性があるかを評価。

図表6－1　HSBC Statement on Nature（2022年10月）

（出典） HSBC「HSBC Statement on Nature」（2022年10月）

②のネットゼロへのアプローチにおける自然への配慮の主流化に関しては，以下のポリシーをもって自然の保護と回復を支援する取組みを実施している。

- 自然に悪影響を与える金融活動を制限するための持続可能性リスク政策を策定。これには，主要な森林減少リスク商品に関与する顧客に対し，持続可能な事業運営に関する独立した認証を取得することを義務づける森林・農産物政策が含まれる。例えば，パーム油の顧客は「森林破壊，泥炭，搾取なし」にコミットすることを義務づけられている。当社は，クライアントが当社の方針に確実に合致するように協力するよう努めているが，当社の認証要件を満たしていないクライアントに対しては，銀行業務を停止している。
- 世界遺産とラムサール条約湿地に関する政策で，これらの国際的に保護された地域の特別な自然特性を脅かすプロジェクトへの資金提供を禁止。これらの政策を総合すると，当社は「Forest 500」の金融機関の取組みに関するレポートのトップ10にランクインしている。
- 2023年には，科学的・国際的な指針に基づいた新たな総合的な森林減少政策を発表する予定であり，2024年には，ベースライン資金による排出量と農業ポートフォリオの目標を発表する予定。

③のネイチャーポジティブなための資金の解放では，以下の取組みを実施している。

- 当社および，ユーロネクスト，アイスバーグ・データラボ（IDL）が共同開発したユーロネクストESG生物多様性スクリーニング指数シリーズとなるESG生物多様性スクリーニング株UCITSを開始。
- アジアにおけるグローバル・プライベート・バンキング・サービスのためのグローバル生物多様性裁量戦略の公表。
- 自然資本の保全・回復に貢献するインパクトファンドを開始。Climate Asset Managementのファンド，HSBC GIF Global Equity Circular Economyのファンドを含む。HSBC GIF Global Equity Circular Economyは，自然システムへの負荷低減に貢献することで循環型グローバル経済への移行を可能にする企業に投資。
- 自然に基づくソリューション（NBS）の銀行性に特化した気候ソリューションパートナーシップによる2つの報告書の発行。1つは潜在的な障壁に対処し，もう1つは潜在的な成功要因に対処するもの。Climate Solutions Partnershipは，2020年に当社が発表したWWFおよび世界資源研究所との5年間で1億ドルの慈善事業パートナーシップで，自然を保護し回復するNBSやその他の気候イノベーションの拡大に対する障壁を取り除くことを目的としている。
- 気候ソリューションパートナーシップの一環として，当社は持続可能で再生可能なパーム油の大規模展開を支援するために，アジアのWWFと複数年のパートナーシップ契約を締結。主な生産国だけでなく，生産されるパーム油の3分の1以上を購入して消費しているシンガポール，インド，中国にも焦点を当てている。

④の自然損失と生態系サービスの運用上の影響の管理では，当社の支店，オフィス，データセンターは，水ストレス地域または生物多様性保護地域のいずれかまたはその近くにある場合があるため，2021年には，HSBCのオフィス，支店，データセンターの約28％が，水ストレスが非常に高い地域にあり，当社

の年間水消費量の37%を占めているものと分析した。これらは，人口が集中している都市部や都心部が中心であるが，当社は飲料水の使用量が少ない業界であり，さらなる節水対策を実施している。また，当社は，設計，建設，運用基準を通じて，可能な限り，当社の敷地が環境や天然資源に悪影響を及ぼさないように取り組んでいる。

⑤の自然損失の要因に対処するための支援では，資金調達のギャップを埋めるために生物多様性金融を拡大することの役割を認識したうえで以下の取組みを実施している。

- TNFDのタスクフォースメンバーとして，生物多様性の枠組み作りに貢献。
- 森林減少データと指標に関するアライド・アカウンタビリティ・プロジェクト作業部会のメンバーとして，アカウンタビリティ・フレームワークに沿って，森林減少に関する企業のパフォーマンスに関する包括的で協力的でオープンなデータベースを開発。
- HSBCグローバル・アセット・マネジメントは，Finance Pledge for Biodiversityに署名し，アマゾンの森林伐採と森林火災に関する投資家声明にコミット。

上記については，2021年にはHSBCアセットマネジメントが「自然資本投資家ガイド」で方針を明確にしている他，2022年のグループ統合報告書において「Biodiversity and natural capital strategy」として同様の内容を公表している。

## 2　開示の特徴

当社の取組み・開示の特徴としては，森林土地と林産物を対象にして早くも2004年にサステナビリティ・リスクポリシーが制定され，そもそも自然資本・生物多様性への関心が高かったことが挙げられる。金融の気候変動，自然資本に対する関わり方は，事業と直接の関係があるというよりは，投融資を通じた間接的な影響であり，当社がこれをリスクとして早くから捉えて公表していたことは注目に値する。もちろん，その背景には，2003年９月に赤道原則を採択したことがあるが，グループのサステナビリティ・リスクポリシーに位置づけて，顧客，株主，NGO等外部の様々なステークホルダーに発信・コミットしているのはやはり一歩踏み込んだ取組みといえる。これは，当社として自然資本に対する高い問題意識やそれに伴う中長期的なリスク認識，歴史的な背景も踏まえた柔軟性，環境変化を機敏に捉えるビジネス感覚などが総合的に影響したためと考える。

次に，金融を通じて積極的に自然資本・生物多様性に貢献しており，それが商品開発等いわゆる機会を捉えるものとして，自然資本・生物多様性の貢献と当社グループの業績向上を両立させている点だ。

2022年８月にはHSBCアセットマネジメントは，「HSBC World ESG Biodiversity Screened Equity UCITIS ETF」を発売し，投資家が生物多様性への配慮をポーフォリオに組込み，豊富な生物多様性取組みの実績のある企業に投資することで関連投資リスクを軽減できる仕組みとしている。生物多様性をスクリーニングした初めてのETFの取組みとなる。いわゆる「Greenwashing（環境に配慮したように見せかけること)」をどのように排除するかというと，当社と環境データ・分析ソリューションプロバイダーのアイスバーグ・データ・ラボが開発した「ユーロネクストESG生物多様性スクリーニング・ワールド・インデックス」を活用する。これは，当社とフィンテック企業であるアイスバーグ・データ・ラボが共同で開発したもので，生物多様性リスクで銘柄をスクリーニングするインデックスだ。企業の生物多様性フットプリントを６段階で評価し，スコアが悪い「６」または「５」の企業が除外される他，ESG評価機関のESGスコアが低い企業も除外される仕組みだ。

また，前述した自然資本に特化した資産運用会社である，Climate Asset Managementは，2022年12月に，自然資本投資戦略およびネイチャー・ベースド・カーボン戦略の２つの戦略達成目的のために，６億５千万米ドル（968億円）調達している。自然資本投資戦略としては，再生可能なアーモンド生産と生物多様性の向上に資するイベリア半島の土地利用の変更プロジェクトに活用され，ネイチャー・ベースド・カーボン戦略としては，土地の回復プロジェクトであるグローバル・エバーグリーニング・アライアンスのアフリカ復興プログラムに活用される。

こうした取組みを通じて，自然資本・生物多様性に貢献したい投資家と自然資本保全のためのプロジェクトを仲介することにより，金融を通じてネイチャーポジティブに貢献する他，当社グループの業績向上とも両立し，取組みそのものが持続可能な建つけとなっている。

当社は，自然資本保全に向けて従前より関心が高く，また，リスクとともに機会の側面にも注目して自然資本投資仲介に積極的に関与しているのみならず，フィンテック企業と連携して生物多様性のスクリーニングの方法開発にも取り組むなど，一貫した取組みが際立つ。まさに，「HSBC Statement on Nature」で高らかにコミットしているとおり，金融業界の中で自然資本保全への開示への取組みを先導しているものと考える。今後も，TNFDの最終化に伴い，コア開示指標，LEAP分析等金融における取組・開示の最先端を走っていくことが期待されよう。

## 2　SMBCグループ

### 1　現状のTNFD開示の内容

当社グループでは，生物多様性を含む自然資本の喪失が，リスクの増加や保有する金融資産の毀損など，金融グループとしての幅広い事業活動に潜在的な影響力を有する可能性があると考えている。また一方で，自然資本の適切な保全・回復は，社会の基盤を強固にすることで，人間の生活を豊かにし，健康を促進することにつながると整理している。こうした考えのもと，当社グループは2022年１月にTNFDフォーラムに参画し，TNFDの考え方に賛同した。その後，2023年４月に初となる「2023 TNFDレポート」を公表している。自然関連財務情報開示タスクフォース（以下，「TNFD」という）の提言が最終化される前であり，ベータ版などをもとに作成されたものである。

「2023 TNFDレポート」の構成は，TNFDの４つの柱に沿った内容が示されている。以下，記載内容のポイントを取り上げたい。

#### (1)　ガバナンス

自然資本関連の取組みを含むサステナビリティ全般のガバナンス体制は，取締役会および取締役会の任意の委員会であるサステナビリティ委員会が監督し審議を行っている。2022年度においては，取締役会およびサステナビリティ委員会においてCSuO（Chief Sustainability Officer）から自然資本関連の取組みの進捗報告などが行われた。

執行側としては，グループ経営会議とサステナビリティ推進委員会で審議・

決定される。グループ経営会議では自然資本に関する取組みの方向性が協議されたほか，サステナビリティ推進委員会では自然資本に関する国際動向が審議された。また，役員報酬体系の定量評価項目，定性評価項目においてはESG評価指標が取り入れられている。

### (2)　戦　略

法人融資先を優先的な対象として，企業活動と自然資本の関係を依存・影響の観点から分析し，それを踏まえて自社事業におけるリスクと機会の認識を行っている。そのうえで，リスクへの対応や機会を捕捉するための取組みについて記載している。

#### ①　企業活動と自然資本の関係性

ビジネスと自然資本の関係性を把握するため，ENCOREを用いて，TNFDが求める「依存」（組織が自然資本による便益をどう活用しているか）・「影響」（組織は自然資本に対してどのような影響を与えているか）それぞれの観点から分析を行っている。

「依存」に関して，自然資本が生み出す生態系サービスのうち，「原材料としての直接利用」「生産プロセスの補助」「間接的影響の低減」「災害の抑制」の４経路から，便益を享受していると分析している（**図表６－２**）。分析では，気候変動に伴う自然災害や人為的要因などにより，特定の自然資本が毀損した場合，これらのサービスに依存する企業は４経路に沿って，原材料の高騰，自然資本の変化への対応技術導入にかかる追加コストの発生，土壌・水質汚染による事業継続への懸念が生じる可能性がある。また，企業側も事業継続への懸念に対処すべく，ビジネスモデル転換や設備投資を行う可能性もある。

「影響」に関しては，企業が水の大量使用や水・大気・土壌の汚染，土地の改変，温室効果ガス排出などの活動によって自然資本に負の影響を及ぼし得ることから，自然資本保護に関する規制強化や環境保全圧力の高まりが生じた場合に，企業に追加的コスト負担や風評被害発生などが発生すると想定している。また，企業側もビジネスモデル転換や設備投資で対処する可能性があるとしている（**図表６－３**）。

図表6－2　企業活動と自然資本・生態系サービスの関係性（依存の観点）

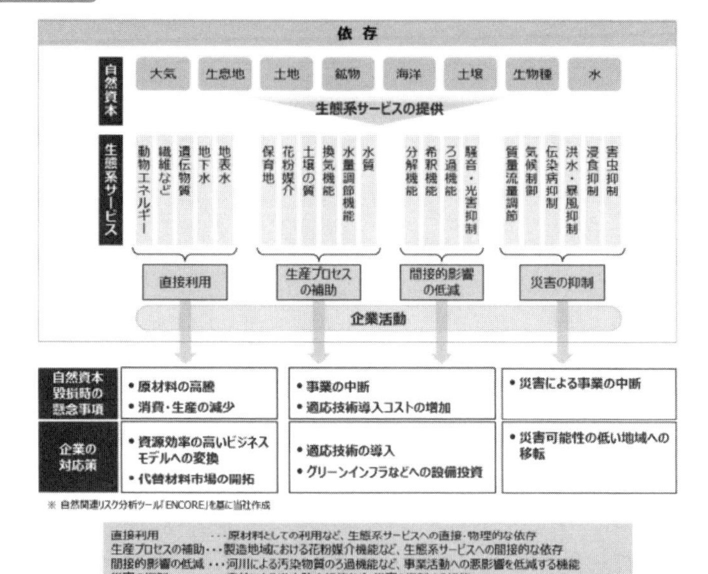


（出典）SMBCグループ「2023 TNFDレポート」P.11

図表6－3　企業活動と自然資本の関係性（影響の観点）

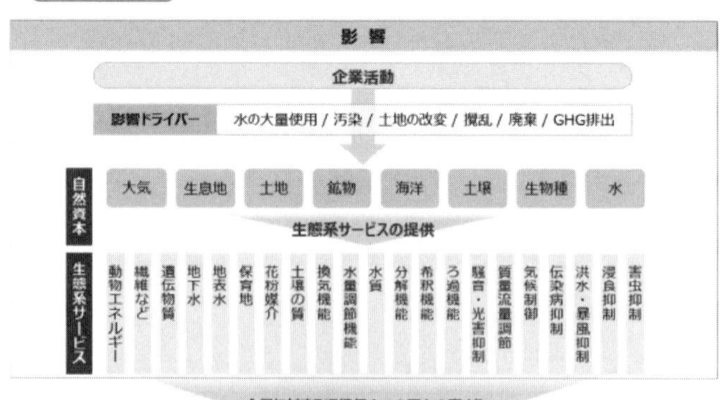


（出典）SMBCグループ「2023 TNFDレポート」P.12

### ②　自然関連のリスクに対する認識と対応

「依存」の観点からは，企業による自然資本の利用方法の変化や過度な利用を通して自然資本が毀損する結果として以下のリスクを挙げている。

- 物理的リスク：水や植物などの自然資本の枯渇や価値の劣化により，それらが生み出す生態系サービスに依存して事業展開を行う企業は，原材料調達コスト上昇や自然災害の激甚化・頻発化という変化を通して業績が悪化する可能性がある（当社にとっての信用リスク）。
- 移行リスク：自然資本の劣化による環境変化を受け，企業には新技術導入の追加的コストや事業中断の可能性がある（当社にとっての信用リスク）。

「影響」の観点からは，自然資本に負の影響を与える企業に対し法規制や政策面で不利な変更がなされることや，ステークホルダーからの自然関連情報の開示要請が高まる可能性があり，その結果として以下のようなリスクが発現しうることを挙げている。

- 物理的リスク：与信先企業が自然資本に負の影響を与えて自然資本を毀損しているとして当社グループのレピュテーションが悪化する可能性がある（当社にとってのレピュテーショナルリスク）。
- 移行リスク：規制強化や政策変更に伴い，環境負荷軽減のための費用負担が企業に求められる結果として対応コストが増加する可能性がある（当社にとっての信用リスク）。また，自然資本保全の取組や配慮が不十分，または開示事項に反映されていないことにより対応が不十分とステークホルダーからみなされる場合，当社グループのレピュテーション悪化につながる可能性がある（当社にとってのレピュテーショナルリスク）。

また，ENCOREを用いたスコアリングにより，「Very High」「High」「Middle」「Low, Very Low, N/A」の4段階で色分けしたヒートマップを作成し，重点分野を分析している。「依存」の観点からは，多くのセクターが地表水・地下水の利用に対する依存度が高いことが示され，それらの生態系サービスを提供する「水」が重要度の高い自然資本と考えられるとしている。

さらに，水リスクに対する依存度の高いセクターのうち特に重要なセクターを抽出すべく，NGOのCeresが作成する水リスク分析ツール「Investor Water Toolkit」を用いた追加的分析も行っている。この分析は，セクター別に，サプライチェーン，直接製造過程，製品使用の流れの中で，使用する水の質・量

図表6－4　依存に関するヒートマップ

| 生態系サービス ＼ セクター | 非アルコール飲料 | アルコール飲料 | 加工食品 | 農作物 | 林産品 | 紙パルプ | 建設・エンジニアリング | 水道 | 電力 | 建材 | 鉱業 | 石油・ガス | 製薬・バイオテクノロジー | 総合化学 | 特殊化学 | アパレル・繊維 | 海運 |
|---|---|---|---|---|---|---|---|---|---|---|---|---|---|---|---|---|---|
| 動物エネルギー | | | | | | | | | | | | | | | | | |
| 繊維など | | | | | | | | | | | | | | | | | |
| 遺伝物質 | | | | | | | | | | | | | | | | | |
| 地表水 | | | | | | | | | | | | | | | | | |
| 地下水 | | | | | | | | | | | | | | | | | |
| 生息地の保持 | | | | | | | | | | | | | | | | | |
| 花粉媒介 | | | | | | | | | | | | | | | | | |
| 土壌の質 | | | | | | | | | | | | | | | | | |
| 換気機能 | | | | | | | | | | | | | | | | | |
| 水量調節機能 | | | | | | | | | | | | | | | | | |
| 水質 | | | | | | | | | | | | | | | | | |
| 分解機能 | | | | | | | | | | | | | | | | | |
| 希釈機能 | | | | | | | | | | | | | | | | | |
| 視覚的緩和 | | | | | | | | | | | | | | | | | |
| ろ過機能 | | | | | | | | | | | | | | | | | |
| 質量流の緩和 | | | | | | | | | | | | | | | | | |
| 気候制御 | | | | | | | | | | | | | | | | | |
| 感染症の抑制 | | | | | | | | | | | | | | | | | |
| 洪水・暴風抑制 | | | | | | | | | | | | | | | | | |
| 浸食抑制 | | | | | | | | | | | | | | | | | |
| 害虫抑制 | | | | | | | | | | | | | | | | | |

Very High　High　Middle　Low, Very Low, N/A

（出典）SMBCグループ「2023 TNFDレポート」P.19

の変化に応じて水ストレスの水準を評価するものである。この分析からは飲料などのセクターで特に水準が高いと考えられることがわかった。

「影響」のヒートマップでは，影響ドライバー[1]をセクターごとに4段階で評価した。多くのセクターにおいて，「水の使用」，「陸地・淡水・海洋生態系の利用[2]」という影響ドライバーの影響が大きく，特に重視すべきとしている。

このほか，MS&ADホールディングスと共同で，国連環境計画　金融イニシアティブ（UNEP-FI）が主催するパイロットプログラムに参加し，融資業務が森林・生物多様性に与える影響を定量化・LEAPアプローチを試行的に実施している。このプログラムは，融資先のバリューチェーン上流における森林投入面積を国別・セクター別に把握し，その値を生物多様性への影響量に換算することで，融資に起因する自然資本への影響を定量的に分析するものである。この分析では，日本のほかインドネシアやフィリピンなど東南アジア諸国にお

1　企業活動が自然資本に影響を与える要因。
2　養殖や採掘場の開発に伴う海洋生態系の改変。

図表6－5　影響に関するヒートマップ

| 影響ドライバー ＼ セクター | 非アルコール飲料 | アルコール飲料 | 加工食品 | 農作物 | 林産品 | 紙パルプ | 建設・エンジニアリング | 水道 | 電力 | 建材 | 鉱業 | 石油・ガス | 製薬・バイオテクノロジー | 総合化学 | 特殊化学 | アパレル・繊維 | 海運 |
|---|---|---|---|---|---|---|---|---|---|---|---|---|---|---|---|---|---|
| 水の使用 | | | | | | | | | | | | | | | | | |
| 陸地生態系の利用 | | | | | | | | | | | | | | | | | |
| 淡水生態系の利用 | | | | | | | | | | | | | | | | | |
| 海洋生態系の利用 | | | | | | | | | | | | | | | | | |
| その他資源利用 | | | | | | | | | | | | | | | | | |
| GHG排出 | | | | | | | | | | | | | | | | | |
| GHG以外の大気汚染 | | | | | | | | | | | | | | | | | |
| 水質汚染 | | | | | | | | | | | | | | | | | |
| 土壌汚染 | | | | | | | | | | | | | | | | | |
| 固形廃棄物 | | | | | | | | | | | | | | | | | |
| 騒乱 | | | | | | | | | | | | | | | | | |

Very High　High　Middle　Low, Very Low, N/A

（出典）SMBCグループ「2023 TNFDレポート」P.21

ける生物多様性への影響は相対的に大きいことが見込まれる，との結果が示された。

### ③　自然関連の機会に対する認識と対応

自然資本と親和性が高い分野への投資が活性化することは，特定の自然資本に大きく依存する事業構造を有する企業にとって，自然資本の価値が維持され持続可能性が確保さることで，事業継続性を高めることになる，という認識のもと機会が見込まれる分野を中心にネイチャーポジティブの取組みを支援している。

事業領域としては，「食料・土地・海の利用の高度化」，「自然と調和した社会インフラ整備」，「エネルギー・採掘分野での脱炭素化」を掲げている。実際の取組事例として，「食料・土地・海の利用の高度化」については，三井住友銀行等が出資する農業法人におけるスマート農業の取組みや，植林事業を行う森林ファンドへの出資などが紹介されている。「自然と調和した社会インフラ整備」としては自然資本・生物多様性保全に資するインフラプロジェクトを資金使途とするグリーンボンド引き受けなどのグリーンインフラ支援を挙げた。「エネルギー・採掘分野での脱炭素化」では，再生可能エネルギー案件への取組みなどがある。

さらに，当社グループはMS&ADホールディングス，日本政策投資銀行，農林中央金庫と，企業のネイチャーポジティブに向けた取組みへの支援を強化する目的で，「Finance Alliance forネイチャーポジティブSolutions（FANPS）」というアライアンスを設立したほか，国立研究開発法人国立環境研究所との共同研究でネイチャーポジティブソリューションの調査やTNFD対応支援等も行っている。

### （3） リスク管理

当社グループでは，「大規模地震，風水害等の災害の発生」と「気候変動リスク，環境問題への対応不備（自然資本保護等への不十分な対応）」を，経営上特に重大なリスクであるトップリスクに選定し，グループ経営会議等で議論している。

また，自然関連リスクの管理プロセスとしては，①デューデリジェンスと②セクター・事業に対する方針を挙げている。

#### ① デューデリジェンス

当社グループの与信業務にかかる理念・指針・規範等を示した「グループクレジットポリシー」において，地球環境に著しく悪影響を与える懸念のある与信を行わないことを謳っている。そして，グループの与信業務の中核である三井住友銀行のデューデリジェンスでは，セクター・事業に対する方針の対象となる一部主要先を対象に，「ESGサマリーシート」を用いて，気候変動や自然資本への対応状況を含む環境社会リスクへの対応状況を把握する取り組みを行っている。具体的には，環境社会マネジメントシステム（EMS）[3]の整備状況や，規制遵守状況を確認する。こうした非財務情報を与信判断における定性的要素として活用する。

「エクエーター原則」（赤道原則）に基づく環境社会リスク評価も並行して実施される。エクエーター原則および国際金融公社（IFC）が制定する環境社会配慮に関する基準を参照し，各プロジェクトにおける生物多様性の保全および自然生物資源の持続的利用の管理状況について確認を行う。

---

3　組織や事業者が，その運営や経営の中で自主的に環境保全に関する取組みを進めるにあたり，環境に関する方針や目標を自ら設定し，これらの達成に向けて取り組んでいくための組織や事業者の体制・手続き等の仕組み。環境省が策定したエコアクション21や，国際規格のISO14001などがある。

#### ② セクター・事業に対する方針

当社グループでは，環境や社会に大きな影響を与える可能性の高いと考えられるセクター・事業に対する方針を制定し，各グループ会社のビジネスモデルに応じた形で導入している。自然資本に影響を与えると考えられるセクター・事業としては，「自然保護区域」「パーム油」「森林伐採」「水力発電」を掲げ，生態系への影響の軽減を目的とした規制の順守状況確認を行うこととしている。

### （4） 指標と目標

当社グループでは2020年から2029年までの10年間でのサステナブルファイナンスの累積実行額目標を30兆円と設定（うちグリーンファイナンス20兆円）している。

## 2 開示の特徴

当社グループの開示は，最終化前のベータ版を参照して作成されたものの，TNFDの要請を踏まえた包括的なレポートとなっている点が特徴である。各社が取組みの途上にあり，TNFDの開示を行う金融機関が現状限られているなかで，4つの柱に沿った記載やENCOREを用いた分析の示し方などを含め，これからTNFDに取り組むことを検討している金融機関にとって参考となるものといえる。なお，今後に向けては，TNFD最終化に伴いコア指標の開示検討などは必要となるだろう。

さらに，NGOのCeresが作成する水リスク分析ツール「Investor Water Toolkit」を活用してセクターを深堀するなど，水リスクの重要性を示している点も特徴である。当社グループでは今後，水ストレスに関するリスクをより正確に認識することに努めるとしており，顧客の水ストレス対応状況把握や，顧客のビジネスに水ストレスが及ぼす影響を通じて当社にどの程度の潜在的影響があるか定量的に把握することを検討することを検討している。こうした点について，シナリオ分析などをどのように進めるのか今後の開示が注目される。

# 3　MS＆ADホールディングス

## 1　現状のTNFD開示の内容

当社は2023年８月に「気候・自然関連の財務情報開示～TCFD・TNFDレポート～」[4]（以下，「TCFD・TNFDレポート」という）を公表している。2021年８月には「気候関連の財務情報開示～TCFDレポート～」[5]（以下，「TCFDレポート」という）を発行しているが，当社は，グループ全体で自然資本の持続可能性に取り組んでおり，今回の「TCFD・TNFDレポート」は，TCFDとTNFDのフレームワークに則って，「TCFDレポート」に自然関連の情報を整合的に統合させたレポートとなっている。

「TCFD・TNFDレポート」は，自然関連財務情報開示タスクフォース（以下，「TNFD」という）の提言のベータ版（v0.4）を参考に作成されている。「TCFD・TNFDレポート」では，①ガバナンス，②戦略，③リスク管理，④指標・目標のそれぞれの項目において，気候変動を包含する形で自然関連の情報が開示されている。特に，自然関連に焦点を当てている記載について，以下，取り上げることとする。

### （1）ガバナンス

当社グループにおける気候・自然関連を含むサステナビリティに関し，取締役会，グループ経営会議，およびサステナビリティ委員会およびERM委員会といった課題別委員会によるガバナンス体制について記載されている。

- 取締役会は，「グループ経営戦略上重要な気候・自然関連の事項の論議・決定を行うとともに，取締役，執行役員の職務の執行を監督している。」
- サステナビリティ委員会は，2023年度に新設されたグループCSuO（Chief Sustainability Officer）が運営責任者となり，グループ各社の社長，およ

4　https://www.ms-ad-hd.com/ja/csr/quality/creature/tnfd/main/013/teaserItems1/02/linkList/0/link/TCFD_TNFDReport_2023_1117.pdf

5　https://www.ms-ad-hd.com/ja/ir/ir_event/event/presentation/main/0111117/teaserItems1/0/linkList/0/link/TCFD_REPORT-2.pdf

び各グループCFO，グループCRO，ダイバーシティ，エクイティ＆インクルージョン担当役員等で構成され，サステナビリティ課題の取組方針・計画・戦略等の議論が行われる。なお，2022年度の主な論議テーマのなかには自然資本と気候変動の領域における社外との協業等が含まれており，各議論内容は，取締役会に報告されている。

● ERM委員会は，グループCFOとグループCROが運営責任者として開催される。2023年度２月に開催されたERM委員会では，中長期的に当社グループ経営に影響を与える可能性があり経営が認識しておくべきリスク事象（グループエマージングリスク）の１つとして自然資本のき損（資源の枯渇，生態系の劣化・危機，環境に甚大な損害を与える人為的な汚染や事故）に関して引き続きモニタリングしていくこと等についても議論され，議論内容は取締役会に報告されている。

### （2） 戦　略

「TCFD-TNFDレポート」の「戦略」では，「（１）気候関連の戦略」と「（２）自然関連の戦略」にわかれており，過去の「TCFDレポート」の「戦略」に係る主な内容は前者の（１）に引き継がれたうえで，新たに（２）にTNFD対応内容が加えられている。

#### ①　自然関連の依存・インパクトとリスク・機会

事業活動等と自然関連における依存とインパクトについて，まずは概念的な整理を行うとともに，企業等の事業活動における自然関連のリスクと機会，さらに金融機関のリスクと機会について整理している。分析に際してはLEAPアプローチの考え方に沿い，自然への依存とリスクを考慮しながらリスクと機会を特定している。優先的に分析する主な対象事業としては「損害保険事業」，「金融サービス事業」，「リスク関連サービス事業」を挙げており，このスコーピングの際には事業規模や自然資本への影響，評価可能性が考慮されている。

● 自然関連のリスク

当社グループは，TNFDの分類に沿ってリスクを**図表６－６**のように分類している。

物理的リスクについては急性・慢性に区分し，「台風や病害虫発生等の急激で物理的な事象に起因する急性物理的リスク」，「長期的な変化に起因する慢性物理的リスク」に分類している。

移行リスクについては，自然と共生する世界への移行に関連するリスクとして，「政策・法規制によるリスク」，「技術の革新等によるリスク」，「市場の需要供給の変化によるリスク」，「社会の評価・評判によるリスク」の４種類に分類している。

**図表６－６　物理的リスクと移行リスク**

| TNFDの自然関連リスク分類 | | 事象例 | 社会や経済への影響例 | 当社グループの事業活動におけるリスクの例 |
|---|---|---|---|---|
| 物理的リスク | 急性 | 台風・洪水・森林火災などによる湿地や森林の荒廃<br>病虫害の発生 | 自然災害被害の増大<br>農林水産物の収穫量の低下 | ●保険収支の悪化，利益のボラティリティ拡大による資本コストの増加 |
| | 慢性 | 少雨や干ばつ等の気象の変化等による湿地や森林の荒廃<br>水等資源供給の減少 | 農林水産物の収穫量の低下<br>原材料の供給不足や調達コストの増加<br>受粉や水源涵養等の生態系サービスの低下 | |
| 移行リスク | 政策・法規制 | 規制・基準の強化<br>訴訟の増加<br>生産量規制の強化 | 規制対応コストの発生<br>訴訟対応コストの増加 | ●投資先企業の業績悪化による投資リターンの低下 |
| | 技術 | 自然資本への依存やインパクトが小さい技術の進展 | 産業構造・需給の変化 | ●変化に対応できないことによる収益の低下 |
| | 市場 | 商品・サービスに対する需要と供給の変化 | | |
| | 評判 | 自然資本のき損への関与や対応の遅れによる非難 | 顧客や従業員等からの非難 | ●レピュテーションの低下 |

（出典）　MS＆ADホールディングス「気候・自然関連の財務情報開示～TCFD・TNFDレポート～」（2023年８月）P.12

また，保険事業を営んでいることから，当社グループの保険引受先・投融資先企業の自然への依存・インパクト度合を分析することが重要であるとし，「ENCORE」や「SBTN Sectorial Materiality Tool for Step 1a」を活用して業種別の自然に対する依存・インパクトの状況と，当社の保有割合についてヒートマップに整理している。具体的には，**図表６－７**のとおり，生態系サービス別の依存と，自然にインパクトをもたらす要因別のインパクトについて，「Very High（VH）」「High（H）」「Medium（M）」「Low（L）」の４段階で整

## 図表6－7　ヒートマップ

**<依存のヒートマップ>**

| 業種＼生態系サービス | 動物エネルギー | バイオレメデーション | 質量流量の緩和 | 気候調整 | 大気・生態系による希釈 | 感染症の抑制 | 繊維・その他素材 | ろ過 | 洪水・暴風雨の防止 | 遺伝物質 | 地下水 | 生息地の維持 | 安定化・浸食防止 | 感覚的影響の緩和 | 有害生物防除 | 花粉媒介 | 土壌の質 | 表流水 | 換気 | 水循環 | 水質 | 保険の保有割合 | 投融資の保有割合 |
|---|---|---|---|---|---|---|---|---|---|---|---|---|---|---|---|---|---|---|---|---|---|---|---|
| 通信サービス | | | | M | | | | | VH | | | | | | | | | | | | | 低 | 低 |
| 耐久消費財 | | L | | | L | | M | L | M | | VH | | L | | | | | H | | M | L | 中 | 中 |
| 生活必需品 | VL | M | VH | VH | M | H | VH | M | VH | M | VH | VH | VH | L | H | H | H | VH | M | H | VH | 低 | 低 |
| エネルギー | | M | | M | | | | M | H | | VH | | M | | | | | H | | | H | 低 | 低 |
| 金融 | | | | | | | | | | | | | L | | | | | | | | | 低 | 中 |
| ヘルスケア | | VL | | | | | | VL | | M | M | | L | | | | | H | | M | L | 低 | 低 |
| 資本財 | | | | | | | | | | | | | M | | | | | | | | | 中 | 中 |
| 情報技術 | | | | | L | | | L | | | M | | | | | | | M | | | | 低 | 低 |
| 素材 | VL | M | | VH | | H | VH | VL | VH | | VH | | VH | | H | H | H | VH | | H | | 低 | 低 |
| 不動産 | | L | | | | | | VL | VL | | M | | L | L | | | | H | | | | 低 | 低 |
| 公益事業 | | VL | | VH | | | | L | H | | M | | H | | | | | VH | | VH | L | 低 | 低 |

VH　H　M　L　VL

**<インパクトのヒートマップ>**

| 業種＼インパクトドライバー | 陸域生態系の利用 | 淡水生態系の利用 | 海洋生態系の利用 | 水使用 | その他資源の利用 | 温室効果ガス排出 | 大気汚染 | 水質汚染 | 土壌汚染 | 廃棄物 | 撹乱 | 外来種の導入 | 保険の保有割合 | 投融資の保有割合 |
|---|---|---|---|---|---|---|---|---|---|---|---|---|---|---|
| 通信サービス | H | | | | | H | M | L | L | M | M | H | 低 | 低 |
| 耐久消費財 | H | M | M | VH | | VH | H | M | M | M | M | | 中 | 中 |
| 生活必需品 | VH | VH | VH | VH | H | VH | H | H | H | H | M | H | 低 | 低 |
| エネルギー | VH | VH | VH | VH | | VH | H | M | M | H | H | | 低 | 低 |
| 金融 | VL | | | VL | | L | VL | VL | | H | | | 低 | 中 |
| ヘルスケア | | | | H | | H | M | H | H | H | | | 低 | 低 |
| 資本財 | VH | H | VH | H | | VH | H | M | H | M | H | M | 中 | 中 |
| 情報技術 | L | VL | L | M | | VH | M | H | H | M | M | | 低 | 低 |
| 素材 | VH | H | H | VH | | VH | H | H | H | H | H | M | 低 | 低 |
| 不動産 | VH | VL | VL | H | | H | M | M | M | H | M | M | 低 | 低 |
| 公益事業 | VH | VH | H | VH | | VH | H | H | H | H | H | H | 低 | 低 |

VH　H　M　L　VL

（出典）　MS&ADホールディングス「気候・自然関連の財務情報開示～TCFD・TNFDレポート～」（2023年８月）P.13

理するとともに，「陸域や水域の改変による自然へのインパクトが大きい業種における事業は，保険引受先・投融資先企業の環境への配慮状況を踏まえ，慎重に取引の可否を判断」するとしている。

● 自然関連の機会

当社グループは，機会を「製品・サービス」，「市場」，「資源の効率性」，「天然資源の持続可能な利用」，「資本フロー・資金調達」，「評判資本」，「自然の保護・修復・再生」のTNFDの７分類に沿い，**図表６－８**のように整理している。

**図表6－8　自然関連機会の分類**

| TNFDの<br>自然関連機会の分類 | 事象例 | 当社グループの事業活動<br>に対する機会の例 |
|---|---|---|
| 製品・サービス | ●自然へのポジティブな影響又はネガティブ影響の緩和効果を持つ製品・サービスの開発，拡大<br>●グリーンインフラ関連の製品・サービスの開発，拡大 | ●新しい商品，サービスへの補償ニーズの増加<br>●自然へのリスク・機会の分析や事業戦略の策定を支援するコンサルティングニーズの増加 |
| 市場 | ●新規市場・新興市場の広がり | |
| 資源の効率性 | ●環境負荷の低い原材料への変更等の生産プロセスの転換<br>●自然に配慮した原材料の認証制度の広まり<br>●再生素材の活用とリサイクルの広まり<br>●水使用量と消費量の削減<br>●多様な原材料の活用（未利用資源の活用）<br>●汚染防止や廃棄の削減 | ●新しい原材料や生産プロセスへの補償ニーズの増加や転換を促す金融サービスの開発<br>●事故防止やリユース，リサイクルを推進するサービスのニーズの増加<br>●汚染などのリスク評価や補償ニーズの発生<br>●認証制度に関わるサービスやリスクへの補償ニーズの増加 |
| 天然資源の持続可能な利用 | | |
| 資本フロー・資金調達 | ●自然関連のグリーン金融の広まり<br>●公的インセンティブの活用による環境保護 | ●新たな投融資機会の増加 |
| 評判資本 | ●地域，国，国際レベルでのステークホルダーとの協働の広まり<br>●地域における環境活動の増加 | ●自治体や地域団体，消費者との連携によるマーケットの拡大 |
| 自然の保護・修復・再生 | ●自然の保全・再生活動<br>●地域におけるグリーンインフラの実装<br>●希少生物の保護 | ●コンサルティングニーズや投融資機会の増加 |

（出典）　MS&ADホールディングス「気候・自然関連の財務情報開示～TCFD・TNFDレポート～」（2023年8月）P.14-P.15

また，当社グループは，その保険商品・サービスが対象とする個人や企業の事業活動における自然への依存やインパクトを把握することは重要であると考え，個人や企業の事業活動が与える自然へのネガティブなインパクトに対して，当社グループの自動車保険や火災保険，船舶保険等の保険商品やサービスが，どのように緩和できるかを分析している[6]。

**②　自然関連のリスクと機会を踏まえた当社グループの取組み**

前述の自然関連のリスクおよび機会に係る分析・整理した結果を踏まえて，当社グループはその取組みについて「自然関連の商品・サービス」，「自然環境の保全・再生取組（防災・減災，地方創生に貢献）」，「連携を通じた自然関連

6　「気候・自然関連の財務情報開示～TCFD・TNFDレポート～」2023年8月，MS&ADホールディングス　P.16に記載。

の研究開発」の3つに分類して整理している。それぞれの分類における事例については**図表6－9**のとおりであり，各事例はCOP15で採択された昆明・モントリオール生物多様性枠組（GBF）のグローバルターゲットと関連づけられている。

**図表6－9　当社グループの取組み**

| | | |
|---|---|---|
| 自然関連の商品・サービス | 自然資本／TNFD関連コンサルティング | GBF関連ターゲット：15 |
| | 海洋汚染対応追加費用補償特約 | GBF関連ターゲット：7 |
| | 「野焼き」の賠償責任保険 | GBF関連ターゲット：10 |
| | 動物アラートサービスによるロードキルの防止 | GBF関連ターゲット：4 |
| 自然環境の保全・再生取組 | MS&ADグリーンアースプロジェクト | GBF関連ターゲット：8, 11 |
| | 生物多様性に配慮した緑地と蓄雨機能を持つ三井住友海上駿河台ビル | GBF関連ターゲット：3, 8, 11 |
| 連携を通じた自然関連の研究開発 | 自然関連のイニシアティブ・アライアンス<br>●企業と生物多様性イニシアティブ（JBIB）<br>●ネイチャーポジティブ金融アライアンス（FANPS） | GBF関連ターゲット：15 |

（出典）　MS&ADホールディングス「気候・自然関連の財務情報開示～TCFD・TNFDレポート～」（2023年8月）P.18-P.25より作成

## （3）　リスク管理

過去の「TCFDレポート」における「リスク管理」に係る内容を踏襲している。ほぼ気候変動に係る記載であるように見受けられるが，「（3）保険引受における訴訟リスク」において，「関連するリスク事象の中長期的な動向を把握するため，グループエマージングリスクの1つとして「自然資本のき損（資源の枯渇，生態系の劣化・危機，環境に甚大な損害を与える人為的な汚染や事故）」について，モニタリング」[7]しているとの記載がある。また，「（5）自然関連のステークホルダーとの連携」において，「TNFDコンサルテーショングループ・ジャパン」[8]における活動や「企業が語るいきものがたり」[9]など活動

7　TCFD TNFDレポートP.23

8　2022年6月に設置，通称TNFD日本協議会。自然に関連するビジネスや金融のあり方と開示枠組の将来的な採用について議論する，TNFD公認の日本における協議会。オーストラリア&ニュージーランド，ASEAN，ブラジル，コロンビア，フランス，インド，オランダ，ケニア，北欧，スイス，イギリス，カナダで同様の協議会を設置（2023年8月時点）。

9　当社主催で2007年度より毎年開催している，企業と生物多様性シンポジウム。

や各種委員会・研究会活動が紹介されている。

### （4） 指標・目標

過去の「TCFDレポート」における「指標・目標」に係る内容を踏襲し，ほぼ気候変動に係る記載であるように見受けられる。新たに自然関連に触れられていると想定されるのは「（1）リスクと機会に関する指標」における「気候変動への対応・自然資本の持続可能性向上に貢献する商品・サービスに関する指標」，「気候変動・自然資本の持続可能性向上への対応を含むESGテーマ型投資に関する指標」，「気候変動への対応・自然資本の持続可能性向上を含むベンチャー投資に関する指標」および「（6）気候・自然関連の役員報酬」であるが，その指標は，気候変動を含む包括したものとなっている。

## 2 開示の特徴

当社グループは，従来のTCFDレポートを踏襲しつつ，新たな情報についてはTNFDフレームワークに沿った開示を行っている。特徴的な点としては，「戦略」において詳細な開示がされている点が挙げられる。

- 当社グループの中期経営計画におけるサステナビリティの重点課題（マテリアリティ）の1つ，「地球環境との共生～Planetary Health」を掲げるなか，気候変動への対応と自然資本の持続可能性向上を一体的に取り組む課題と位置づけ，社会との共通価値を創造するCSV取組と関連づけている。また，SDGsゴールも意識した開示となっている。
- 自然関連の戦略のパートを気候関連とは別に設け，LEAPアプローチの考え方に沿い，自然への依存とインパクトを考慮しながら，リスクと機会を特定し，これを開示している。リスクの箇所では，保険引受先・投融資先企業については業種別に依存のヒートマップおよびインパクトのヒートマップに整理して開示しており，インパクトの大きい業種や生物多様性豊かな地域における事業は，慎重に取引の可否を検討・判断するとしている。また自然への依存・インパクトと機会については保険種目に関連づけて分析，開示しており，自然へのネガティブインパクトの緩和にどのように貢献できるか，商品・サービスの開発を進めていくとしている。
- 自然関連のリスクと機会を踏まえた，「リスクソリューションのプラットフォーマー」としての当社グループの取組みについて，各種事例がGBF

のグローバルターゲットと関連づけて開示されている。

- 「付録1」としてだが，UNEP FIの2022年度のパイロットプログラム「インドネシアにおける天然ゴム産業」に参加，その実践内容が開示されている。当社グループのLEAPアプローチの知見・ナレッジをイメージできるものとなっている。また2023年度にはUNEP FIが開催したシナリオ分析に関するパイロットプログラムにも参加している。

当社グループはCSR観点から始まり長期にわたって自然資本・生物多様性への関心が高く，様々な自然関連のイニシアティブ・アライアンスにも主要メンバーとして積極的に参加している。また自然資本・生物多様性については気候変動同様に，損害保険を中心とする保険事業等との親和性も高いと考えられる。自然資本保全への開示への取組みやシナリオ分析の開発等において，当社グループは，今後も日本の保険業界の中でリーダーシップを発揮していくことが期待される。

## 4　キリングループ

### 1　TNFD開示の背景，概要

キリングループは，2010年に「キリングループ生物多様性保全宣言」を発表して以来，早期から生物資源のリスク調査・評価の実施や「キリングループ持続可能な生物資源利用行動計画」の策定などの持続可能な生物資源利用に関する取組みを進めてきた。

さらに2020年には「キリングループ環境ビジョン2050」を発表し，「ポジティブインパクトで豊かな地球を」を掲げ，「生物資源」「水資源」「容器包装」「気候変動」の4つの課題を設定している。それらのうち，「生物資源」に関しては，事業を拡大することが生態系の回復・拡大に貢献する「ネイチャー・ポジティブ」を目指し，紅茶・紙・パーム油・コーヒー・大豆等の重要な原材料に対して，特定の「場所」が生み出す農産物への「依存性」というローカルな視点と，気候変動が原料農産物の収量や品質に大きな影響を与えるというグローバルな視点の両方を考慮して，以下をはじめとしたさまざまな取組みを推進している。

- 紅茶農園：「キリングループは，2013年からスリランカの紅茶農園へのレインフォレスト・アライアンス認証取得支援を行っています。2022年末でスリランカの認証取得済み紅茶大農園の約30%に相当する累計94農園が支援によって認証を取得し，2021年８月には認証農園の茶葉を使った通年商品の販売も開始しました。」
- ブドウ畑：「国立研究開発法人　農業・食品産業技術総合研究機構の研究員を招き，長野県上田市丸子地区陣場台地にあるシャトー・メルシャン椀子ヴィンヤードで2014年から実施している生態系調査で，環境省のレッドデータブックに掲載されている絶滅危惧種を含む昆虫168種，植物289種を確認しています。山梨県甲州市勝沼の城の平ヴィンヤードでも絶滅危惧種を含む多くの希少種が見つかっています。」

これらの取組みの背景にあるのは，「生への畏敬」というキリンの醸造哲学と，それをバックボーンとして，キリングループが2013年に日本企業で初めて戦略

図表６－10　キリングループの環境価値相関

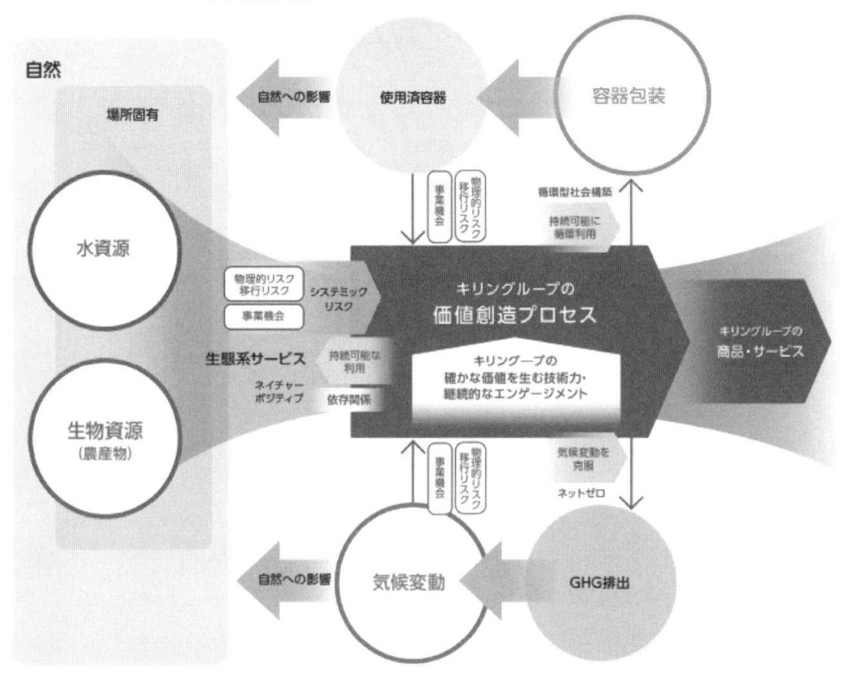


（出典）　キリングループ「キリングループ 環境報告書 2023」（2023年７月）P.11

として掲げた「CSV経営」である。事業活動を通じて社会課題の解決に取り組み，社会的価値を生み出すと同時に経済的価値を創出していくことを目指す本戦略では，「水資源」や「生物資源」を価値創造の源泉として捉えている。

上記のとおり，キリングループは自然資本（生物資源・水資源）を経営戦略の根幹に位置づけて，事業を通じて自然資本の持続的な利用を推進してきた。

2022年７月には世界に先駆けてTNFDが提唱するLEAPモデルでの試行的開示を実施した。本節では，『キリングループ 環境報告書 2023』における「TCFDフレームワーク・TNFDフレームワーク案などに基づいた統合的な環境経営情報開示」における内容を紹介する。本開示は，①ガバナンス，②リスク管理，③戦略，④指標と目標，⑤外部評価の５パートで構成されており，記載概要は**図表６－11**のとおりである。

**図表６－11　「TCFDフレームワーク・TNFDフレームワーク案などに基づいた統合的な環境経営情報開示」の全体構成**

| 見出し | 記載概要 |
|---|---|
| ガバナンス | 自然資本を含む，環境関連課題の監督体制・執行体制と業績連動報酬における非財務KPIの組み込みの説明 |
| リスク管理 | 重要リスクのモニタリング体制と，気候変動がもたらす急性リスクへの対応についての説明。重大なリスクと機会に関しては，「生物資源」「水資源」「容器包装」「気候変動」の４つの課題別に一覧化 |
| 戦略 | 「インパクト評価結果」，「レジリエンス評価」，「自然資本に関するリスクと機会分析」，「自然資本のシナリオ分析」，「環境課題へのアプローチ」，「移行計画」の説明<br>（うち，TNFD・自然資本に関する箇所について以下に説明） |
| 指標と目標 | 「気候変動」，「自然資本」，「容器包装」それぞれに関する指標と目標（一部，実績含む）の説明 |
| 外部評価 | 投資家をはじめとしたステークホルダーに対して，透明性のある情報開示を実施した結果としてのグローバルなインデックスへの組み入れや評価について説明 |

（出典）　キリングループ「キリングループ 環境報告書 2023」（2023年７月）

「戦略」パート，TNFD・自然資本に関する記載箇所の説明

- 自然資本に関するリスクと機会分析：「（前略）キリングループの自然資本への依存度の高さと喪失した場合のリスクの大きさを考慮し，事業に対する自然資本への依存度合や影響度，リスクと機会を把握するために，2022年後半から2023年初めに掛けて「事業・製品グループ毎の依存度・影響度

の評価」を実施しました。」

- 自然資本のシナリオ分析：「（前略）2023年３月に，水ストレスが非常に高いアメリカのコロラド州のクラフトブルワリーであるニュー・ベルジャンで，シナリオ分析のワークショップを実施しました。」
- 環境課題へのアプローチ：「（前略）キリングループが農産物や水といった自然資本に依存した事業であることを理解して実施してきた施策が，気候変動の戦略に統合的に反映されている状況が分かるように，SBTNが推奨するAR$^3$Tフレームワークを使って，自然資本に関わる当社の行動枠組みを示します。」

## 2　TNFD開示の内容，特徴

上記のとおり，キリングループの開示は，TCFD・TNFDフレームワークに基づいて，統合的に行われている。TNFDの一般要件（General Requirements）として挙げられている「他サステナビリティ関連開示との統合（Integration with other sustainability-related disclosures）」に対応した記載となっている。以降にて，「戦略」パートにおける特徴を紹介する。

「戦略：自然資本に関するリスクと機会分析」のパートでははじめに，スクリーニングにあたってENCOREツールを利用して，バリューチェーン全体（上流～下流）における自然資本への依存度と影響度について，以下の結果を確認している。

- 「ヘルスサイエンス事業の依存度や影響度は非常に小さく，製造拠点での依存度・影響度は中程度，農産物生産の依存度が高く，自然に負の影響を与える可能性のあるものが含まれていることを確認しました。」

さらにキリングループは，ENCOREツールの分析結果に加えて，2017年の水リスク調査結果や別の外部データベースの調査結果を参照しており，詳細検討範囲の選定にあたって，以下のように説明している。

- 「（前略）ツールが出力する結果だけで自然資本のリスクを判断するのではなく，その結果をどう解釈していくかが重要です。適切に理解するには現地の情報が必要です。」
- 「（前略）TNFD関係者との意見交換の結果も踏まえて，2022年度はキリングループの事業のうち自然資本への依存度が高く，長年の認証取得支援で知見の蓄積があり，年１回程度訪問して農園マネージャーと意見交換するなど現地とのエンゲージメントの高いスリランカの紅茶葉生産地におけるリスク・機会を詳細に検討することとしました。」

このような検討プロセスの説明は，第3章1の「LEAPアプローチを進めるうえでの考慮事項」に記されている「LEAP評価を実施する主体は，関連するステークホルダーと協議し，必要に応じて第三者の専門家の助言を活用することが推奨される」といった観点に沿っている。

「戦略：自然資本に関するリスクと機会分析」のパート後半では，「LEAPアプローチによる自然資本のリスクと機会の分析」のプロセスと分析結果を示している。

### 図表6－12　TNFDのL（Locate）フェーズ分析結果

LEAP

紅茶農園がある地域は貴重な固有種の生息地域。さらに，水ストレスも高く，絶滅リスクにさらされている地域※1でもある

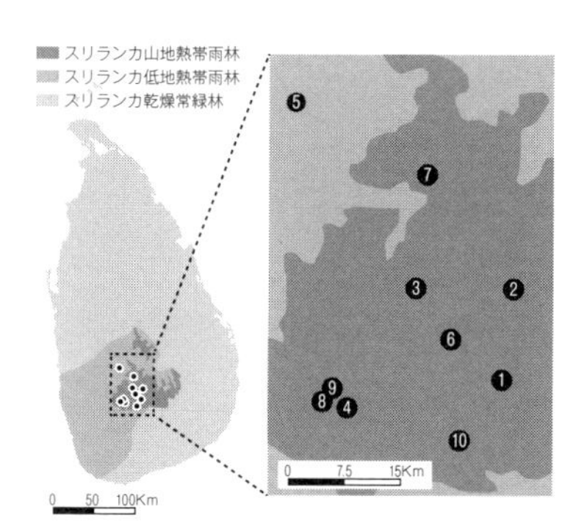


対象とした10農園の分析・評価結果

| スリランカ山地熱帯雨林 | | スリランカ低地熱帯雨林 |
|---|---|---|
| ■■■■■■■■■ | 調査農園の該当数 | ■ |
| ウバ，ヌワラエリア，ディンブラ | 農園の地域 | キャンディ |
| ● スリランカ固有の生物が多数存在<br>● 固有の花を咲かせる植物と脊椎動物の半分以上が産地に生息するが分布は限定的 | 地域の特徴 | ● スリランカの固有種の70%以上が生息<br>● 大きな樹木の固有種の豊富さに加え小さな植物の固有種の割合が高い |
| ● 茶畑開発のための熱帯雨林の大規模な伐採<br>● 近接する国立公園や保護区の管理対策が立てられていない | 生物多様性の懸念点 | ● 違法な自然林の伐採による生態系の侵害 |
| ● 標高の高～低い地域までの生態系を接続<br>● 環境保全用地を購入するためのグリーンファンド創設や官民パートナーシップの確立<br>● 法に基づいた標高約1,515m以上の森林の保全・再生 | 今後10年間で優先される保全活動 | ● 生態系の連結性を維持するため，モザイク状に現存する森林をつなぎ近隣の保護地域と結合<br>● 環境保全用地を購入するためのグリーンファンド創設や官民パートナーシップの確立 |

今回の調査・分析で準拠したTNFDフレームワークの「優先地域」判断基準

| 優先地域の判断基準 | | 各判断基準に対応すると考えられる指標とデータベース | |
|---|---|---|---|
| 生態系の完全性 | 生態系の現在または将来予想される完全性。無傷でない，完全性の低い生態系は，健全な生態系よりもリスクが高いと判断される（生態系の完全性と健全性，種の多様性，種の絶滅リスクなどにより評価） | 生息するレッドリスト種"CR"＋"EN"のカテゴリー合計）<br>□START（脅威の軽減スコア），STARR（回復スコア） | IBATにより調査地点の半径50km圏内のレッドリスト種数を調査<br>STARについては，Nature Ecology&Evolution誌"A metric for spatially explicit contributions to science-basedspecies targets"のデータより，GISソフト「QGIS」を用いて解析 |
| 生物多様性の重要性 | 生態系が生物多様性の重要性，生物多様性ホットスポット，保護地域，その他国際的に認識されているかどうか（法的保護の有無，生物多様性重要地域を含む優先的に保護すべき地域として認識されているか，ユニークで局所的な生態系を含む地域であるか，などにより評価）。 | 保護地域との近接性<br>KBA（生物多様性重要地域）との近接性 | IBATにより調査地点の半径50km圏内の保護地域・KBA数を調査 |
| 水ストレス | 水ストレスの高い地域であると知られている。 | ベースライン水ストレス | Aqueduct Water Risk Atlasにより調査地点の水ストレスレベルを調査 |

※1　Global Map of Ecoregionsを用いたスリランカの陸域評価によれば，紅茶農園がある地域は貴重な固有種の生息地域であり，水ストレスも高く，絶滅リスクにさらされている生態域とされる
※2　国際連合環境計画（UNEP）が開発した地球上の生態系を広く分類するための分類体系
※3　国連環境計画の世界自然保護モニタリングセンターUNEP-WCMC）が開発した世界の生物多様性情報を統合したデータベース「生物多様性統合アセスメントツール」で，Integrated Biodiversity Assessment Toolの略

（出典）　キリングループ「キリングループ 環境報告書 2023」（2023年7月）P.26

① L：Locateに関する説明（一部抜粋）

- 「（前略）スリランカの中でも自然公園などに近い10農園を選択し，その緯度・経度を調べ，Global Map of EcoregionsやIUCN Global Ecosystem Typologyを使って，紅茶農園周辺の生態系を把握しました。さらに，所在地のバイオーム調査を行いました。」
- 「L3（優先地域の特定）フェーズでは，IBATやAqueduct Water Risk Atlasなどを使い，検討対象地域の生態系がどれくらい人為的な影響を受けているか，保護上の重要性，水ストレスを勘案し総合的に評価を行いました。」

② E：Evaluateに関する説明（一部抜粋）

- 「スリランカで研究発表されている各種論文を使って，関連する環境資産と生態系サービスの特定を行い，依存度と影響を把握しました。」

③ A：Assess，P：Prepareに関する説明（一部抜粋）

- 「今後，スリランカの紅茶農園を対象に，LEAPのA・Pフェーズに進み，活動の有効性を詳細に分析・評価する予定です。」

「戦略：自然資本のシナリオ分析」では，2023年3月に実施したシナリオ分析ワークショップの様子や，議論内容について説明している。なお，シナリオ分析ワークショップは，TNFDのコンサルタントや水の専門家と共に実施されており，結果はTNFDの“Guidance on Scenario Analysis”にケーススタディ事例として掲載されている。

- 「自然資本は気候変動とは異なり，現状では利用可能な公開シナリオはほとんど存在しません。そのため，今回のシナリオ分析の試行でも定量的な分析は困難でした。しかし，「生態系サービスの劣化の強弱」と「市場と非市場」という2軸でシナリオ分析を行うことは，自社および事業所の自然資本に関する課題と解決に向けたヒントを得るには有用であると判断しています。」

世界各国の企業に先駆けてTNFD LEAPフレームワークでの試行的開示を実施したキリングループが，シナリオ分析をはじめとしたさらなる開発を進めるTNFDを踏まえて，今後どのように開示レベルを向上されていくか，注目していきたい。

図表6－13 TNFDで提唱されているシナリオ分析の軸と分析結果

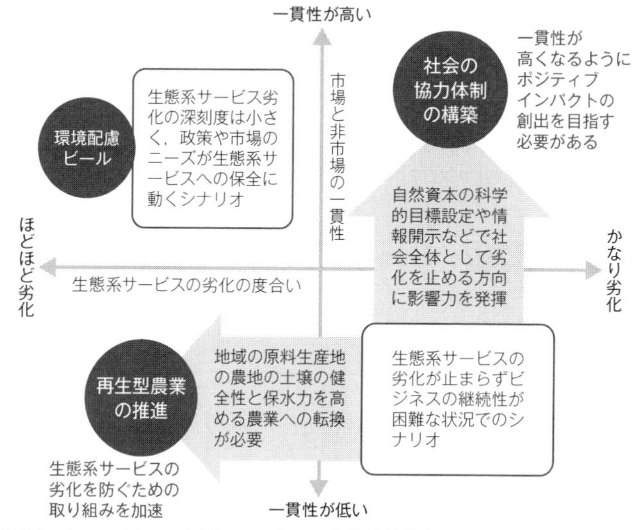


（出典） キリングループ「キリングループ 環境報告書 2023」（2023年7月）P.28

# 5 東急不動産ホールディングスグループ

## 1 TNFD開示の背景，概要

東急不動産ホールディングスグループは，ありたい姿「価値を創造しつづける企業グループへ」の実現をめざし，社会課題を踏まえたマテリアリティの6つのテーマの1つとして「サステナブルな環境をつくる」を掲げる。長期ビジョンおよび中期経営計画2025でも，「環境経営」を全社方針としており，3つの重点課題として「気候変動」「循環型社会」「生物多様性」を挙げている。

生物多様性に関する取組みとしては，2011年に「生物多様性方針」を策定しており，さらに，その後の国内外の社会・政策動向やこれまでの当社グループの環境配慮と自然との共生の歩みを踏まえて，2023年8月に以下のように改定した。

●「当社グループは「昆明モントリオール生物多様性枠組（GBF）」で定め

られた「ネイチャーポジティブ」を目指す国際的な目標を尊重し，取引先，お客さま，地域社会などのステークホルダーと協働しながら，生物多様性へのネガティブインパクトを回避・最小化し，ポジティブインパクトを拡大するための取り組みを推進します。（以降，詳細項目あり）」

そのうえで，具体的な取組みとしては，以下のような事業活動と紐づくものを推進している。

- 「生物多様性行動計画（BAP）：「当社グループでは，すべての事業地域の中で特に保全上重要な場・種・機能をもつエリアを特定して生物多様性行動計画（BAP）を策定します。」
- 「生物多様性リスク評価（生物多様性の生息環境の開示）～プロジェクトにおける生態系調査の実施と緑化による生物多様性保全：「当社グループでは，マンションやオフィスビル，商業施設などの建物を積極的に緑化することにより，周辺の緑をつなぎ，生物多様性に配慮したエコロジカル・ネットワークの形成に取り組んでいます。」
- 「外来生物対策マニュアル」の設定：「当社グループではマニュアルを設定し，侵略性の高い外来種を発見した際の対処を定め，地域の生態系の保全に取り組んでいます。」

そこで2023年８月には，ネイチャーポジティブへ貢献をより一層進めるべく，2023年８月に国内不動産産業で初めて『TNFDレポート』を策定・公開した。本レポートは「INTRODUCTION」と「TNFDに沿った自然情報開示」の２パートで構成しており，記載概要は**図表６－14**のとおりである。

「TNFDに沿った自然関連情報開示：戦略」の記載事項

以下の７項目で東急不動産ホールディングスグループの事業に関係する自然関連の戦略について説明している。

- 当社グループ全体の自然への依存とインパクトの外観：TNFDの分類を参照し，事業・バリューチェーン段階別に依存・インパクトの内容と定性的な重要性についてその概要を検討した結果を一覧にて開示している。
- 保有物件の所在地別に見た優先度評価：バリューチェーンの中でも，東急不動産ホールディングスグループ物件の開発～運営段階での自然のかかわ

図表6－14　TNFDレポートの全体構成

| 見出し | 小見出し | 記載概要 |
|---|---|---|
| INTRODUCTION | はじめに | 「昆明・モントリオール生物多様性枠組の策定」をはじめとした国際動向の紹介 |
| | 東急不動産ホールディングスの環境経営とTNFDレポートの位置づけ | 環境経営方針とTNFDレポートの位置づけの説明 |
| | サマリー | TNFDフレームワークと主な開示内容の説明 |
| TNFDに沿った自然関連情報開示 | ガバナンス | 自然関連のガバナンス体制について説明 |
| | 戦略 | (以下に記載の7項目で説明) |
| | リスク・インパクト管理 | 「特定・評価プロセス」「管理プロセス」「自然関連リスク・機会，インパクトに関する取り組み」の説明 |
| | 自然への依存・インパクトに関する指標およびターゲット | 自然関連の依存・インパクトに関して策定している「KPI (GROUP VISION 2030)」と「主な環境指標の推移」の説明 |
| — | 用語と解説，参考文献 | — |

（出典） 東急不動産ホールディングスグループ「TNFDレポート～東急不動産ホールディングスグループにおけるネイチャーポジティブへの貢献～」(2023年8月)

りの重要性が特に高いと考えられる，都市開発事業および管理運営事業の物件を対象として，TNFDの提示する優先地域の観点を参考に，立地に基づく優先地域の評価を実施し，開示している。

- 広域渋谷圏における自然の状態と重要性：「生態系の十全性」，「生物多様性の重要性」の2軸で分析結果を開示している。
- 広域渋谷圏における依存・インパクト：「広域渋谷圏の都市開発事業における，バリューチェーンを通じた依存・インパクトの全体像」と詳細調査結果を開示している。
- 広域渋谷圏（都市開発事業）における重要なリスク・機会の評価：物理的リスク，移行リスク，機会の3分類で，都市開発事業において想定されるリスク・機会を開示している。
- 都市開発事業以外における重要なリスク・機会の評価：物理的リスク，移行リスク，機会の3分類で，都市開発事業以外の事業分野において想定されるリスク・機会を開示している。

- 生物多様性方針の改定：上記のとおり，2023年８月に改訂された方針を記載している。

## 2　TNFD開示の内容，特徴

株式会社シンク・ネイチャーと協働で，これまでの詳細な現地調査を参照のうえ，結果を開示している「戦略」パートと既存取組みについても取りまとめている「リスク・インパクト管理」パートにおける特徴を紹介する。

「戦略：当社グループ全体の自然への依存とインパクトの外観」では，以下の方針で，事業・バリューチェーン段階別に依存・インパクトについて分析している。

- 「UNEP（国連環境計画）が開発したツールであるENCOREやSBT for Natureのツールにおける，セクター別レーティングを参考に，依存やインパクトの重要性をVery High～Lowの４段階で整理しました。」

**図表６－15　東急不動産ホールディングスグループ全体の自然への依存とインパクトの概観**

VH Very High（とても高い）　H High（高い）　M Medium（中程度）　L Low（低い）

| セグメント | 事業内容 | 売上規模 | バリューチェーン | 自然へのインパクト | | | | | | | | 自然への依存 | | | | | |
|---|---|---|---|---|---|---|---|---|---|---|---|---|---|---|---|---|---|
| | | | | 陸域生態系の利用 | 淡水・海洋生態系の利用 | 資源利用 | | GHG排出 | 汚染 | 廃棄物 | その他 | 供給サービス | | 調整サービス | | | 文化的サービス |
| | | | | | | 水 | その他資源 | | | | | 水資源 | その他資源 | 影響緩和 | 気候調整 | その他 | |
| 都市開発 | オフィス・商業施設／分譲・賃貸住宅等 | | 建設・開発 | VH | | | M | H | M | H | H | | M | L | | | |
| | | | 運営 | VH | | H | | H | | H | | H | | L | L | | H |
| 戦略投資 | 再エネ施設（太陽光/風力/バイオマス） | | 建設・開発 | VH | | | M | H | M | H | H | | M | L | | | |
| | | | 燃料生産 | H | | | | H | H | | | VH | | | | | |
| | | | 操業 | VH | | H | H | H | H | H | M | M | VH | L | VH | | |
| | 物流施設 | | 建設・開発 | VH | | | M | H | M | H | H | | M | L | | | |
| | | | 運営 | VH | | | | H | | H | H | | | L | L | | M |
| | マンション管理環境緑化事業 | | 管理・改修 | VH | | | | | | | H | | | | | | |
| 管理運営 | ホテル、ゴルフ場、スキー場等 | | 建設・開発 | VH | VH | | M | H | M | H | H | | M | L | | | |
| | | | 食材等の生産 | VH | VH | VH | | H | H | | | VH | VH | VH | VH | VH | |
| | | | 運営 | VH | VH | H | M | H | | H | H | H | M | L | M | H | VH |
| | ヘルスケア等 | | 建設・開発 | VH | | | M | H | M | H | H | | M | L | | | |
| | | | 運営・利用 | VH | | H | | H | | H | | H | | L | L | | H |

※1：全事業における建設・開発段階、再エネ・レジャー施設以外の物件の運営・操業段階のレーティングは各ツールの「不動産」、再エネ施設の運営段階は「再生可能エネルギー」、レジャー施設の運営は「ホテル・リゾート・クルーズ」、バイオマス燃料や食材等の生産は「森林製品」「農業」のサブインダストリーをベースに、必要に応じ補完・調整して重要性を検討しました。
※2：セグメントのうち「不動産流通」については、直接の操業段階での依存・インパクトの重要性が高くないこと、間接的な依存・インパクトは他の不動産事業と同様であることから本表では割愛しています。

（出典）　東急不動産ホールディングスグループ「TNFDレポート～東急不動産ホールディングスグループにおけるネイチャーポジティブへの貢献～」（2023年８月）

「戦略：保有物件の所在地別に見た優先度評価」では，都市開発事業および管理運営事業の物件を対象として，TNFDの提示する優先地域の観点を参考に，立地に基づく優先地域の評価を実施している。立地による優先度評価に用いた指標・情報は**図表６－16**の４種である。

**図表6－16 立地による優先度評価に用いた指標・情報**

立地による優先度評価に用いた指標・情報

| TNFDの優先地域の観点 | 参照した指標・情報 |
| --- | --- |
| 生態系の十全性※1 | Biodiversity Intactness Index（生物多様性完全度指数）※2の高さによって評価<br>（十全性の高さは，所謂「手つかずの自然」が100%で，当該地の生態系に手を加えた結果，どれほど生物種が残っているかを表すもの） |
| 生物多様性の重要性 | 以下の指標を総合して評価<br>保護地域および生物多様性重要地域（KBA：Key Biodiversity Area）※3との近接状況<br>STAR指標※4<br>保全優先度※5 |
| 水ストレス | ベースライン水ストレス（Baseline Water Stress）※6の高さによって評価 |
| 依存・インパクト | 事業別の依存やインパクトを定性的に評価 |

※1　生態系の構成，構造，機能が自然の変動範囲内にある度合いとされている。
※2　最低限の撹乱しか受けていない場合と比べて，どの程度の種が残っているか，%で示した指標
※3　国際基準により選定された，生物多様性の保全の鍵となる重要な地域。
※4　そこでの種の脅威軽減活動が世界全体の絶滅リスク軽減に寄与する可能性を定量化した指標。
※5　生物種の分布の情報を踏まえ，生物種の絶滅を防ぎ生物多様性を保全するうえでの優先度を表した指標。
※6　流域の水供給量に対する水消費量の割合に基づき，流域における水のひっ迫度を表した指標。
（出典）　東急不動産ホールディングスグループ「TNFDレポート～東急不動産ホールディングスグループにおけるネイチャーポジティブへの貢献～」（2023年8月）

SBTs for Natureにおいて，「自然の状態を評価するための指標」として，「生態系の十全性／状態（Ecosystem Integrity/condition」や「生物多様性にとって重要なエリア（Delineated Areas of Importance for Biodiversity）」等が挙げられており，上記の基準はこれにも紐づく。

「戦略：広域渋谷圏における依存・インパクト」では，株式会社シンク・ネイチャーの協力のもと，優先地域として設定した広域渋谷圏物件の土地占有および建物緑化による生態系へのインパクトを定量的に分析することを実現している。

- 「株式会社シンク・ネイチャーの分析ツールを用いて定量分析した結果，当社グループの広域渋谷圏における物件建設前後の生物多様性再生効果が，2012年度以降の物件からプラスとなっていることが分かりました。」

- 「近年竣工の物件において，都市開発諸制度等による緑地面積の確保や，植栽樹種での在来種選定など，緑化の量と質の確保に向けた取り組みの成果が表れ，当社グループのまちづくりが，ネイチャーポジティブに貢献していると評価されております。」

**図表６－17　広域渋谷圏におけるLEAPアプローチでのネイチャーポジティブ定量評価図**

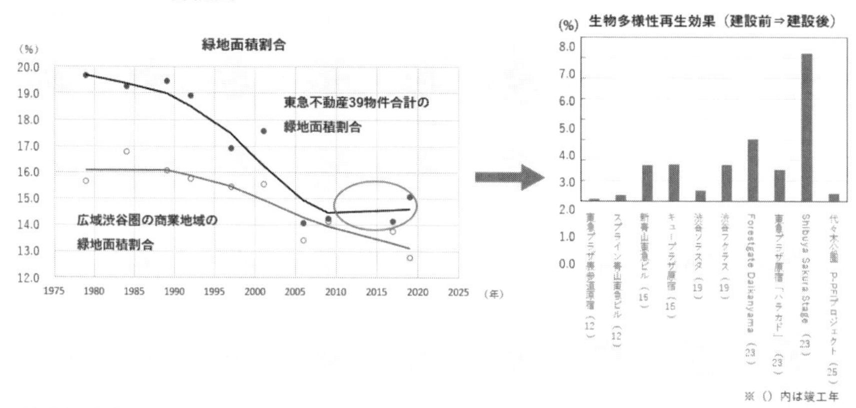


（出典）東急不動産ホールディングスグループ「TNFDレポート～東急不動産ホールディングスグループにおけるネイチャーポジティブへの貢献～」（2023年８月）

「リスク・インパクト管理」のパートでは，冒頭で「特定・評価プロセス」と「管理プロセス」それぞれについて説明しており，今後の予定についても以下のとおり説明している。

- 「今後，TNFDの開発に合わせ，シナリオ分析やそれに基づくリスク・機会の重要性評価のあり方を検討していきます。」

TNFDは「段階的に情報開示レベルを高めるための７ステップ」を提示しているように，着手可能な範囲から開示していくことが推奨している。上記のような「今後の方針」の提示は，それに沿っている。

それ以降は，東急不動産ホールディングスグループのリスク・機会・インパクトに関する具体的な取り組みとして，**図表６－18**の項目に沿って説明している。

**図表６－18　東急不動産ホールディングスグループのリスク・機会・インパクトに関する具体的な取組みの分類**

| | | |
|---|---|---|
| (1) | 都市開発事業 | ：まちづくり，緑化技術，植栽管理 |
| (2) | ホテル・レジャー事業 | ：森林経営，海洋保全 |
| (3) | その他 | ：外来生物対策，汚染低減，廃棄物削減，資源循環，水利用削減<br>サプライチェーン，ステークホルダーエンゲージメント |

（出典）東急不動産ホールディングスグループ「TNFDレポート～東急不動産ホールディングスグループにおけるネイチャーポジティブへの貢献～」(2023年８月)

環境経営方針とTNFDレポートの関係性の明示，生物多様性アジェンダを専門とするベンチャー企業と連携した「ネイチャーポジティブ定量評価」の実施とそれを基軸とした既存取組みの整理を特徴としている東急不動産ホールディングスグループの開示は，特に自然への依存・インパクト度合いが大きなセクターの企業に参考にしていただきたい。今後，当社のさらなるネイチャーポジティブへの貢献の取組みに注目していきたい。

## 6　United Utilities Group PLC

### 1　TNFD開示の背景，概要

イングランド北西部で上下水道サービスを提供するUnited Utilities Group PLC（以下，「United Utilities Group」という）は，英国政府より2011年に発行された，今後50年間の自然環境に対するビジョンを定義した自然環境白書Natural Environment White Paper（自然環境白書）を踏まえて，自然環境戦略を策定している。自然環境戦略では，以下の点についてコミットメントを提唱している。

- 直接または請負業者やパートナーを通じて，国内および国際的な自然環境法規制の遵守を目指す。
- 自然環境の管理を通常業務に組み込む。
- United Utilities Groupの従業員，パートナー，請負業者全体で，可能な限りベストプラクティスを伝え，共有し，定着させる。
- パートナーや利害関係者と協力し，自然環境とユナイテッド・ユーティリティに影響を与える将来の開発について，確かな証拠に基づいて積極的に情報を提供し，影響を与える。

自然環境保全・再生を目指した具体的な取組みとしては，認証制度を活用した原材料の持続可能な調達に加えて，以下のようなパートナーシッププロジェクトが挙げられる。

- Royal Society for the Protection of Birds（王立鳥類保護協会）との連携：共同で所有する自然保護区において，鳥類が適切に保護されるような観光計画を策定する。
- The Rivers Trust（リバーズ・トラスト）との連携：北西イングランドの河川が直面する課題に取り組むために，パートナーシップを構築している。

United Utilities Groupは『Sustainability Report 2023』の「Our Approach（私たちのアプローチ）」章のうち，**図表6－19**の箇所においてTNFDの開示推奨項目に沿った試行的な開示を実施している。

**図表6－19　Sustainability Report 2023：Our Approach章のTNFD言及箇所**

<table>
<tr><th>見出し</th><th>小見出し</th><th>TNFD記載概要</th></tr>
<tr><td colspan="2">How we provide great water for a stronger, greener and healthier North West（私たちはどのようにより強く，グリーンで，健全な北西イングランドのために水を提供しているか）</td><td>—</td></tr>
<tr><td rowspan="6">Our Business Model（私たちのビジネスモデル）</td><td>Our External Environment（私たちの外部環境）</td><td>—</td></tr>
<tr><td>Key resources（重要な資源）</td><td>—</td></tr>
<tr><td>Strategy（戦略）</td><td>「自然関連リスク・機会・依存・インパクトを事業戦略にどのように反映するか」，「自然関連リスクへの対応方法例」，「戦略のレジリエンス」，「今年の進捗」，「今後の注力事項」の説明</td></tr>
<tr><td>Governance（ガバナンス）</td><td>「取締役会および委員会の監督」，「管理責任」，「今年の進捗」，「今後の注力事項」の説明</td></tr>
<tr><td>Risk and opportunities（リスクと機会）</td><td>どのように自然リスク・機会を特定，評価，管理するかの説明</td></tr>
<tr><td>Metrics and targets（指標と目標）</td><td>「自然リスク・機会の管理方法」，「今年の進捗」，「今後の注力事項」の説明。「将来目標」をタイムラインに図示</td></tr>
</table>

（出典）United Utilities Group PLC（2023年）："United Utilities Group PLC Sustainability Report 2023"

## 2 TNFD開示の特徴

United Utilities Groupは上記のとおり，サステナビリティ関連アジェンダについて統合的に開示しており，そのなかに「TCFD」「TNFD」「その他（人権，サイバーセキュリティ等）」の個別記載を織り込んでいる。以降では，「リスクと機会」パートと「指標と目標」パートにおける特徴を紹介する。

「Risk and opportunities（リスクと機会）」

United Utilities Groupは主要リスクについて，**図表6－20**のとおり10のリスクエリアに分けて列挙のうえ，戦略的な優先分野と紐づけて一覧化している。本一覧のうち，「影響テーマ（Consequence themes）」の欄では影響を受けるステークホルダー（顧客，投資家，サプライヤー等）を主要なリスク項目ごとに列挙している。このような開示は，TNFDの基本概念（General Requirements）として挙げられる「先住民，地域コミュニティ，その他の影響を受けるステークホルダーとのエンゲージメント（Engagement with Indigenous

**図表6－20 自社の主要リスク一覧**

Our principal risks

Risk exposure
An indication of the current exposure of each principal risk relative to the prior year.
Decreased / Stable / Increased

Our strategic priorities
Improve our rivers / Create a greener future / Provide a safe and great place to work / Deliver great service for all our customers / Spend customers' money wisely / Contribute to our communities

| Inherent risk area (principal risk)[1] | Strategic priority | Sponsor(s) | Principal risk description | Causal themes (Drivers/influences) | Consequence themes | Appetite and tolerance[2] | Control/mitigation | Top five event-based business risks (*most significant risks – see pages 60 to 61) |
|---|---|---|---|---|---|---|---|---|
| 1 Water service | | • Chief operating officer | A failure to provide a secure supply of clean, safe drinking water and the potential for a negative impact on public confidence in water supply | • Asset health<br>• Demographic change<br>• Extreme weather/climate change<br>• Legal and regulatory change<br>• Technology | • Customers<br>• Environment<br>• Investors | **Water**<br>Averse | • Strict quality controls and sampling regime<br>• Physical and chemical treatment with automation<br>• Cleaning, maintenance and replacement of assets<br>• Water resources and production planning<br>• Pressure/flow management and leak detection<br>• Integrated network and response capability | • Failure of Haweswater Aqueduct*<br>• Water sufficiency*<br>• Dam failure*<br>• Failure to treat water<br>• Failure of the distribution system (leakage) |
| 2 Wastewater service | | • Chief operating officer | The failure to remove, treat and return water and sludge to the environment. | • Asset health<br>• Demographic change<br>• Extreme weather/climate change<br>• Legal and regulatory change<br>• Technology | • Customers<br>• Environment<br>• Investors | **Wastewater**<br>Prudent<br>**Bioresources**<br>Moderate | • Physical/chemical treatment and sampling/testing systems<br>• Customer campaigns<br>• Odour management<br>• Drainage and wastewater management plans<br>• Wastewater network operating model<br>• Cleaning, maintenance and replacement of assets<br>• Better Rivers programme | • Wastewater network failure*<br>• Recycling biosolids to agriculture*<br>• Failure to treat sludge*<br>• Wastewater treatment<br>• Mersey Valley Sludge Pipeline |
| 3 Retail and commercial | | • Customer services director<br>• General counsel and company secretary | Failing to provide good and fair service to domestic customers and third-party retailers or a failure of, or issue in relation to, non-regulated interests. | • Asset health<br>• Culture<br>• Economic conditions<br>• Legal and regulatory change<br>• Technology | • Customers<br>• Investors | **Retail**<br>Moderate<br>**Commercial**<br>Moderate | • Customer-focused initiatives<br>• Best practice collection techniques<br>• Customer segmentation<br>• Priority Services scheme<br>• Data management and data sharing<br>• Non-regulated operation governance | • Cash collection<br>• Customer experience<br>• Wholesale revenue collection<br>• Failure to maintain meters<br>• NAV market obligations |
| 4 Supply chain and programme delivery | | • Capital delivery, engineering and commercial director | The potential ineffective delivery of capital, operational or functional processes/programmes including change. | • Economic conditions<br>• Legal and regulatory change<br>• Technology | • Communities<br>• Customers<br>• Environment<br>• Investors<br>• Suppliers | **Supply chain**<br>Prudent<br>**Programme delivery**<br>Moderate | • Category management<br>• Supplier relationship management<br>• Capital, change and operational programme management<br>• Engineering technical specifications<br>• Portfolio, programme and project risk management | • Security of the supply chain<br>• Price volatility<br>• Unfunded developer programmes<br>• Dispute with supplier<br>• Deliver partner failure |
| 5 Resource | | • People director<br>• Health, safety and wellbeing and estate services director<br>• Chief operating officer | The potential failure to provide appropriate resources (human, technological or physical) required to support business activity. | • Asset health<br>• Culture<br>• Economic conditions<br>• Extreme weather/climate change<br>• Legal and regulatory change<br>• Technology | • Colleagues<br>• Customers<br>• Investors | **Resource**<br>Moderate | • Adoption of effective technology<br>• Multiple communication channels<br>• Training and personal development<br>• Talent, apprentice and graduate schemes<br>• Change programmes and innovative strategies<br>• Maintenance, replacement or renovation of assets | • Failure of digital systems<br>• Employee relations<br>• Quality of critical data<br>• Land management<br>• Digital licensing |
| 6 Finance | | • Chief financial officer | The potential inability to finance the business appropriately. | • Asset health<br>• Demographic change<br>• Economic conditions<br>• Legal and regulatory change<br>• Technology | • Colleagues<br>• Customers<br>• Investors | **Finance**<br>Prudent | • Long-term refinancing<br>• Liquidity reserves<br>• Counterparty credit exposure and settlement limits<br>• Hedging strategies<br>• Sensitivity analysis<br>• Monitoring of the markets | • Totex efficiency challenge*<br>• Credit ratings*<br>• Erosion of pension scheme surplus*<br>• Financial outperformance*<br>• Unavoidable additional taxes |
| 7 Health, safety and environmental | | • Environment, planning and innovation director<br>• Health, safety and wellbeing and estate services director | The potential harm to colleagues, contractors, the public or the environment. | • Asset health<br>• Culture<br>• Extreme weather/climate change | • Colleagues<br>• Communities<br>• Environment<br>• Investors<br>• Suppliers | **Health, safety and wellbeing**<br>Averse<br>**Environment**<br>Averse | • Strong governance and management systems<br>• Certification to ISO 45001 and ISO 14001<br>• Benchmarking, auditing and inspections<br>• Targeted engagement and improvement programmes<br>• Carbon reduction initiatives<br>• Self-generation of green energy | • Carbon commitments*<br>• Disease pandemic*<br>• Occupational health exposure<br>• Process safety<br>• Minor injuries |
| 8 Security | | • General counsel and company secretary | The potential for malicious activity (physical or technological) against people, assets or operations. | • Asset health<br>• Culture<br>• Economic conditions<br>• Technology | • Colleagues<br>• Communities<br>• Customers<br>• Investors<br>• Suppliers | **CNI and SEMD**<br>Averse<br>**Other**<br>Prudent | • Physical and technological security measures<br>• Strong governance, inspections and audits<br>• Security authority liaison and NIS compliance<br>• System and network integration<br>• Business continuity and disaster recovery<br>• Incident support service | • Cyber risk*<br>• Terrorism*<br>• Criminality<br>• Fraud<br>• Data protection |
| 9 Conduct and compliance | | • Corporate affairs director<br>• General counsel and company secretary | The failure to adopt or apply ethical standards, or to comply with legal and regulatory obligations and responsibilities. | • Asset health<br>• Culture<br>• Demographic change<br>• Economic conditions<br>• Extreme weather/climate change<br>• Legal and regulatory change | • Colleagues<br>• Communities<br>• Customers<br>• Environment<br>• Investors<br>• Suppliers | **Legislation**<br>Averse<br>**Other**<br>Prudent | • Ethical supply chain, diversity and inclusivity policies<br>• Data classification and levels of authorisation<br>• Stakeholder engagement activities<br>• Audits and peer reviews<br>• Governance, risk assessment and horizon scanning<br>• Brand comparisons and dashboard of culture metrics<br>• Regulatory reporting | • Water Plus<br>• Procurement compliance<br>• Bribery risk<br>• Non-regulated asset<br>• Corporate governance and listing rules compliance |
| 10 Political and regulatory | | • Corporate affairs director<br>• General counsel and company secretary<br>• Strategy, policy and regulation director | Developments connected with the political, regulatory and legislative environment. | • Economic conditions<br>• Legal and regulatory change | • Colleagues<br>• Customers<br>• Environment<br>• Investors | Cannot be determined due to no genuine choice or control | • Consultation with government and regulators<br>• Consultation and communication with customers<br>• Governance, risk assessment and horizon scanning<br>• Development of regulatory policy and strategy | • Price Review 2024 outcome*<br>• Upstream competition (bioresources)<br>• DPC delivery of HARP<br>• ASHE index<br>• Upstream competition (water resource) |

（出典） United Utilities Group PLC（2023年）："United Utilities Group PLC Sustainability Report 2023"

Peoples, Local Communities and affected stakeholders)」にも通ずる。

また，本パートにおけるTNFDの個別記載箇所では，上記主要リスクと自然資本・生物多様性の関係について説明している。

- 「自然と気候変動には密接な関係があり，気候が変化するにつれて，自然環境に対する多くのプレッシャーがより深刻になっている」
- 「私たちのカーボンコミットメントのうち，森林と泥炭地の再生の2つは，自然環境と本質的に関連しており，自然に対して炭素吸収源としての価値以上の利益をもたらすものである」
- 「主要なリスクとのリンク：水サービス，排水サービス，健康・安全・環境」

このような自然と気候変動の関係性の説明は，国際的な潮流として注目されている，「カーボンニュートラルとネイチャーポジティブのレードオフ最小化／トレードオン最大化」の観点にも沿っている。

「Metrics and targets（指標と目標）」

United Utilities Groupは本パートで，以下の点について説明している。

- 「私たちはステークホルダーのために，短期的・長期的にどのような価値を創造するか。」
- 「国連SDGsへの貢献を含め，より広く価値を創造する方法は何か。」
- 「気候や自然関連の指標を含め，私たちが創造した価値をどのように測定するか。」
- 「サステナビリティに関する短期，中期，長期の主な目標は何か。」

上記4点目の「短期，中期，長期の主な目標」について**図表6－21**のとおり，TCFD・TNFD・その他（社会・人権関連等）のものを1枚にまとめて提示している。短期，中期，長期の時間軸で目標を分類している点は，TNFDの一般要件（General Requirements）として挙げられる「The time horizons considered（時間軸の考慮）」に適合している。

また，本パートにおけるTNFDの個別記載箇所のうち「今後の注力事項」の箇所では，昆明・モントリオール生物多様性枠組における2050年ビジョン「自然と共生する世界」や2030年ターゲット15「事業者が，特に大企業や金融機関等は確実に，生物多様性に係るリスク，生物多様性への依存や影響を評価・開示し，持続可能な消費のために必要な情報を提供するための措置を講じる」に言及している。

**図表6－21 将来のターゲット（サステナビリティに関する短期，中期，長期）**

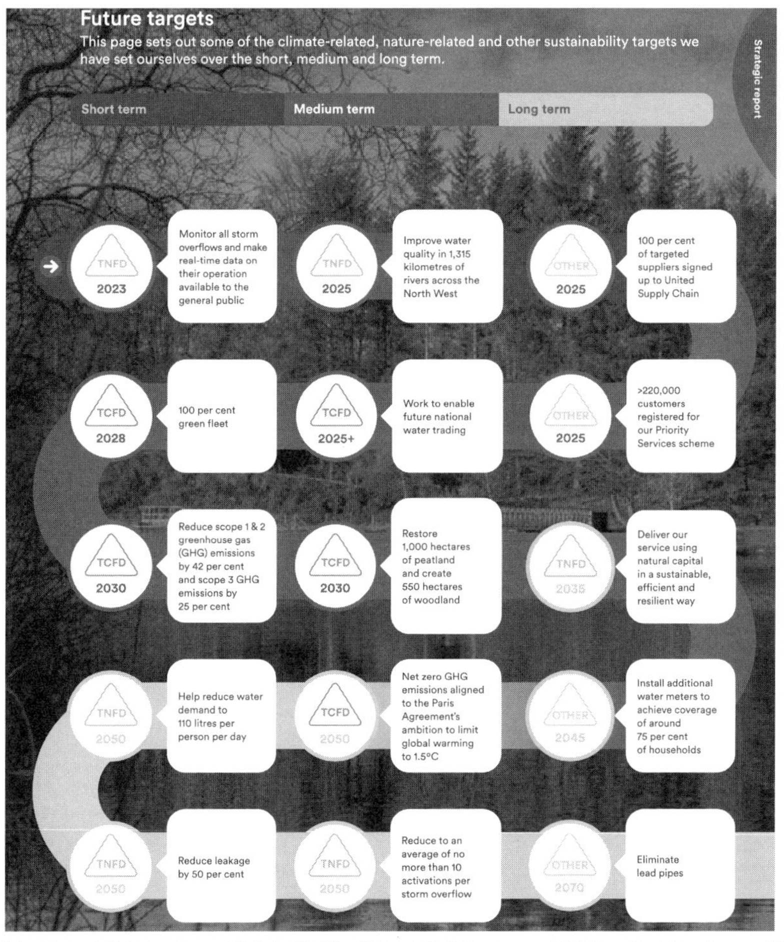


（出典） United Utilities Group PLC（2023年）："United Utilities Group PLC Sustainability Report 2023"

United Utilities Groupの自然資本・生物多様性関連の取組みは，地域ステークホルダーと深く連携した性質のものが多いことから，今後はさらにTNFDが推奨する「地域性」を考慮した開示のアップデートがなされていくことを期待する。

## 海洋生態系のモノサシをつくる「環境移送技術」（株式会社イノカ）

文責：竹内四季／株式会社イノカ取締役COO

### 株式会社イノカ概要

2019年創業の株式会社イノカは，「環境移送技術（Biosphere Transfer Technology）」という，室内空間に，自然に近い状態で水の生態圏（Biosphere）を人工的に再現する技術開発に取り組んでいる。サンゴ礁生態系をはじめ，マングローブ生態系，アマモやウミショウブをはじめとする藻場，干潟を想定したアサリの生育環境再現実験といったラボでの分析に強みを持つ。

読者の皆様は，海洋関連の自社リスクと機会を捉えることができているだろうか。TNFDをはじめとする自然資本関連のグローバルメガトレンドでは，海洋生態系に企業活動が及ぼす影響が議論されている。

その中で，周囲が海で，国土が南北に伸び，世界有数の多様な海洋環境を有する日本は「海洋課題先進国」だと言える。一方で，海洋生物多様性のホットスポットである東南アジアにも面しており，経済発展や技術開発の面でも先行していることから，海洋課題解決の先進事例創出で，世界をリードする役割を果たさねばならない。

海洋ベンチャーのイノカは，TNFDデータカタリストにも参画し，企業との共創で先進事例の創出を推進している。本コラムでは，TNFD分析や海洋生態系への対応における実用性の観点から，海洋生物多様性の重要性や危機的状況，TNFD分析のポイント，分析手法として「環境移送技術」について触れたい。

### 海の生態系（バイオーム）について

2023年９月にTNFDタスクフォースが公開した「Guidance on biomes Version 1.0」では，『海の生態系：海洋棚（Ocean biomes：Marine shelf（M１））』が記載され，９つに分類された。一方でそれぞれの生態系の重要性や状況については記載がないため，まずは日本においても特に重要な海洋生態系について，要点を紹介しよう。

■サンゴ礁（“Photic coral reefs（M1.3）” に対応）

サンゴ礁は，世界全体の海の表面積のうち0.2％程度を占めるに過ぎない一方で，海洋生物種全体の約25％（約93,000種）もの生物種が生息する，極めて生物多様性が高い空間である。漁業資源・観光資源としても地域経済に貢献するほか，サンゴ礁が持つ護岸効果は，波のエネルギーを約97％カットしているとされ，沿岸部の人々の生活基盤をも支えている。

しかしながら，海水温が2040年にかけて1.5℃上昇した場合，世界的に造礁サンゴの70～90%が死滅すると予測されており[10]，重要性・緊急性ともに極めて高い。

日本では沖縄県～鹿児島県を中心に分布するサンゴ礁は，近年温暖化の影響で，東京湾にまで拡大している。驚くべきことに，世界全体で約800種類が確認されている造礁サンゴ種のうち，日本にはその半数以上である約430種類が存在する。あまり認識されていない事実だが，日本は世界有数の多様な種を有するサンゴ大国なのである。

■藻場（"Seagrass meadows（M1.1）" に対応）

海藻・海草により形成され，全国的に分布している藻場も重要である。藻場は多くの水棲生物の産卵場やすみかとなるため「海のゆりかご」と呼ばれ，アマモ・ガラモ・ガシャモクなど地域によって種類にも特色がある。

加えて昨今では海洋生態系が$CO_2$を吸収・貯留する効果「ブルーカーボン」が注目され，日本では海藻・海草を主体としたＪブルークレジットの枠組み作りが進んでおり，脱炭素文脈でも期待が寄せられている。

一方で，藻場は近年，全国的に消失しており，「磯焼け」と呼ばれ全国的に問題となっている。原因は地域ごとに様々だが，アイゴ等の魚類・ウニ・ウミガメによる食害，赤土流出などによる土壌汚染，気候変動による環境変化などが挙げられる全国的に磯焼け対策の取組みが推進されているものの，根本的な解決策が見つかっていないのが現状である。

### 海洋関連のTNFD分析における筆者からの提言

サステナビリティ戦略を担う経営層および実務担当者が，上述のような海洋生態系の多面的な重要性や危機的状況を広く理解しておくことは，「なぜ自社が取り組むのか」のストーリーを明確化するうえでも，リスク・機会を見逃さずに正しく戦略に取り入れるうえでも，社内外のステークホルダーへの説明を適切に行ううえでも，大きな意義がある。

これらの海洋生態系を念頭に置いたうえで，TNFD開示において「依存関係」「影響」「リスクと機会」の分析を行う際のポイントとして２点，筆者から提言したい。

１点目は「リスクと機会」の分析についてである。

事業活動上の最大の潜在リスクの１つは，業界ごとに海洋影響に関するスタンダードや規制が新たに敷かれ，後手に回ることだろう。海洋生態系に与える影響等を評価する指標・認証は，今日時点ではまだ黎明期であり，統一的なものは存在していない。各産業においてルールメイキングが進むのはこれからである。つ

10 国連気候変動に関する政府間パネル（IPCC：Intergovernmental Panel on Climate Change）AR6 Synthesis Report Climate Change 2023 P.17, 71

まり，ルールメイキングの潮流に出遅れ，定まったルールに事後対応しなければならない状況に陥ることこそが，中長期的な事業リスクと言える。翻って業界のルールメイキングへの積極的な参加を機会と捉え，戦略的なアクションを組み立てる攻めのオプションも現時点では可能である。これはかつて一部の欧州企業が脱炭素の潮流をいち早く捉え，先進的な対応を進めながら新たなビジネスモデルを構築し，市場全体のルールメイキングに参加し，大きく時価総額を伸ばした構図と同じである。

ところで，「自社を取り巻く自然のなかで，海洋生態系が最重要」とする企業は多くないだろう。もちろん，自社にとって重要度の高いバイオームから優先して開示に着手するべきである。一方で，開示するかはさておき，同時並行で分析やアクションを進めておかなければ，上記のようなルール変更等の事業リスクを見逃す可能性が高い。「海は後回し」と完全にノータッチにしておくのではなく，押さえるべきポイントは押さえておくのが望ましい。

２点目に，海洋生態系への影響は，個別企業単位での責任範囲を明確にすることは不可能であり，加えて気候変動などコントロールできない要因による影響を強く受けるため，自社がもたらした影響を正確に評価することは極めて困難である。

とはいえ，やはり生態系の破壊は複合的な要因によって引き起こされており，人為的なものが含まれることも明白である。そのため企業姿勢として求められるのは「少なくとも自社が海洋生態系に与える影響は最小化しておく」という考え方であろう。

**「環境移送技術」による水生環境シミュレーション**

株式会社イノカは，「環境移送技術（Biosphere Transfer Technology）」という，室内空間に，自然に近い状態で水の生態圏（Biosphere）を人工的に再現する技術開発に取り組んでいる。サンゴ礁生態系，マングローブ生態系，アマモやウミショウブをはじめとする藻場，干潟を想定したアサリの生育環境再現実験といったラボでの分析に強みを持つ。

当社はこれまで，海洋環境・水環境について現状把握や分析をするうえでは，フィールド調査だけでなく，ラボでの検証を組み合わせることが重要であることを指摘してきた。自然の海域はあまりに複雑であるため，フィールド調査によって明らかにできることには限界がある。当技術の意義として，主に下記の点が挙げられる。

■人工海水を使用した，完全閉鎖系である点。臨海部でなくても研究が可能，科学的に厳密な比較が可能（グローバルスタンダード等を作るのに適する）。

■自然環境は複雑系であり，環境を構成するパラメータ（水温，水流，水質，光の強さ，波長，日照時間，底質，バクテリアなど）が同時に動くため，特定の事象について要因分析することが困難である。一方で，人工環境であれば，環境パラメータをそれぞれ独立して制御可能。様々な環境変化シナリオを想定したシミュレーションを行うこともできる。

ラボだからこそ可能な海洋生態系への影響評価や，企業アセットを活用したネイチャーポジティブに向けた共同研究にも力を入れている。今後，日本企業の皆様には積極的な意見交換の機会を期待している。

（環境移送技術®より人工環境に再現されたサンゴ礁生態系）

# 第 7 章

# 自然に関するツール・データ

## 第７章のポイント

自然資本・生物多様性は，４つの領域（大気，土壌，海水，淡水）を対象とするほか，バリューチェーンや地域性も含めて分析するため，非常に広範かつ多様な分析が必要となる。このため，どのようにデータを取得し，どのようなツールが適切かを分析の目的に応じて使い分ける必要がある，第７章ではこうした自然関連テーマに関するツールやデータに関して解説する。

# 1　ENCORE

## 1　ENCOREの概要

ENCOREとは，自然資本に関する国際金融業界団体であるNCFA（Natural Capital Finance Alliance）や国連環境計画 世界自然保全モニタリングセンター（UNEP-WCSC）が，自然関連リスクに関する様々な既存ツールの結果を一括で評価できるよう開発したツールである。経済活動（セクター，サブセクター，生産プロセス）が自然にどのように依存し，影響を与えるかを把握することができ，特に金融機関は，ENCOREのデータを利用して，リスクの高い産業やサブ産業への融資，引き受け，投資を通じてさらされている自然関連リスクを特定することができる。

ENCOREは，TNFDによって開発されたリスク管理と開示のフレームワークを含めた，自然関連の評価イニシアティブへの有用な入口となるように設計されている。特に初期的な事業スクリーニングや一般的な事業リスクの把握には有用なツールといえ，TNFDフレームワークにおいてもENCOREの利用が推奨されている。ENCOREはLEAPアプローチのスコーピング，Locateフェーズ（依存と影響の大きいセクターの特定，センシティブな地域の特定），Evaluateフェーズ（依存と影響の特定）等に有用なツールだと紹介されている。Locateフェーズにおいて依存と影響のヒートマップを作成する際に役立つツールの１つとして，ENCOREが取り上げられている。

※ENCOREは2024年７月に大規模なアップデートが行われた。本書の内容は旧ENCOREに基づくものであることに留意されたい。

## 2　リスク評価

ENCOREでは，11セクター・138サブインダストリーに関するリスクの分析を行うことができる。自社の該当するセクターやサブインダストリー（項目があるものはサブインダストリーに紐づく個別の生産プロセス）を選択することによって，その事業が依存する生態系サービスと影響を与えるインパクトドライバーを出力することができ，依存のリスク項目は21種類，影響のリスク項目は11種類に分類されている。個別のリスク項目ごとの依存と影響の度合いは「Very High」,「High」,「Middle」,「Low」,「Very Low」の５段階で評価され，関連する環境資産（大気，水，土壌，生物種など）の情報も得られる（**図表７－１**）。

**図表７－１　ENCOREで分析が可能なインダストリー一覧**

| セクター（大分類） | サブインダストリー（中分類） | セクター（大分類） | サブインダストリー（中分類） |
|---|---|---|---|
| 一般消費財・サービス | 広告 | | 食品販売業者 |
| | アパレル小売業 | | 食品小売業 |
| | アパレル・アクセサリー・嗜好品 | | ハイパーマーケット＆スーパーセンター |
| | 自動車部品・設備 | | 包装食品・食肉 |
| | 自動車メーカー | | パーソナル製品 |
| | 自動車小売業 | | ソフトドリンク |
| | 放送 | | タバコ |
| | ケーブル＆サテライト | エネルギー | 石炭・消耗燃料 |
| | カジノ＆ゲーム | | 総合石油・ガス |
| | コンピュータ・エレクトロニクス小売 | | 石油・ガス掘削 |
| | コンシューマーエレクトロニクス | | 石油・ガス装置・サービス |
| | 百貨店 | | 石油・ガス探査・開発 |
| | 卸売業者 | | 石油・ガス精製・販売 |
| | 教育サービス | | 石油・ガス貯蔵・輸送 |
| | 履物 | 金融 | 資産管理・保管銀行 |
| | 雑貨店 | | 消費者金融 |
| | 家庭用家具 | | 各種銀行 |
| | リフォーム小売 | | 各種資本市場 |
| | 家具小売業 | | 金融取引所とデータ |
| | 住宅建築 | | 保険仲立人 |
| | ホテル・リゾート・クルーズライン | | 投資銀行・証券業 |
| | 家電製品 | | 生命・健康保険 |
| | 家庭用品・特産品 | | マルチセクター・ホールディングス |
| | インターネット・ダイレクト・マーケティング小売業 | | マルチライン保険 |
| | レジャー用品 | | その他の総合金融サービス |
| | 二輪車メーカー | | 損害保険 |
| | 映画＆エンターテイメント | | 地方銀行 |
| | 出版 | | 再保険 |
| | レストラン | | 専門金融 |
| | 専門店 | | スリフツ＆モーゲージ・ファイナンス |
| | 織物 | ヘルスケア | バイオテクノロジー製造業 |
| | タイヤ・ゴム | | バイオテクノロジーサービス |
| 生活必需品 | 農産物 | | ヘルスケア販売店 |
| | 醸造業者 | | 医療施設 |
| | 蒸留酒・醸造酒 | | 医療サービス |
| | 医薬品小売業 | | ヘルスケアテクノロジー |

| セクター（大分類） | サブインダストリー（中分類） |
|---|---|
| | ライフサイエンスツールサービス |
| | ライフサイエンス製造 |
| | マネージド・ヘルスケア |
| | 医薬品製造業 |
| | 医薬品サービス |
| 資本財・サービス | 航空宇宙・防衛 |
| | 農業機械 |
| | 航空貨物・物流 |
| | 航空会社 |
| | 空港サービス |
| | ビル製品 |
| | 建設・エンジニアリング |
| | 建設機械・大型トラック |
| | 各種サポートサービス |
| | 電気部品・設備 |
| | 環境・施設サービス |
| | 重電機器 |
| | 高速道路と鉄道線路 |
| | 人材・雇用サービス |
| | 産業機械 |
| | 海上 |
| | 海上港湾サービス |
| | 鉄道 |
| | リサーチ＆コンサルティングサービス |
| | セキュリティおよびアラームサービス |
| | 商社・流通業 |
| | トラック輸送 |
| 情報技術 | 通信機器 |
| | 電子部品 |
| | 電子機器 |
| | 電子製造サービス |
| | ITコンサルティング・その他サービス |
| | オフィスサービス＆用品 |
| | 半導体装置 |
| | 技術ディストリビューター |
| | テクノロジーハードウェア，ストレージ，周辺機器 |
| 素材 | アルミ |
| | 基礎化学品 |
| | 建設資材 |
| | 銅 |
| | 総合化学 |
| | 各種金属・鉱業 |
| | 肥料・農薬 |
| | 林産品 |
| | 金 |
| | 工業用ガス |
| | 鉄 |
| | 金属・ガラス容器 |
| | 包装紙 |
| | 紙製品 |
| | 貴金属・鉱物 |
| | 銀 |
| | 特殊化学品 |
| | スチール |
| 不動産 | 各種不動産活動 |
| | 不動産開発 |
| | 不動産事業会社 |
| | 不動産サービス |
| コミュニケーション | 代替キャリア |
| | 総合通信サービス |
| | 無線通信サービス |
| 公益事業 | 電気事業者 |
| | ガス事業者 |
| | 独立系発電事業者・エネルギー取引業者 |
| | 再生可能電力 |
| | 水道事業 |

（出典） ENCOREオンラインツール

## 図表７－２　ENCOREで出力される依存（生態系サービス）と影響（インパクトドライバー）のリスク項目一覧

| 依存のリスク項目 | 影響のリスク項目 |
| --- | --- |
| 動物ベースのエネルギー提供 | 害虫防除 |
| 繊維・その他材料の提供 | 水利用 |
| 遺伝物質提供 | 陸上生態系利用 |
| 地下水提供 | 淡水生態系利用 |
| 表層水提供 | 海洋生態系利用 |
| 生息地の維持 | その他資源利用 |
| 花粉提供 | GHG排出 |
| 土壌品質安定化 | 水質汚染 |
| 換気 | 土壌汚染 |
| 水流維持 | 非GHG大気汚染 |
| 水質維持 | 固形廃棄物 |
| 生物学的環境修復 | 妨害（騒音，光害等） |
| 人間によるガス・液体・固形廃棄物の大気・生態系による希釈 | 土壌汚染 |
| 汚染物質の濾過，隔離，貯蔵，蓄積 | 固形廃棄物 |
| 感覚的影響（騒音・光害）の制限 | 妨害（騒音，光害等） |
| 河川・湖沼・海域における土砂の運搬・貯留 | 洪水・暴風雨対策 |
| 気候調整 | 陸上生態系利用 |
| 疾病管理 | 人間によるガス・液体・固形廃棄物の大気・生態系による希釈 |
| 洪水・暴風雨対策 | 花粉提供 |
| 質量安定化と土砂災害防止 | |

（出典）　ENCOREオンラインツール

## 図表７－３　ENCORE出力画面の例（サブインダストリーとして農産物を選択）

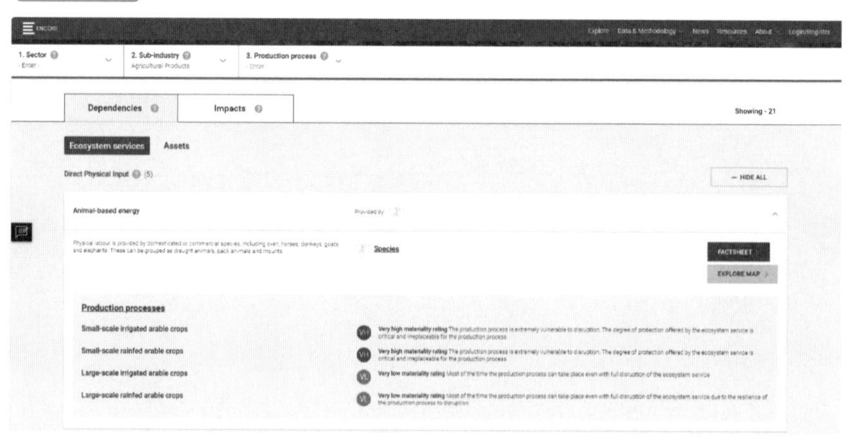


（出典）　ENCOREオンラインツール

### 3　リスクマップ

インダストリーごとのリスクレベルの評価に加えて，ENCOREツール内では依存と影響のリスクマップを見ることができる。ENCOREのExplore Mapでは多くの環境資産やインパクトドライバーの現況が世界地図上で可視化されているため，自社の直接操業拠点や原材料の調達先に関する地域性分析を行うことが一定可能となっている（メッシュの大きさや情報の粒度が粗いものもあるため，精緻な分析は個別のツールを用いることを推奨する）。

**図表７－４　Explore Mapの出力画面の例（陸上生態系利用のインパクトドライバーを選択）**

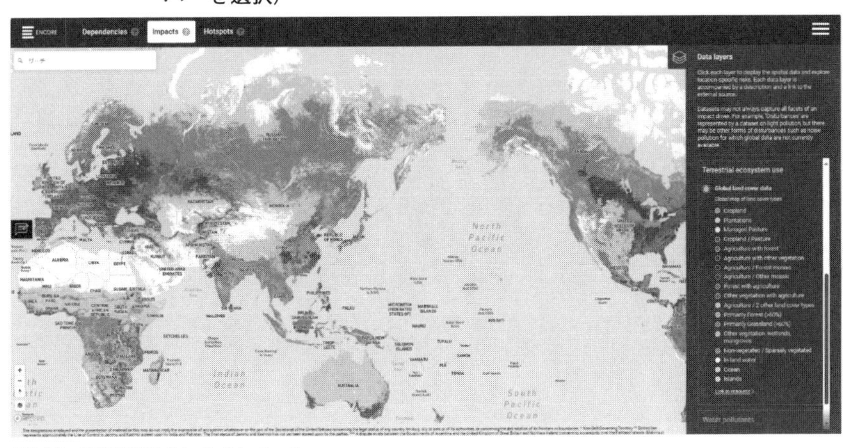


（出典）　ENCOREオンラインツール

## 2　IBAT

### 1　IBATの概要

IBATとは，世界各地の保護区や絶滅危惧種情報を提供し，生物多様性リスクを机上で分析することを可能にするツールである。UNEP-WCMCやIUCN等の国際NGOが開発し，数多くの著名な企業，金融機関，研究機関等に活用されている。TNFDのツールカタログ内ではLフェーズの分析に役立つツールと紹介されている。

IBATのデータセットは，IUCNレッドリスト，WDPA（The World Database on Protected Area），KBA（生物多様性重要地域，Key Biodiversity Area）の3つから構成される。これに加え，STAR（The Species Threat Abatement and Restoration）とRarity-weighted species richnessが派生データとして利用可能となっている。

## 2　データセット

- IUCNレッドリスト：15万種以上の絶滅危惧種の情報，種に対する脅威，生態学的要件，生息地に関する情報，絶滅の減少や予防のための保全措置に関する概要をまとめたもので，国際自然保護連合（IUCN）によって策定される。個別の種の評価は科学的根拠や専門家のレビューを通じて行われ，およそ5年から10年ごとに種のカテゴリーの見直しが行われている。
- WDPA：国連環境計画（UNEP）とIUCNによる共同プロジェクトであり，国連環境計画世界自然保全モニタリングセンター（UNEP-WCMC）によって管理されている保護地域に関するデータベース。条約事務局，各国政府，NGO等から収集した情報がもとになっている。
- KBA：陸上，淡水，海洋の生態系において，生物多様性の維持に大きく貢献している場所を示す。これには，重要野鳥生息地（IBA），絶滅ゼロ同盟（AZE），重要生態系パートナーシップ基金によって提供された生態系プロファイルの情報が含まれる。
- STAR：IUCNレッドリストのデータに基づき，5×5kmのグリッド単位で種の絶滅リスクを潜在的にどれだけ低下させることができるかを推定する指標。
- Rarity-weighted species richness：哺乳類，鳥類，両生類，甲殻類等の種の分布をもとに，10km以内のグリッド単位の相対的重要性を示す。この値が高い場合は，グリッド内に多数の種が生息していること，またはグリッド内に生息する種の平均生息域が小さいことを示している。

## 3　IBATの活用方法

オンラインツール上で分析したい拠点情報を入力し地点をプロットすると，

拠点周辺における生態系の状態（絶滅危惧種がどれぐらい生息しているか）や保護区や重要エリアの分布状況を知ることができる。

有償版・無償版があり，有償版ではGISデータをダウンロードできたり，拠点周辺のレポートを出力できたり，様々な機能を使用できる。

**図表７－５　IBAT出力画面の例（調査拠点周辺の絶滅危惧種，保護区，KBAの数）**

（出典）IBATオンラインツール

図表7－6　IBAT出力画面の例（調査拠点周辺の絶滅危惧種，保護区，KBAの数）

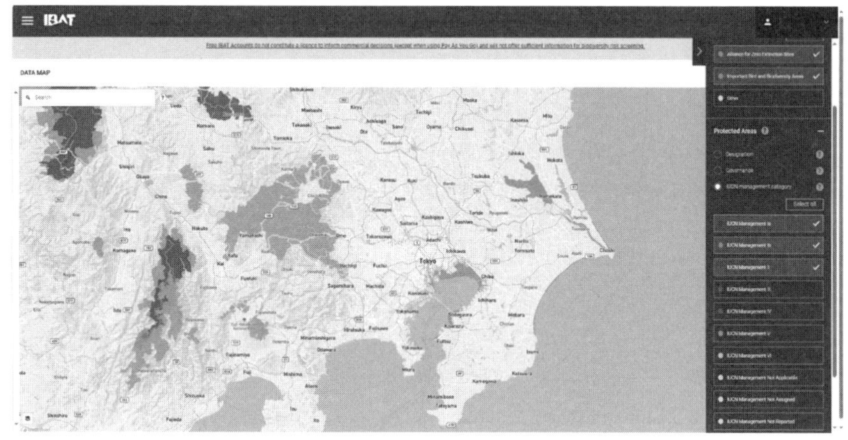


（出典）IBATオンラインツール

## 3　ツールリスト

TNFDポータルサイトにはLEAPアプローチに沿った分析に活用できるツールの一覧（ツールカタログ）が公開されている。フィルタ機能を使用して，LEAPのどのフェーズで活用できるか，開示推奨項目のどの項目に役立つかを検索することができる。

開発者によって申請されたツールはTNFDによってレビューされ，2023年11月現在で136のツールが掲載されている。

図表7－7　TNFDツールカタログ上のツール一覧（2023年11月時点）

| No. | ツール名 | 開発者 | 概要 |
|---|---|---|---|
| 1 | 4 EI Satellite Metrics | 4 Earth Intelligence | 衛星画像を使用してベースラインを作成し，任意の地域の地表の歴史的または将来的な計画をモニタリングするためのツール |
| 2 | Accounting for Natural Climate Solutions | Quantis | サプライチェーン全体の土地，森林，土壌からのGHG排出量を測定するための分析用ツール |
| 3 | AFi | CDP, Imaflora, Ceres, Global Canopy, Forest People Program | 林業及び農産物サプライチェーン内の透明性に関するガイダンス（フレームワーク） |
| 4 | Aquascope-Water Data and Insights | Aquascope Solutions Ltd | 水関連のデータとツールを照会するプラットフォーム |
| 5 | Arbimon | Arbimon | 音声データの安全なアップロードと保存，生物種固有の分析やサウンドスケープ分析，生物多様性に関する即時の洞察を可能にするクラウド対応プラットフォーム |
| 6 | B-INTACT | FAO | 農林業・土地利用（AFOLU）セクターにおける活動が生物多様性に与える影響評価する分析用ツール |
| 7 | Beef on Track | Imaflora | アマゾンでの森林破壊を引き起こさない牛肉を照会するプラットフォーム |
| 8 | Biodiversity Benchmark | Textile Exchange | 繊維系コモディティの自然への影響や依存度を把握し，進捗をベンチマークするための分析用ツール |
| 9 | Biodiversity impact Assessment (BiA) | Shan Shui Conservation Center | 大規模建設プロジェクトが生物多様性に与える影響を確認できるマップ |
| 10 | Biodiversity Impact Metric (CISL) | Natural Capital Impact Group | 自然に関連するサプライチェーン上のリスク管理についての影響評価指標 |
| 11 | Biodiversity Indicators for Sitebased Impacts (BISI) or Biodiversity Indicator for Extractive Companies | Proteus＋UNEP-WCMC | 企業の生物多様性パフォーマンスを評価するためのフレームワーク |
| 12 | Biome geospatial data from National Geographic Tool | National Geographic | マングローブ，バイオーム，保護地域，生物多様性，栄養失調等を表示するマップ |
| 13 | BiomeViewer | Biome Inc. | リアルタイムの野生生物観察と高度な生態学的モデリング手法を組み合わせた，小スケール（≦1 km）で詳細な種のリストを作成するツール |
| 14 | Bioplastic Feedstock Alliance Methodology | Bioplastic Feedstock Alliance | バイオプラスチック原料のリスクを評価し，より透明性の高い決定を行うためのフレームワーク |
| 15 | Bioscope | PRé Sustainability, CODE, Arcadis, Platform BEE | 企業のサプライチェーンや金融商品が生物多様性に与える影響を可視化・把握できるマップ |
| 16 | CanopyMapper, CarbonMapper, HabitatMapper | Space Intelligence Ltd | 炭素蓄積，森林，生息地の変化等に関するデータが可視化されたマップ |
| 17 | CARE-TDL (Comprehensive Accounting in Respect of Ecology) | Chair of Ecological Accounting (AgroParisTech, University of Paris-Dauphine, University of Reims Champagne-Ardenne). | 資本保全の基本原則を自然資本と人的資本に拡張しようとする統合会計モデル |

| 18 | CDP | Carbon Disclosure Project | 各活動における水の消費と汚染の強度を評価し,「水への影響度」を低（0－4）から高（15-18）の間でランク付けしているフレームワーク |
|---|---|---|---|
| 19 | Cecil Earth | Cecil Earth Inc | 環境データ，地理空間データ，金融データを，ロケーション・ベースのデータ・モデルに接続し，整理するデータプラットフォーム |
| 20 | Chloris Geospatial | Chloris Geospatial | 炭素蓄積とその変化を可視化したマップ |
| 21 | Co$tingNature | Policy support | 特定エリアの生態系サービスについての分析用ツール |
| 22 | Collect Earth | FAO；Ministry for Foreign Affairs of Finland | 特定エリアにおける土地利用変化の確認ができるマップ |
| 23 | Common Guidance for the Identification of High Conservation Values | HCV Network | 世界的に適用可能であるが，国や景観によって解釈や適応が可能な6つの高保護価値（HCV）の定義を用いたエクササイズツール |
| 24 | Copernicus | European Commission | 主に欧州において，ホットスポットを含む環境的にストレスがある土地利用を可視化するマップ |
| 25 | Corporate Biodiversity Footprint | ICEBERG DATA LAB | 金融機関が間接的な影響を測定・管理できるよう，金融商品発行者の生物多様性フットプリントを算出するツール |
| 26 | Corporate biodiversity impact-Sfeeri Tollset | sfeeri | 1）生物多様性と自然への影響評価，2）緩和計画，3）報告書の作成，などの企業向けサービス |
| 27 | Criteria 2050. | WWF | 貿易データと動態を含む世界市場の主な特徴，主要な環境・社会リスク，環境・社会リスクを管理するための主要パフォーマンス基準，主要な第三者認証，主要な傾向と機会について概説した文献 |
| 28 | Data 4 Nature | IDEEA Group | 生物多様性の影響評価から外部向けの報告書の作成まで行える包括的なプラットフォーム |
| 29 | E-Planner | UK Centre for Ecology & Hydrology (UKCEH) | 農家やその他の土地管理者が，使いやすいインタラクティブな地図を使って，さまざまな環境管理アクションに最適な場所を特定するのに役立つ無料ツール |
| 30 | Earth Blox | Earth Blox | サプライチェーン全体における自然や気候リスクへの影響を測定し，報告するために，衛星画像による洞察を大規模に提供するサービス |
| 31 | Ecoinvent | Ecoinvent | 自然への影響に対するLCA分析インベントリデータベース |
| 32 | Ecolab Water Risk Monetizer | Ecolab in partnership with Microsoft and Trucost, part of S&P Global | 流域レベル（量と質）に基づいて，特定の場所への流入水と流出水の値を定量化する分析用ツール |
| 33 | Econd | Accounting for Nature Ltd | 環境資産の状態を長期的に測定，モニタリング，認証，報告するための世界的な環境会計のフレームワーク |
| 34 | Ecosystem Intelligence Platform | EcoMetrix Solutions Group, LLC | 生態系，生態系への影響，生態系サービスの利益生産を理解するために，ベースライン，基準，シナリオの変化について，強固でシステムレベルの分析を提供する実証済みの定量化プラットフォーム |
| 35 | EcoVadis | EcoVadis | 企業の社会的責任と持続可能な調達を評価するための評価サービス |
| 36 | Element-E | 3 Bee | 技術に依存する土地の生物多様性の評価とモニタリングのプロトコル |

| | | | |
|---|---|---|---|
| 37 | Emapper | Ecocene | 生息地や生物多様性の特定，監視，管理，オフセットをするための分析ツールやデータベースを搭載したプラットフォーム |
| 38 | ENCORE | UNEP-WCMC；Natural Capital Finance Alliance；UNEP Finance initiative；Global Canopy | 自然資本資産に関するマップ，環境変化の要因，及び影響要因を用いて，地域固有のリスクを理解するために使用可能なツール |
| 39 | Environmental Justice Atlas | ICTA-UAB, the Institute of Environmental Science and Technology (ICTA), ENVJUST project, the ACKnowl-EJ, Transformations to Sustainability Programme. | 生物多様性やバイオマスと土地の紛争を含む10の主要なカテゴリに対する情報を取得できるプラットフォーム |
| 40 | ESGSignals® Biodiversity | Remote Sensing Metrics, LLC (RS Metrics) & Integrated Biodiversity Assessment Tool (IBAT) | 資産レベルの指標を作成し，各種サステナビリティリスクの管理を行える分析用ツール |
| 41 | Exiobase | EXIOBASE consortium of NTNU, TNO, SERI, Universiteit Leiden, WU, and 2.-0 LCA Consultants | セクターと地理に基づく環境影響を推定するための多地域の環境拡張インプット・アウトプット・データベース |
| 42 | FABLE Calculator | IIASA | 農業活動，土地利用変化，食料消費，貿易，GHG排出，水利用，生物多様性保全のレベルを，選択したシナリオに従って計算する分析用ツール |
| 43 | FAO WaPOR | FAO | 特定地域の年間総バイオマス水生産性を示す指標。年間の総水消費量（実際の蒸発散量）に対する生産量（総バイオマス生産量）で表される |
| 44 | FAO/AQUASTAT | FAO | 1960年からの国別の180以上の変数と指標を収集，分析し，無料でアクセスできるツール |
| 45 | FLINTpro | FLINTpro | 環境データを管理・分析するためのカスタマイズ可能なプラットフォームで，信頼できる土地セクターの洞察を提供 |
| 46 | Forest Integrity Assessment Tool (FIAT) | HCV Network | 森林および森林残渣における生物多様性の状態を評価・モニタリングするためのツール |
| 47 | Freshwater Ecosystems Explorer | United Nations Environment Programme, Google, The European Commission | 淡水生態系が時間とともにどの程度変化しているのか，国，州，流域の各レベルで可視化できるマップ |
| 48 | Frontierra | Frontierra | サプライチェーンにおける森林減少，森林再生，炭素動態を評価するための分析用ツール |
| 49 | GEMI Local Water Tool | World Business Council for Sustainable Development (WBCSD), GEMI | 水資源の利用と排水に関する影響・リスク評価を行う分析用ツール |
| 50 | Geofootprint | Quantis | 水資源の利用と排水に関する影響・リスク評価を行う分析用ツール |
| 51 | Global Biodiversity Information Facility | GBIF | 主要な商品作物の環境フットプリントを可視化できるマップ |

| | | | |
|---|---|---|---|
| 52 | Global Biodiversity Score | CDC Biodiversité | 企業が生物多様性のフットプリントを測定するための分析用ツール |
| 53 | Global Forest Watch | World Resources Institute, French Development Agency (AFC), Airbus, Agrosatélite, AstroDigital | 過去の森林破壊の実績を可視化したマップ |
| 54 | Global Impact Database | Impact Institute | 定量的な生物多様性インパクトの情報を取得するためのデータベース |
| 55 | Global Risk Assessment Services (GRAS) | GRAS : Meo Carbon Solutions, ISCC, DLR, Kiel Institute for the World Economy, GXperts, The Nature Conservancy | GISとリモートセンシング技術を使用した第三者評価サービス |
| 56 | Global Wetlands geospatial data | Sustainable Wetlands Adaptation and Mitigation Program (SWAMP), CIFOR | 泥炭地の有無や土地利用状況の確認ができるマップ |
| 57 | GlobalTrust | GlobalTrust Ltd | 環境および社会的リスクを低減するための正確で信頼できるインテリジェンスを作成するデータサービス |
| 58 | GloBio | PBL Netherlands Environmental Assessment Agency | 平均種数（MSA）により陸上生態系の状態を定量的に把握できる分析用ツール |
| 59 | GMAP Tool | IFC, ITC and WWF | 農産物の一次生産に関連する環境・社会リスクを国・商品レベルで評価したマップ |
| 60 | Good Practice Guidance for Mining and Biodiversity | International Council on Mining & Metals | 鉱業セクターが，鉱業サイクル／バリューチェーンを通じて生物多様性管理を改善し，鉱業活動と生物多様性のつながりを理解するために作成されたガイダンス |
| 61 | High Conservation Value (HCV) Screening | HCV Network | HCVがさまざまな種類の脅威に直面している場所のスクリーニングの目的などに基づいて，ターゲットを絞ったフォローアップ作業が最も必要な場所を特定するためのツール |
| 62 | Horizon-Nature Analytics Platform & API | Marvin | TNFDフレームワークとビジネス成果に沿ったカスタマイズされたKPIに従って，組織が自然環境との相互作用をライブトラッキングするプラットフォーム |
| 63 | IBAT | Birdlife International ; Conservation International ; IUCN ; UNEP-WCMC | 事業／サプライヤーの所在地が，生物多様性重点地域（Key Biodiversity Areas）などの関心のある地域のどこに位置するかを特定するための地理空間データ |
| 64 | India Water Tool | World Business Council for Sustainable Development (WBCSD) | インドに特化した水関連リスクを把握できるマップ |
| 65 | Innoqua Marine Biodiversity Impact Evaluation Service | Innoqua Inc. | 水槽を用いた人工海洋環境での実験により，海洋生態系への製品の影響を評価し，科学的・学術的に持続可能なブランド戦略を強化するサービス |
| 66 | inVest | Natural Capital Project | 自然からの財やサービスをマッピングし，評価するために使用される，オープンソースソフトウェアモデル群 |

| | | | |
|---|---|---|---|
| 67 | Investor Portal | GIST Impact | エクイティ・レベルの持続可能性データ，インパクト・データ，生物多様性分析を提供し，エクイティ調査，ポートフォリオのスクリーニングと分析，ポートフォリオの最適化を支援するツール |
| 68 | IRIS+ | GIIN | 投資家向けのポートフォリオが環境に与える影響を測定・管理するための分析用ツール |
| 69 | IUCN RedList of Ecosystems | IUCN | 生態系の説明，診断，現状報告，評価データを提供し，生態系の評価をするためのツール |
| 70 | J-BMP | Think Nature Inc. | 日本の地域別の動物・植物の分布，生態系サービスの把握できるマップ |
| 71 | KEY ESG | KEY ESG | ESG導入のあらゆる段階にある投資家と企業のために，ESGデータと炭素排出量の収集，管理，報告を合理化し，最適化するためのプラットフォーム |
| 72 | Keystone | Keystone Climate | 企業が自然や生物多様性への影響を測定し，緩和し，大規模に報告するためのプラットフォーム |
| 73 | kuyua.com | kuyua | あらゆる分野の企業が環境への影響や業界標準への準拠を評価するための，ユーザーフレンドリーなソフトウェア |
| 74 | Land Portal Geoportal | Land Portal Foundation | 森林，生物多様性，土地とジェンダーや紛争，気候変動・環境関連データを表示できるマップ |
| 75 | LandGriffon | Vizzuality | 農産物が生物多様性に与える影響についての分析用ツール |
| 76 | LandScale | Rainforest Alliance, Conservation International & Verra | オンラインプラットフォーム，評価フレームワーク，評価方法，検証およびクレーム処理メカニズムから構成される景観レベルの持続可能性に関する洞察を生み出すためのツール |
| 77 | Leeana | Leeana | TNFD報告のために特別に構築されたソフトウェア・ソリューション。生物多様性の方法論と地理空間データセットを活用したLEAP評価プロセスを採用している |
| 78 | LIFE Impact Index | Life Institute | サプライチェーンにおける影響削減のための戦略的計画の作成を支援するフレームワーク |
| 79 | Link | Metabolic | 科学的根拠に基づいた持続可能な影響とリスクの評価プラットフォームで，組織の自然と生物多様性戦略をサポートする |
| 80 | Living Planet Index | Zoological Society of London | 陸上，淡水，海洋に生息する脊椎動物の個体数の推移から，世界の生物多様性の状態を評価する指標 |
| 81 | Local Biodiversity Intactness Index | Natural History Museum | 世界各地の地域生物多様性の状態に対する人間の影響と，それが時間とともにどのように変化するかを推定する指標 |
| 82 | MapBiomas | SEEG/OC (Sistema de Estimativas de Emissões de Gases de Efeito Estufa do Observatório do Clima) | ブラジル及びその他の熱帯諸国における土地利用ダイナミクスを把握できるマップ |
| 83 | Maps | Crowther Lab | 植生や微生物，気候，土壌，土地利用の状態を把握できるマップ |
| 84 | Möbius | WHALE SEEKER, INC. | 航空画像や衛星画像から，海洋哺乳類，海岸線，氷，雪，その他多くの変数を効果的に検出するツール |
| 85 | Nala Earth | Nala Earth GmbH | 土地の自然資本を測定し，比類のない科学的精度で強化の機会を即座に特定するマップ |

| | | | |
|---|---|---|---|
| 86 | natcap Map | natcap research | 特定の地域における自然資本を測定できる分析用ツール |
| 87 | Natural and Mixed World Heritage Sites data | IUCN and UNEP-WCMC (2021), The World Database on Protected Areas (WDPA) filtered by WHS [On-line], Cambridge, UK : UNEPWCMC | ユネスコ世界遺産の地理空間データを，事業所やサプライヤーの所在地と重ね合わせ，これらの所在地にある遺跡をスクリーニングするマップ |
| 88 | Natural Capital Measurement Catalogue (NCMC) Version 1.0 | Climateworks Centre | 自然資本を測定するための，一般に公開され，広く利用されている測定基準や手法を集めたオープンなライブラリー |
| 89 | Nature & Biodiversity Risk | S&P Global | 資産，企業，ポートフォリオの自然への影響と依存度を測定するための定量的アプローチを提供するデータセット |
| 90 | Nature index | Norwegian Institute for Nature Research (NINA) | 生物種によって地域の生物多様性を評価するための指標 |
| 91 | Nature Risk Profile | S&P Global | 金融セクターが自然に関連するリスクを測定し，対処できるようにすることを目的とした自然への影響と依存性に関する科学的に確かで実用的な分析サービス |
| 92 | NATURE-BASED SOLUTION ASSESSMENT TOOL (NBSAT) | Ecosystem Planning and Restoration | Nature-basedな環境修復・強化プロジェクトによってもたらされる機能と生態系の改善を計算し，文書化するツール |
| 93 | NatureAlpha Nature Accounting platform | NatureAlpha | 気候変動と自然の接点で報告するという課題を克服するために設計されたプラットフォーム |
| 94 | NEC-Net Environmental Contribution | NEC Initiative | 気候，生物多様性，資源への影響に基づく，総合的で透明性の高い環境指標 |
| 95 | nSTAR | FairSupply | サプライチェーンが種の絶滅に与える影響に関する分析用ツール |
| 96 | Ocean Data Platform | HUB Ocean | 海洋関連データのプラットフォーム |
| 97 | Ocean＋ | UNEP-WCMC | 海岸・沿岸地域に生息するサンゴやマングローブといった生態系の保護生息地の分布を把握できるマップ |
| 98 | Ordnance Survey MasterMap | The Land App | イギリスに特化して，データをマッピングできる分析用ツール |
| 99 | Pelt8 | Pelt8 | サステナビリティ関連データの収集から報告書の作成まで一貫して行うことができるプラットフォーム |
| 100 | Pivotal | Pivotal | 音響，画像，eDNA等のデータを使用し，機械学習モデルと専門家による強固な品質管理を組み合わせた，豊富なデータセットと生物多様性の変化の主要な指標による「自然の状態」の測定サービス |
| 101 | Planet Price Sustainable Procurement Analytics Platform | Planet Price | あらゆるプラネタリー・バウンダリーを越えて，環境および社会的影響を迅速かつ容易に測定・分析する持続可能な調達分析ソリューション |
| 102 | Proforest | Proforest | コモディティ別の森林破壊リスクを把握できるマップ |
| 103 | Protected Planet | UNEP-WCMC | 保護地域とその他の効果的な地域ベースの保全手段（OECMs）に関するマップ |

| | | | |
|---|---|---|---|
| 104 | RBA Country Risk Assessment Tool | Responsible Business Alliance (RBA), formerly the Electronic Industry Citizenship Coalition (EICC) | Responsible Business Alliance（RBA）の会員向けに作られた，サプライチェーンにおけるリスクの分析用ツール |
| 105 | RepRisk ESG Risk Data | RepRisk | マテリアリティ評価を支援する評価サービス |
| 106 | Responsible Alternate Fibres : Assessment Methodology | WWF | 紙パルプ用途の原料として栽培される非従来型植物の生産に伴う主要な環境・社会問題を評価する分析用ツール |
| 107 | Restor | RESTOR | ユーザーフレンドリーなインターフェースを通じて，膨大な数のグローバルな生態系データセットにオープンアクセスできるプラットフォーム |
| 108 | Rezatec Geospatial AI | Rezatec | 水インフラや集水域，水質，パイプラインのリスクなどを遠隔監視できる評価サービス |
| 109 | Science-Based Targets for Nature | CDP, the United Nations Global Compact, World Resources Institute (WRI) and the World Wide Fund for Nature (WWF) | 直接操業とより広範なバリューチェーンへの影響の特定・目標設定に関するセクターとサブ業界のガイダンス |
| 110 | SEDEX RADAR Tool | SEDEX | 水を始めとする13分野のサプライチェーン上のリスクの分析用ツール |
| 111 | SEED | SEED Biocomplexity Index | SEEDは，生物複雑性と他の重要なデータセットとの関係を分析するための指標 |
| 112 | Sight | World Wide Fund For Nature (WWF) | 現地で起きていることを最新かつ高度に理解することを目的としたマップ |
| 113 | SoilGrids | ISRIC (International Soil Reference and Information Centre) | 全世界の土壌の状態を把握することができるマップ |
| 114 | Species Threat Abatement and Restoration (STAR) metric | IUCN | 種の絶滅リスクを減らすために投資ができる貢献度を測定するための指標 |
| 115 | Species+ | UNEP-WCMC | 世界的に懸念されている種に関する重要な情報にアクセスできるプラットフォーム |
| 116 | SPOTT | Zoological Society of London | パーム油，木材パルプ，天然ゴムの生産者や加工業者，トレーダーの，ESGに関する情報開示について評価する分析用ツール |
| 117 | Starling satellite imagery | Starling | コモディティ単位でサプライチェーンが森林破壊に与える影響を評価できる分析用ツール |
| 118 | Stream Ocean Dashboard | Stream Ocean | 海洋生物多様性モニタリングの領域で，プロジェクトのデータを要約し，ビデオや生物多様性の指標を紹介するオンラインツール |
| 119 | Sustainacraft | sustainacraft, Inc. | 地上バイオマス，森林劣化，森林の分断を推定することができるマップ |
| 120 | Svarmi | Svarmi | 保護植物種と侵略的植物種の特定と数値化ができるプラットフォーム |
| 121 | Swiss Re's CatNet | Swiss Re | メッシュ単位で自然災害リスクや生態系サービススコアを評価できる分析用ツール |
| 122 | The Biodiversity Footprint Calculator (PLANSUP) | Plansup | 製品の現在及び将来の生物多様性フットプリントを評価することができる分析用ツール |

| 123 | The Biodiversity Impact Analytics | Carbon4 Finance | 企業の生物多様性への影響を評価できる分析用ツール |
|---|---|---|---|
| 124 | Trading Platform for Nature Uplifts | Pivotal | 低コスト，高効率で現場の生物多様性の監視を可能にする分析用ツール |
| 125 | Trase | Global Canopy ; Stockholm Environment Institute | 消費国や貿易業者と生産地を結ぶ森林リスクサプライチェーンの地図 |
| 126 | Trase Finance | Neural Alpha | 熱帯林伐採に直接・間接的に資金を提供している毎年数千億ドル円の流れを可視化するサービス |
| 127 | Verisk Maplecroft Global Risk Dashboard (GRiD) | Verisk Maplecroft | 国・地域・資産レベルの地理空間ESGリスク・エクスポージャー（自然資本／生物多様性を含む）の評価を可能にするデータセットとプラットフォーム |
| 128 | Verisk Maplecroft Global Water Stress Index | Verisk Maplecroft | 特定の事業拠点における水ストレスを評価可能とするためのインデックス |
| 129 | Water Evaluation and Planning (WEAP) | Stockholm Environment Institute | 水需要，供給，流量と貯蔵，汚染の発生，処理と排出に関する情報を取得できるマップ |
| 130 | Water Footprint Network Assessment Tool | Water Footprint Network | 水資源の地理別・セクター別の消費量と持続可能性を確認できるマップ |
| 131 | WaterWorld | King's College London | 水量，水質，土壌侵食，土砂輸送の包括的なプロセスベースのモデリングを行う分析用ツール |
| 132 | Wilder Sensing | Wilder Sensing | 種の存在・不在・喪失と純変化の両方に関する変化がデータで示されるプラットフォーム |
| 133 | WRI Aqueduct-Water Risk Atlas | World Resources Institute | 事業所やサプライヤーの所在地と重ね合わせることができる水ストレス地域の地理空間データを含む，地理に基づく水リスクの特定と評価のプラットフォーム |
| 134 | WWF Biodiversity Risk Filter | World Wide Fund for Nature | 企業や投資家が，事業の強靭性を高め，生物多様性リスクに対処するために，何がどこで最も重要なのか，優先順位をつけて行動することを支援する企業・ポートフォリオレベルのスクリーニングツール |
| 135 | WWF Water Risk Filter | World Wide Fund for Nature | 企業や投資家が，事業の強靭性を高め，水リスクに対処するために，何がどこで最も重要なのか，優先順位をつけて行動することを支援する企業・ポートフォリオレベルのスクリーニングツール |
| 136 | Xylo Systems | Xylo Systems | 生物多様性のフットプリントの測定，管理，報告において開発者をサポートする生物多様性インテリジェンス・プラットフォーム |

（出典） TNFD Tools Catalogne

## TNFD対応の課題とソリューション（株式会社aiESG）

**株式会社aiESG概要**

株式会社aiESGは，サステナブル分野に関して最先端学術研究拠点として活動している九州大学都市研究センター発のベンチャー企業。代表の馬奈木は，都市研究センターのセンター長でもある。都市研究センターは世界トップクラスの学術論文出版数を誇り，国連代表として人工資本（機械，インフラ等），人的資本（教育やスキル），自然資本（土地，森，石油，鉱物等）を包括した経済指標での国家分析を目的とした「Inclusive Wealth Report」の作成を主導するなど，国際的にも存在感を示しつつある組織。

都市研究センターの研究内容を基に，aiESGは分析・企業支援を行っている。サスティナビリティ分野の注目度の高まりと，計算手法の信頼性などもあって，グローバルビジネス誌『Forbes ASIA』が主催する「Forbes Asia 100 To Watch（アジアの注目すべき企業100選）2023」に選出されたりと，注目度が高まっている企業である。

このコラムでは企業がTNFD対応を実際に行う際に直面する課題とそのソリューションについて考えていく。

企業はレポートの開示に際して，大別して下記3つの課題に直面する。

**1．TNFD対応を実際に行う際に直面する課題**

**（1）　リスクが高く優先的に開示すべき事業や地域を判定する際の課題**

TNFDに準拠した理想的なレポートは，事業全体について提言に従った指標を算出し，説明と数量評価を提供する。そのためにはサプライチェーンすべての情報が必要だが，これを集めるコストは膨大である。そのため企業の多くはリスクの高い事業や地域を洗い出し，優先的に報告を行っている。

ENCOREなどのツールは，リスクを大まかに把握できることから，特定のためによく用いられている。一方で，詳細に指標を分析したり自社事業の特徴を反映させたりするには向いていない。より洗練されたレポートを作成するには，十分な説得力を持たせて優先度を判定するための手段を検討する必要がある。

**（2）　開示提言の内容に関する課題**

開示提言の4つの柱，および14の提言それぞれについて何をどの程度開示するべきかの判断は，企業の解釈によるところが大きい。特に「戦略」と「リスクとインパクトの管理」の2つの柱については内容の線引きや掲載順序の判断が難しく，様々な試行錯誤が行われている印象である。例えば九州電力が2023年9月に公開したTNFDレポートは，あえてセクションとして明確に対応させず，各リスクの影響や評価の判断根拠の説明に重点を置いているレポートになっている。

### （3） コア指標測定の課題

TNFDは，すべての事業に共通して開示を強く推奨するグローバル中核開示指標に加え，セクター別，バイオーム別に多岐に渡る開示指標を公開している。既にESG関連のレポートを毎年公開しているような企業にとってはハードルが比較的低いといえるが，それでも要求を完全に満たした開示はまだ行われていないのが現状である。例えば，世界で初めてTNFDに準拠した情報開示を試行したキリンホールディングスのような先進的な企業でも，2023年版のレポートでは全体を通して一般要件や開示提言の４つの柱が求める内容にかなり詳細に記述している一方，コア指標の定量的な開示などは完全に対応しているとはいえない状況である。

## 2．３つの課題を解決するESG分析

当社が提供するESG分析は以下のような特徴があり，上記のような課題を解決する。

- 企業／事業部単位だけでなく製品／サービス単位でもESG評価が可能な世界初の分析。
- インプットは分析対象のコスト構成データまたは物量データのみで，サプライチェーンを全て遡った分析を行う。
- 自然環境・社会・経済に関わる3290項目でESGを評価する。

当社は長年サステナビリティについて研究を行ってきた九州大学発のベンチャー企業ということもあり，手法についてはアカデミックな裏づけもある。

必要なデータは，上記のとおり分析対象のコスト構成データまたは物量データのみである。国際機関・政府・NGO等が発表したデータを体系化した独自のビッグデータと，当社開発のAIを用いて，不足分を産業平均で補完しつつサプライチェーンを遡って分析する。取引データを遡って回収する必要がないため，大幅なコストダウンを達成する。

評価項目はTNFDが要求する社会面・自然環境も含め3290項目と多岐に渡る。一例として下記のような項目がある。

- 環境項目：GHG排出量，資源使用量（水資源，化石燃料など），エネルギー（石炭発電量など），大気汚染物質排出量，農作物関連
- 社会項目：地域インフラ（大農園による小農園圧迫，病院利用アクセス，学校教育アクセスなど），社会正義（汚職，法体制など），社会と人権（感染症疾患，紛争，ジェンダー平等など）
- 経済項目：創出付加価値，従業員報酬，雇用創出効果，経済波及効果

各項目について，サプライチェーン上でリスクが大きいホットスポットを特定することも可能である。先述した課題の１つ目に対して，自社の特徴を反映しつ

つ，リスクの高い地域の洗い出しにも効果的に用いることができる。

また課題の２つ目，３つ目に対しても，aiESGの分析項目はTNFDに関する項目の半分近くを直接的にカバーしており，コア指標への対応も可能である。当社の分析をどのようにTNFDに活かすかという点や，残りの項目をどのように対応するかについても，当社の知見を活かして支援可能。

**今後，製品・サービスの包括的ESG評価は，企業戦略の中心に据えられる**

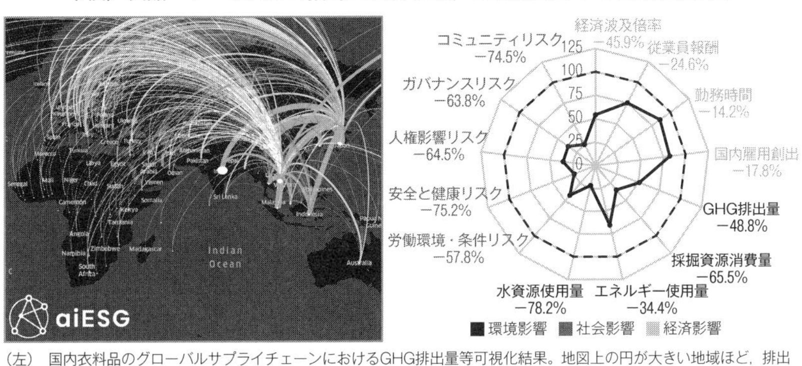


（左）　国内衣料品のグローバルサプライチェーンにおけるGHG排出量等可視化結果。地図上の円が大きい地域ほど，排出量が大きい。
（右）　日米両国で製造された自動車の包括的ESG評価比較（破線が米国産，実線が日本産）。日本産の方が，各指標でポジティブな結果となった。

（出典）　株式会社aiESG

### 3．個別事例の紹介

より具体的な理解への助けとして，個別の事例について説明する。

<事例：グローバルサプライチェーン上のリスクのホットスポット特定>

大手メーカー様の製品をESG分析し，リスクのホットスポットを特定した事例を紹介する。納入先からサプライチェーン上の人権リスクについて考慮するように強い要請がクライアント様にあったことが契機になり依頼を受けた。

人権面も含めてESGに関して総合的に分析を行いたいという希望もあり，$CO_2$だけでなく水資源，バイオマス，森林資源への影響について，更には製品の生産に関わる労働者の人権リスク等社会影響，そして雇用創出効果や経済波及効果を含む経済影響について，定量化および業界平均との比較，ホットスポットの検出を行った。結論として，その製品は$CO_2$排出などの資源面については業界の平均と比較して高水準であることが判明したが，サプライチェーン上の某国にて労災リスクが高いという分析結果が出た。

以前までは，調達先へESG配慮の観点から調達地域の見直しの実行することは難しかったかもしれない。しかし，最近のESGに対する世間的な興味の高まりもあり，状況は変わりつつあり，実際にサプライチェーン改善に本格的に取り組み，開示レポートに反映する企業も増えてきている。

**4．今後に向けて**

既に多くの企業が準拠するTCFDと共通の提言が利用されていることもあり，TNFDは企業にも投資家にも受け入れられやすい情報開示フレームワークとして期待されている。最終提言の公開によって情報開示へのステップが次第に具体的になっている今，まずは早期に開示へ向けた議論を開始することが重要である。このコラムが，TNFD対応への解像度が上がる一助になれば大変嬉しく思う。

# 第 8 章

# 今後の展望

TNFD最終提言書が2023年9月に発表されたのち，どのような形で資本市場に拡大していくのであろうか。

**図表8－1　TNFD普及のスケジュール（再掲）**

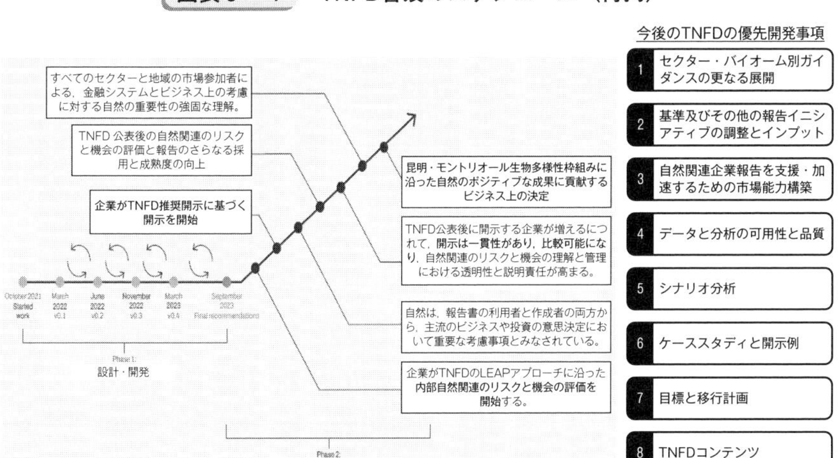


（出典）　TNFD web site等

TNFDの資本市場での普及は上記の**図表8－1**のとおりである。その時間軸については言及はない。一方で，TCFDは資本市場への拡大に向けては成文化した2017年より5年のマイルストーンを持っており，2022年～2023年には複数国での開示制度への採用や，ISSBの公表した「IFRSサステナビリティ開示基準」への採用がなされている。

このことから，TNFDにおいても資本市場への普及拡大においては，ある一定の期間が必要であると考えられ，5年が1つのマイルストーンではないかと考えられる。また，その普及がより早く進むかどうかは，TNFDや自然資本・生物多様性を取り巻く外部環境に依存すると想定される。

以後，今後の展望として，第1章から第7章までの内容も踏まえてTNFD，自然資本・生物多様性を取り巻く外部環境の変化について，今後の展望を交えながら記載する。

**【開示対応】**

第4章②で述べたようにTNFDを取り巻く開示ルールは多数存在する。例えば，TNFDからリリースが予定されている補足ガイダンスや，2025年に最終化を予定しているSBTs for Nature，CSRD，ISSB等のフレームワークが挙げられる。第５章には他のフレームワークとの関係性も示しているが今後統廃合も考えられ注視しておく必要がある。

それらを勘案して，開示のタイミングを判断することが考えられる。特に，ISSBでは気候変動に続く優先検討領域として生物多様性・生態系・生態系サービス（BEES）を挙げており，早ければ2026年にBEESのISSB標準が固まり，2028年頃に国内でもTNFDを参照した開示ルールに組み入れられる可能性がある。

また，同時に第６章のように他社も開示を推進してくることが想定され，開示状況を参考に開示するタイミングを計ることも一案である。

このような，他の開示制度や他社の開示を踏まえると，今からTNFD開示の準備をすることが必要である。リスクマネジメントの一環として関係各部を巻き込んだプロジェクトを立ち上げ，初期的な開示をしたうえでTNFDの要求を満たす水準まで議論を重ねてブラッシュアップするには数年を要することを考慮すると，いまからTNFD v1.0への対応を進めることが推奨される。

### 【目標設定と推進体制の検討】

TNFDでは目標設定を求めており，第４章③で述べたとおり目標設定・推進体制の検討には非常に大きなハードルがある。自然や生物多様性の状態は気候変動分野におけるGHG排出量のように標準的な定量化・指標化手法がないことは長年の課題であり，そこには解は出ていない中で，企業は推進する必要がある。まずは，TNFDを読込みつつ，目標設定のフレームワークであるSBTNの推進を踏まえて検討を進めていくことが現実的である。また，環境省が発行した「生物多様性民間参画ガイドライン」や，第７章で述べたように各種ツールが出ておりそういったものも随時進展があり次第反映することが有効と考える。

### 【事業戦略への統合とポジティブインパクトの実現】

社会価値と経済価値の両立は義務ではなく，戦略として捉えることを前提に，どの企業もSDGsの推進，顧客・取引先・従業員等多様なステークホルダーからの要請に向き合ってきている。その動きの中で，生物多様性の文脈でも事業戦略と統合とポジティブインパクトの実現が，TNFD対応を単なる開示ととらえるのではなく，次の方向性として重要である。TNFDに向けた開示／準備や，一部事業の推進等は既になされた後，何をすべきか。第4章④で述べたように第1に，複合的な論点に対する答を統合した「戦略ストーリー」を作ること，第2に，「戦略ストーリーの立て方」を変えることが必要であり，それらを全社の取組みとして推進することが重要となる。具体的には第4章④をご確認いただきたい。

**【ネイチャーポジティブ市場への挑戦】**

事業戦略との統合を推進するとともに，もしくは並行して，新たな市場の獲得，ネイチャーポジティブ市場の獲得が企業価値向上においては重要である。ネイチャーポジティブ市場は日本においては2030年で最大104兆円と弊社では試算している（第4章⑤）。この市場をターゲットとして，事業戦略を検討していくことも企業戦略上重要であると考える。

**【シナリオプランニング】**

TNFDではシナリオ分析を求めている。一方で生物多様性については統一的なシナリオが無い中で，中長期的にもシナリオプランニングによりシナリオを構築していくことが求められる。シナリオプランニングの実施方法については，第4章⑥で述べているが，経営層・事業部を含めたワークショップを通じて生物多様性に関する理解を深めることは，経営戦略，事業戦略との統合に向けた手段の1つとして有効であり，可能であれば早期に実施すべき項目である。

**【ベンチャーとの共生】**

TNFDの推進においては，サプライチェーンの情報取集からリスク・機会の分析や獲得等において，自動化・効率化，イノベーションが必要な領域が多数存在する。第4章⑦に述べたようにベンチャーを含めた「異質の知」と繋がり「知の探索」を行うことで，自社だけでは不可能である可能性もある生物多様性という非常に大きな社会課題と経済との両立に対してイノベーティブな答えが得られる可能性がある。また有望なベンチャーについてはコラムにおいても紹介している。

全章を通して，TNFDというフレームワークを通じて如何に企業価値を上げていくか，一方で，企業の現実解としてファーストステップをどう歩むかについて記載している。外部環境の変化も著しい生物多様性を取り巻く環境においては，企業の立ち位置や既存の戦略によって企業ごとに今後の推進方法も多様であると考える。

一方で，上述したような【開示対応】～【ベンチャーとの共生】までの6つの要素はすべて網羅する必要はないが，外部環境がどのように変化しようとも対応できるツールでありこれらを意識して推進することで，今後TNFDを通じた企業価値の向上と，新たなネイチャーポジティブ市場の獲得につながる。

## <参考文献>


### 第1章

- TNFD「TNFD web site（https://tnfd.global/）」（2023年11月）
- 環境省「ネイチャーポジティブ経済の実現に向けて」（2023年3月）
- 生物多様性事務局「地球規模生物多様性概況第5版」（2020年）
- 世界経済フォーラム（2020）New Nature Economy Report II : The Future Of Nature And Business
- TNFD「TNFD web site（https://tnfd.global/）」（2023年11月）
- 経済産業省「第1回SX銘柄評価委員会」（2023年2月16日）

### 第2章

- TNFD「Recommendations of the Taskforce on Nature-related Financial Disclosures」（2023年9月）

### 第3章

- TNFD「Guidance on the identification and assessment of nature related issues : The LEAP approach」（2023年9月）

### 第4章

- 世界経済フォーラム「New Nature Economy Report II : The Future Of Nature And Business」（2020年7月）
- 内閣府（2022）「令和4年度政府経済見通しと経済財政運営の基本的態度（閣議決定）概要」
- モニター デロイト（2018）『SDGsが問いかける経営の未来』
- TMIP（2023）「海洋資源の活用と，経済発展をいかに両立していくか？——『Blue Economyサークル勉強会』を開催」
  https://www.tmip.jp/ja/report/3669https://www.tmip.jp/ja/report/3669
- SBTN「High Impact Commodity List」（2023年9月）
- SBTN「Initial Guidance for Business」（2020年7月）
- 環境省「生物多様性民間参画ガイドライン（第2版）」（2017年12月）
- 環境省「生物多様性民間参画ガイドライン（第3版）」（2023年3月）
- 環境省「地球規模生物多様性概況第5版（GBO5）政策決定者向け概要要約」（2021年4月）
- 環境省「（報道発表）生物多様性条約第15回締約国会議第二部，カルタヘナ議定書

第10回締約国会合第二部及び名古屋議定書第４回締約国会合第二部の結果概要について（https://www.env.go.jp/press/press_00995.html）」（2022年12月）

## 第５章

- TCFD（2017）:「Recommendations of the Task Force on Climate-related Financial Disclosures」
- TNFD（2022）:「V0.3 of the TNFD beta framework」
- TNFD（2023）:「Sector guidance Additional guidance for financial institutions Version 1.0 September 2023」
- TNFD（2023）:「Guidance on the identification and assessment of nature related issues : The LEAP approach Version 1.1 October 2023
- COSO（2018年10月）:「Enterprise Risk Management-applying ERM to ESG related risks」
- TNFD（2023年９月）:「Guidance on the identification and assessment of nature-related issues : The LEAP approach」
- World Wide Fund for Nature（WWF）, UN Environment Programme-World Conservation Monitoring Centre（UNEP-WCMC）, et al.（2021）The State of Indigenous Peoples' and Local Communities' Lands and Territories : A technical review of the state of Indigenous Peoples' and Local Communities' lands, their contributions to global biodiversity conservation and ecosystem services, the pressures they face, and recommendations for actions. Gland, Switzerland
- Garnett, S. T., Burgess, N. D., Fa, J. E., Fernández-Llamazares, Á., Molnár, Z., Robinson, C. J., ... & Leiper, I.（2018）A spatial overview of the global importance of Indigenous lands for conservation. Nature Sustainability, 1(7), 369-374
- TNFD（2023）:「Guidance on engagement with Indigenous Peoples, Local Communities and affected stakeholders」
- 経済産業省（2023）:「成長志向型の資源自律経済戦略」
- 欧州委員会（2023年11月参照）:「Ecodesign for Sustainable Products Regulation」https://commission.europa.eu/energy-climate-change-environment/standards-tools-and-labels/products-labelling-rules-and-requirements/sustainable-products/ecodesign-sustainable-products-regulation_en#the-new-digital-product-passport
- UNIVERSITY OF CAMBRIDGE（2022）:「Digital Product Passport : The ticket to achieving a climate neutral and circular European economy?」

## 第6章

●HSBC（2022年10月）：「HSBC Statement on Nature」
●HSBC Holding plc：「Annual reports and Accounts 2022」
●HSBC（2022年5月）：「Introduction to HSBC's Sustainability Risk Policies」
●SMBCグループ（2023）：「2023 TNFDレポート」
●TCFD（2017）：「Recommendations of the Task Force on Climate-related Financial Disclosures」
●MS&ADホールディングス（2023年8月）：「気候・自然関連の財務情報開示～TCFD・TNFDレポート～」
https://www.ms-ad-hd.com/ja/csr/main/09/teaserItems2/03/link/TCFD_TNFD Report_2023
●キリングループ（2023年7月）：「キリングループ 環境報告書 2023」
https://www.kirinholdings.com/jp/investors/files/pdf/environmental2023.pdf
●キリングループ（2023年11月参照）：「生物資源の取り組み」
https://www.kirinholdings.com/jp/impact/env/3_1a/
●東急不動産ホールディングスグループ（2023年11月参照）：「生物多様性」
https://tokyu-fudosan-hd-csr.disclosure.site/ja/themes/26
●東急不動産ホールディングスグループ（2023年8月）：「TNFDレポート～東急不動産ホールディングスグループにおけるネイチャーポジティブへの貢献～」
https://tokyu-fudosan-hd-csr.disclosure.site/pdf/environment/tnfd_report.pdf
●Science Based Targets Network（2023年5月）："Technical Guidance：Step. 1：Assess"
https://sciencebasedtargetsnetwork.org/wp-content/uploads/2023/05/Technical-Guidance-2023-Step1-Assess-v1.pdf
●United Utilities Group PLC（2023年）："United Utilities Group PLC Sustainability Report 2023"
https://www.unitedutilities.com/globalassets/documents/pdf/sustainability-report-2023.pdf

## 第7章

●ENCOREウェブサイト
https://encorenature.org/en/explore?tab=dependencies
●IBATウェブサイト
https://www.ibat-alliance.org/
●IUCN Red List of Threatened Species

https://www.iucnredlist.org/assessment/star#:~:text=The%20Species%20Threat%20Abatement%20Restoration%20%28STAR%29%20metric%20uses,across%20a%20corporate%20footprint%2C%20or%20within%20a%20country.

●TNFD Tools Catalogue
https://tnfd.global/learning-tools/tools-catalogue/

## コラム

●IDEAS FOR GOOD（2021年）「サウジアラビアが始めた「再生型観光」とは？」
https://ideasforgood.jp/2021/05/11/saudi-arabia-regenerative-tourism/#:~:text=%E4%B8%96%E7%95%8C%E6%9C%80%E5%A4%A7%E8%A6%8F%E6%A8%A1%E3%81%AE%E5%9C%B0%E5%9F%9F,%E3%82%8C%E3%82%8B%E3%81%93%E3%81%A8%E3%82%92%E6%84%8F%E5%91%B3%E3%81%99%E3%82%8B%E3%80%82

●笹川平和財団（2023年）「ブルーエコノミーの先進事例として阪南市の取り組みを紹介いたします」
https://www.spf.org/pioneerschool/news/20230801_spfnews.html

●IWA（2021年）Africa can become a vibrant 'blue economy'
https://iwa-network.org/africa-can-become-a-vibrant-blue-economy/

# おわりに

TNFDは生物多様性・自然資本に関する財務情報の開示タスクフォースである。サステナビリティに関する考えは古くから欧米で推進され，パリ協定前後で欧州発，欧州金融機関発で多数のルールが作られてきた。その１つがTCFD（気候関連財務情報開示タスクフォース）であり，その流れも汲みつつ，欧州だけでなく，世界全体で一体的に推進されているのがこのTNFDである。

日本企業は気候変動分野においては，2005年に発効された京都議定書において京都という名が冠されている。また生物多様性の分野においては，2010年に愛知で開催されたCOP10にて愛知目標を発表している。また，海洋プラスチック問題では2019年６月に開催されたG20大阪サミットにおいて，日本は2050年までに海洋プラスチックごみによる追加的な汚染をゼロにまで削減することを目指す「大阪ブルー・オーシャン・ビジョン」を発表している。

このように，節目節目でサステナビリティ分野において日本はリーダーシップを発揮しており世界全体に多大な貢献している。一方で，国際的なルールやイニシアティブに対して，日本はルールメイカーとしてのプレゼンスを発揮できていない。

日本は古来より自然との共生という考え方が国民全体に根づいており，自然を意識せずとも，自然へ適切な対応をしている世界でも稀有な国家である。森林資源は国土の３分の２を占め，世界でも有数の自然を保有する国家である。

その国民全体に根づいた文化をアドバンテージとし，TNFDフレームワークを踏まえ自然資本を踏まえた企業価値の向上を一丸となって推進し，また新たなルールメイカーとしても推進することで日本企業は新たな価値の向上を図ることができる。

そのような日本企業の勝ち筋であるTNFD／生物多様性への取組みを，日本企業はいち早く取り組んでいき，ネイチャーポジティブ市場の獲得と企業価値向上を図るべきであると考える。

最後に，本出版においては，多数の方のご協力があり感謝したい。2023年９月の最終版を踏まえて短期間での出版となったのも，執筆者のご尽力はもとより，その執筆に対して支援をしてくれた，家族・パートナーのお陰である。執筆者並びにそのご家族・パートナーの皆様には感謝を申し上げたい。加えて，本執筆においては先進企業・ベンチャー企業の皆様の非常に前向きなご協力もあったことを付け加えたい。さもするとフロントランナーとして矢面に立つリスクもある中で，この新たな取組みに対しての強力は頭が下がる思いである。

本出版において，中央経済社のご担当である奥田氏にもこの短期間での対応に非常に感謝申し上げたい。

有限である自然資本を持続可能に活用し，人類と自然との共生を図り，経済と環境を両立することが，この時代を生きる私たちの次の世代に対する責務である。それは道半ばではあるが，まずは，私たちが今の生活をできること，自然資本を特に意識することなく活用できる環境にいること，自然に感謝して終わりとしたい。

2024年３月

**丹羽　弘善**

デロイト トーマツ コンサルティング合同会社

Monitor Deloitte/G&PS Sustainabilityリーダー　パートナー／執行役員

## ＜著者略歴＞（執筆順）

### 赤峰　陽太郎　（序文担当）

デロイト トーマツ グループ　S&C共同リーダー　リスクアドバイザリー事業本部
パートナー

工学博士取得後電力会社にて主に企画部門や人材育成部門を経験。米国スタンフォード大学に留学後，米国系戦略コンサルティングファーム，欧州系大手製造業（スマートグリッド事業部長），Big4系コンサルティングファーム（パートナー，エネルギープラクティス戦略チーム責任者），グローバル戦略コンサルティングファーム（パートナー，エネルギープラクティス責任者），起業（環境エネルギー）を経て，トーマツ（現デロイト トーマツ リスクアドバイザリー）入社。エネルギーセクターリーダーや新規事業部門を経験し，主にカーボンニュートラル，燃料／電力取引リスク管理，カーボンクレジット，海外連携，政策支援等，環境エネルギーに関わるアドバイザリー業務に従事。

### 丹羽　弘善　（第1章，第4章，第8章，おわりに担当）

デロイト トーマツ コンサルティング合同会社　Monitor Deloitte/G&PS Sustainability Unit
リーダー　パートナー／執行役員

製造業向けコンサルティング，環境ベンチャー，商社との排出権JV取締役を経て現職。気候変動関連のシステム工学・金融工学を専門とし，政策提言，企業向けの気候変動経営コンサルティング業務に従事。環境省「ネイチャーポジティブ研究会（令和5年度）」事務局，経済産業省「TCFD研究会」事務局，「気候関連財務情報開示に関するガイダンス（TCFDガイダンス）」（2018年12月）支援，環境省「TCFD実践ガイド」の支援等を実施。

主な対外業務として，環境省「TCFDの手法を活用した気候変動適応（2022）」タスクフォース委員，国交省「国土交通省「気候関連情報開示における物理的リスク評価に関する懇談会（2023）」臨時委員，「グリーン・トランスフォーメーション戦略」（日経BP 2021年10月），「価値循環が日本を動かす人口減少を乗り越える新成長戦略」（日経BP社），農林水産省　第6回あふの環勉強会講師（ESG情報開示基準等の動向と課題～持続可能な食料・農林水産業へのヒント～）」（2021.7），環境省「民間企業の気候変動適応の促進に関する検討会（2021）」委員，「EU日本気候変動政策シンポジウム」（IGES），「TCFDを経営に生かす」（日経ESG 2019年2月）その他，メディアへの寄稿，セミナー講演多数。

### 沢登　良馬　（第2章，第3章④，第5章②，第7章担当）

デロイト トーマツ リスクアドバイザリー合同会社　シニアコンサルタント

環境省入省後，現地国立公園管理事務所にてレンジャーとして勤務。本省ではG7・G20にかかる国際交渉，TNFD対応に関する施策立案，生物多様性民間参画ガイドラインの改定に携わる。現職では，TCFD・TNFD開示支援に関するアドバイザリー業務に従事するとともに，生物多様性領域のコアメンバーとして新規サービス開発に取り組む。

**関崎　悠一郎**　（第3章[1]，第4章[2][3]担当）

デロイト トーマツ リスクアドバイザリー合同会社　マネジャー
大学院で保全生態学を修了した後，大手金融系シンクタンクで生物多様性コンサルティングに従事。ビジネスと生物多様性の領域で10年超の実務経験を有する。現在は，企業の自然・気候変動分野を中心に，全社方針や中長期目標の策定，TNFD・TCFDへの対応，シナリオ分析，情報開示等の支援を実施。
主な著書に，『実践リスクマネジメント要覧　理論と事例』（経済法令研究会，2018年）がある。

**鈴木　開士**　（第3章[2]担当）

有限責任監査法人トーマツ　監査・保証事業本部　スタッフ
大学院まで保全生態学を修了した後，大手紙パルプメーカーにて森林事業の管理等に従事。現職では，TCFD・マテリアリティ特定等のサステナビリティ関連のアドバイザリー業務に従事するとともに，生物多様性領域のコアメンバーとしてTNFD開示支援等の新規サービス開発に取り組む。

**黒崎　進之介**　（第3章[3]担当）

有限責任監査法人トーマツ　監査・保証事業本部　パートナー
公認会計士。グローバル展開するテクノロジー，化学企業等の法定監査に長く関与し，サステナビリティ開示に関する豊富な実務経験を有する。監査アドバイザリー事業部において，統合報告書等における気候変動，生物多様性，循環型経済等のリスク評価や開示助言や有価証券報告書の開示高度化，サステナビリティ情報に関するデータ基盤強化に関する助言業務を実施。将来のサステナビリティ開示の規制化対応として，欧州CSRD及びISSBの導入支援等を展開。
主著に，「TNFDフレームワーク案を読み解く（共著，中央経済社）」，「ISSBサステナビリティ開示基準案のポイント（共著，中央経済社）」，「IFRSサステナビリティ開示基準の導入戦略と実務対応（共著，中央経済社）」などがある。

**真田　一輝**　（第3章[5]担当）

有限責任監査法人トーマツ　監査・保証事業本部　シニアスタッフ
大手信託銀行にて証券代行事業の法人営業等を経て現職。現在は気候変動や生物多様性，マテリアリティ策定等のサステナビリティアジェンダ関連のプロジェクトに従事。生物多様性領域では，自然関連リスク・機会の分析やTNFD対応等のプロジェクトに参画。

**加藤　彰**　（第4章[4][7]担当）

デロイト トーマツ コンサルティング合同会社　Monitor Deloitte/G&PS Sustainability Unit シニアマネジャー
モニター デロイト ジャパンの官民連携＆ルール戦略，サーキュラーエコノミー戦略責任者，Sustainability UnitのS（Social：人権，雇用，教育，地域活性化等）領域責任者，DTC　ブルーエコノミーコミュニティ副責任者。NIKKEIブルーオーシャン・フォーラム有識者委員。

デロイトでは，国内外の企業を相手に全社改革，経営戦略案件に加え，脱炭素・循環型経済・生物多様性・人権／社会正義等の社会課題（SDGs）を起点とした長期戦略や，グローバルの新規事業戦略，ルール戦略の立案・実行を支援。国内外の政府関連機関の環境戦略や「あるべきサステナビリティのマクロ環境」の提言も支援。生物多様性に関連する長期ビジョン，新規事業領域探索，イノベーション／ルール形成戦略等を推進。
共著に『SDGsが問いかける経営の未来』，『グリーン・トランスフォーメーション戦略』等。複数の大学／一般社団法人の研究職・地域代表等でサステナビリティ研究・教育にも従事。

**中村　詩音**　（第4章5，第6章4～6担当）

デロイト トーマツ コンサルティング合同会社　G&PS Sustainability Unit　シニアコンサルタント
気候変動経営，ネイチャーポジティブビジネス戦略をはじめとした自然資本・生物多様性領域のコンサルティングに従事。環境省「ネイチャーポジティブ研究会（令和5年度）」事務局，「生物多様性民間参画ガイドライン（第3版）」の支援等を実施。

**澤田　茉季**　（第5章3共同担当）

デロイト トーマツ コンサルティング合同会社　G&PS Sustainability Unit　マネジャー
独立行政法人での日本企業の海外展開支援，リサイクル環境ベンチャーの海外営業を経て現職。主に官公庁・自治体・民間企業向けに，気候変動や社会アジェンダを含めたサステナビリティ全般の政策や経営戦略策定や，サーキュラーエコノミー戦略策定を担当。

**鶴渕　広美**　（第5章1共同担当，第6章3担当）

デロイト トーマツ リスクアドバイザリー合同会社　シニアマネジャー
信託銀行にて，資産運用・投資調査・クオンツモデル開発等に従事。デロイトではアセットオーナー向けのガバナンス・アドバイザリーサービスやスチュワードシップ活動に係るアドバイザリーサービスに従事。現在は，金融機関を対象とするサステナビリティ・ガバナンスや，サステナビリティ方針策定，およびESG投資や責任投資に関連する態勢整備支援業務に従事。
主な著書に，『気候変動リスクの実務対応』（中央経済社，2020年，共同執筆），『気候変動時代の「経営管理」と「開示」』（中央経済社，2022年，共同執筆）がある。

**奥村　ゆり**　（第5章1共同担当）

デロイト トーマツ コンサルティング合同会社　G&PS Sustainability Unit　マネジャー
気候変動経営，TCFD対応，シナリオ分析，ネイチャーポジティブビジネス戦略をはじめとした気候変動・自然資本・生物多様性領域のコンサルティングに従事。経済産業省「TCFD研究会」事務局，「気候関連財務情報開示に関するガイダンス（TCFDガイダンス）」（2018年12月）や，環境省「TCFDを活用した経営戦略立案のススメ」，「ネイチャーポジティブ研究会（令和5年度）」事務局，「生物多様性民間参画ガイドライン（第3版）」の支援等を実施。
『超難関「シナリオ分析」を4ステップで徹底攻略』（東洋経済，2022年1月）他，メディアへの寄稿，セミナー登壇多数。

**森　滋彦**　（第5章③共同担当，第6章①担当）

デロイト トーマツ リスクアドバイザリー合同会社　マネージングディレクター

大手都市銀行グループのリスク統括部署で，RAFやストレステストの高度化を推進。同グループで2002年以降，リスク管理に主に従事し，ロンドン支店，東京本部で，信用リスク，市場・流動性リスク，オペレーショナル・リスクと幅広くリスク管理に携わった。現在は，主要金融機関に対するリスク管理に係るコンサルティング業務に従事。

主な著書に，『リスクマネジメント　変化をとらえよ』（日経BP，2022年）『非財務リスク管理の実務―リスク管理の「質」を高める―』（金融財政事情研究会2020年，共同執筆），『気候変動時代の「経営管理」と「開示」』（中央経済社，2022年，共同執筆）がある。

**小林　永明**　（第5章③共同担当）

有限責任監査法人トーマツ　監査・保証事業本部　パートナー

監査品質統括部　企業情報開示支援室の室長として，主に非財務・サステナビリティの開示・保証に関する国内外の最新情報の収集・分析・発信や，サステナビリティ情報の保証制度化に向けた品質管理体制の強化をリードしている。また，デロイトアジアパシフィックのサステナビリティ情報に関する監査対応や保証メソドロジーの開発をリードしている。

日本公認会計士協会　企業情報開示委員会　非財務情報開示専門委員会委員及びIAASB対応委員会　非財務情報保証ワーキング・グループメンバー

**余田　乙乃**　（第5章③共同担当）

デロイト トーマツ コンサルティング合同会社　Monitor Deloitte/G&PS Sustainability Unit スペシャリスト・リード

人権，社会政策，EBPMなどのコンサルティング，オファリング開発にスペシャリストとして従事。DTC入社以前は国連機関（UNICEF, ILO）にて国際基準の形成と設定，統計，社会経済課題に関する調査と報告書の執筆，政策立案（おもに社会保護，教育，雇用政策），及びアドバイザリーサービスなどに従事。

**熊谷　敏一**　（第6章②担当）

デロイト トーマツ リスクアドバイザリー合同会社　シニアマネジャー

財務省入省後，地方財務局にて金融機関の検査・監督業務に従事。内閣府出向中には，金融市場の動向に関する分析や，月例経済報告・経済財政白書の作成に携わる。その後，金融庁に出向し，中小企業向けや被災地における貸出動向調査を中心とした金融機関監督業務や，国際的な経済・金融市場の調査・分析を担当。現在は，非財務リスク管理高度化，リスクアペタイト・フレームワーク構築，ストレステスト高度化などのアドバイザリー業務に従事。

デロイト トーマツ グループは，日本におけるデロイト アジア パシフィック リミテッドおよびデロイトネットワークのメンバーであるデロイト トーマツ合同会社ならびにそのグループ法人（有限責任監査法人トーマツ，デロイト トーマツ リスクアドバイザリー合同会社，デロイト トーマツ コンサルティング合同会社，デロイト トーマツ ファイナンシャルアドバイザリー合同会社，デロイト トーマツ税理士法人，DT弁護士法人およびデロイト トーマツ グループ合同会社を含む）の総称です。デロイト トーマツ グループは，日本で最大級のプロフェッショナルグループのひとつであり，各法人がそれぞれの適用法令に従い，監査・保証業務，リスクアドバイザリー，コンサルティング，ファイナンシャルアドバイザリー，税務，法務等を提供しています。また，国内約30都市に約２万人の専門家を擁し，多国籍企業や主要な日本企業をクライアントとしています。詳細はデロイト トーマツ グループWebサイト，www.deloitte.com/jpをご覧ください。

**＜コラム寄稿協力者略歴＞**（執筆順）

## 楠本　聞太郎

株式会社シンク・ネイチャー　サービス事業部長
琉球大学農学部卒業，九州大学大学院生物資源環境科学府修士課程，同博士課程修了。博士（農学）。日本学術振興会特別研究員，琉球大学理学部研究員，統計数理研究所特任助教，琉球大学戦略的研究プロジェクトセンター特命助教等を経て，2021年２月より九州大学大学院農学研究院に助教として勤務。専門は生態学。世界30か国以上の国際共同研究ネットワークを活かし，生物多様性の起源と維持に関する基礎研究から，保全や管理の意思決定支援に関する応用研究まで，幅広い研究を展開している。シンク・ネイチャーでは，TNFD対応に関連した解析枠組みの設計などを担当。

## 竹内　四季

株式会社イノカ　取締役（COO）
東京大学経済学部卒業。学生時代に障がい者雇用に関する先進企業事例を研究した経験から，ソーシャルビジネスを志向。人材系メガベンチャーでの経営者向けソリューション営業等の経験を経て，2020年２月に創業１年目のイノカに合流し，自然資本関連のグローバルメガトレンドを基軸とした同社の事業戦略策定および執行をCOOとして主導する。主に事業開発全般・パブリックリレーションズを管掌。セミナー登壇，企業コンサルティング等の実績多数。

## 関　大吉

株式会社aiESG　最高経営責任者（CEO）
京都大学にて物理学の研究で博士号取得後，大手総合コンサルティング会社のデータサイエンティストとして，産学連携プロジェクトの立ち上げと取り纏め，産学連携戦略の立案と実施，ESG経営支援AIの開発リードと実装，等に従事。ケンブリッジ大学応用数学理論物理学部客員研究員，アジア経済研究所研究会委員などを経て，現在。主な著書に，『エンジニアが知っておくべきAI倫理』（ITメディア社2022年，共同執筆）がある。

TNFD企業戦略――ネイチャーポジティブとリスク・機会――

2024年３月25日　第１版第１刷発行
2024年９月30日　第１版第３刷発行

編　者　デロイト トーマツ グループ
発行者　山　本　　　継
発行所　㈱ 中 央 経 済 社
発売元　㈱中央経済グループ
　　　　パ ブ リ ッ シ ン グ

〒101-0051　東京都千代田区神田神保町1-35
電話　03（3293）3371（編集代表）
　　　03（3293）3381（営業代表）
https://www.chuokeizai.co.jp
印刷／昭和情報プロセス㈱
製本／㈲ 井 上 製 本 所



＊頁の「欠落」や「順序違い」などがありましたらお取り替えいたしますので発売元までご送付ください。（送料小社負担）

ISBN978-4-502-49661-5　C3034